高职高专"十三五"规划教材
辽宁省职业教育改革发展示范校建设成果

化工单元操作

聂莉莎　魏翠娥　主编

化学工业出版社

·北京·

《化工单元操作》结合高职教育教学的特点和项目化教学改革思路，以"教-学-做"一体化为原则进行编写。本书包含了流体物料的输送、传热、精馏、吸收、萃取、干燥、非均相混合物分离七个项目。每个项目均从操作任务引入，让学生明确化工单元操作是"做什么"；用相关的基础理论作为支撑，让学生明白"为什么这么做"；递进式的技能训练设计，让学生体会"怎么做更合理"，培养学生的创新能力、综合运用能力和解决关键问题的能力，突出了项目化教学的特色。本教材的内容主要分为操作技能和基础理论两大部分。操作技能包括操作规程、工艺流程图及设备使用方法等，具有一定的直观性、实用性、工程性和典型性；基础理论包括了基本工作原理、典型设备的结构特点、操作方法及影响因素的分析等，以够用、实用为度，能解释操作技能，能应用到技能操作当中。

本书可作为高等职业院校化工及其相关专业的教学用书。

图书在版编目（CIP）数据

化工单元操作/聂莉莎，魏翠娥主编．—北京：化学工业出版社，2019.3（2024.1重印）
高职高专"十三五"规划教材
ISBN 978-7-122-33836-5

Ⅰ.①化⋯　Ⅱ.①聂⋯②魏⋯　Ⅲ.①化工单元操作-高等职业教育-教材　Ⅳ.①TQ02

中国版本图书馆CIP数据核字（2019）第022121号

责任编辑：王海燕　满悦芝　　　　　装帧设计：刘丽华
责任校对：张雨彤

出版发行：化学工业出版社（北京市东城区青年湖南街13号　邮政编码100011）
印　　装：北京印刷集团有限责任公司
787mm×1092mm　1/16　印张17¾　字数413千字　2024年1月北京第1版第5次印刷

购书咨询：010-64518888　　　售后服务：010-64518899
网　　址：http://www.cip.com.cn
凡购买本书，如有缺损质量问题，本社销售中心负责调换。

定　　价：48.00元　　　　　　　　　　　　　　　　　　版权所有　违者必究

序

世界职业教育发展的经验和我国职业教育的历程都表明，职业教育是提高国家核心竞争力的要素之一。近年来，我国高等职业教育发展迅猛，成为我国高等教育的重要组成部分。《国务院关于加快发展现代职业教育的决定》、教育部《关于全面提高高等职业教育教学质量的若干意见》中都明确要大力发展职业教育，并指出职业教育要以服务发展为宗旨，以促进就业为导向，积极推进教育教学改革，通过课程、教材、教学模式和评价方式的创新，促进人才培养质量的提高。

盘锦职业技术学院依托于省示范校建设，近几年大力推进以能力为本位的项目化课程改革，教学中以学生为主体，以教师为主导，以典型工作任务为载体，对接德国双元制职业教育培训的国际轨道，教学内容和教学方法以及课程建设的思路都发生了很大的变化。因此开发一套满足现代职业教育教学改革需要、适应现代高职院校学生特点的项目化课程教材迫在眉睫。

为此学院成立专门机构，组成课程教材开发小组。教材开发小组实行项目管理，经过企业走访与市场调研、校企合作制定人才培养方案及课程计划、校企合作制定课程标准、自编讲义、试运行、后期修改完善等一系列环节，通过两年多的努力，顺利完成了四个专业类别20本教材的编写工作。其中，职业文化与创新类教材4本，化工类教材5本，石油类教材6本，财经类教材5本。本套教材内容涵盖较广，充分体现了现代高职院校的教学改革思路，充分考虑了高职院校现有教学资源、企业需求和学生的实际情况。

职业文化类教材突出职业文化实践育人建设项目成果；旨在推动校园文化与企业文化的有机结合，实现产教深度融合、校企紧密合作。教师在深入企业调研的基础上，与合作企业专家共同围绕工作过程系统化的理论原则，按照项目化课程设计教材内容，力图满足学生职业核心能力和职业迁移能力提升的需要。

化工类教材在项目化教学改革背景下，采用德国双元培育的教学理念，通过对化工企业的工作岗位及典型工作任务的调研、分析，将真实的工作任务转化为学习任务，建立基于工作过程系统化的项目化课程内容，以"工学结合"为出发点，根据实训环境模拟工作情境，尽量采用图表、图片等形式展示，对技能和技术理论做全面分析，力图体现实用性、综合性、典型性和先进性的特色。

石油类教材涵盖了石油钻探、油气层评价、油气井生产、维修和石油设备操作使用等领域，拓展发展项目化教学与情境教学，以利于提高学生学习的积极性、改善课堂教学效果，对高职石油类特色教材的建设做出积极探索。

财经类教材采用理实一体的教学设计模式,具有实战性;融合了国家全新的财经法律法规,具有前瞻性;注重了与其他课程之间的联系与区别,具有逻辑性;内容精准、图文并茂、通俗易懂,具有可读性。

在此,衷心感谢为本套教材策划、编写、出版付出辛勤劳动的广大教师、相关企业人员以及化学工业出版社的编辑们。尽管我们对教材的编写怀抱敬畏之心,坚持一丝不苟的专业态度,但囿于自己的水平和能力,不妥和疏漏之处在所难免。敬请学界同仁和读者不吝指正。

周铭

盘锦职业技术学院　院长

2018 年 9 月

前 言

化工单元操作在化工生产过程中起着举足轻重的作用，掌握化工单元操作的技能对于化工专业的学生来讲是必要的。本教材结合高职教育教学的特点和项目化教学改革思路，以培养技术应用能力为主线设计学生的知识、能力、素质结构。在充分调研企业的基础上，分析企业岗位能力需求，考虑职业标准和岗位职能，以"教-学-做"一体化为原则，以工作过程为导向构建化工单元操作的项目体系。

本书项目涉及流体物料的输送、传热、精馏、吸收、萃取、干燥、非均相混合物分离七个部分。每个部分内容的设计从操作任务引入，让学生明确单元操作是"做什么"；用相关的基础理论为支撑，让学生明白"为什么这么做"；递进式的技能训练设计，让学生体会"怎么做更合理"，培养学生的创新能力、综合运用能力和解决实际问题的能力，突出了项目化教学的特色。

本教材的内容包括操作技能和基础理论两大部分。操作技能包括操作规程、工艺流程图及设备使用方法等，具有一定的直观性、实用性、工程性和典型性；基础理论包括基本工作原理、典型设备的结构特点、操作方法及影响因素的分析等，以够用、实用为度，能解释操作技能，能应用到实际操作中。

本教材由聂莉莎、魏翠娥主编。绪论、项目一、项目二及项目五由聂莉莎编写，项目三由何秀娟编写，项目四由魏翠娥编写，项目六、项目七由冯凌编写，附录由金贞玉编写。全书由聂莉莎和魏翠娥提出编写提纲，由聂莉莎最后统稿。本教材中的装置操作规程参考了天津大学的实训装置说明书和北京东方仿真控制技术有限公司的相关资料。

感谢盘锦职业技术学院各级领导的大力支持和协助，也感谢为本书编写提出宝贵建议和给予帮助的各位老师。

由于编者水平有限，经验不足，不妥之处在所难免，欢迎批评指正，以便修改。

编者

2018 年 12 月

目　录

绪论 1

项目一　流体物料的输送 8

任务一　化工管路的认知 9
【任务引入】 9
【任务实施】 9
【任务评价】 10
【知识链接】 10
　知识点　流体输送设备和管路 10
【自测练习】 16

任务二　流体流动阻力的测定 16
【任务引入】 16
【任务实施】 16
【任务评价】 18
【知识链接】 18
　知识点一　连续性方程 18
　知识点二　伯努利方程 21
　知识点三　流体流动过程的阻力 24
【自测练习】 30

任务三　离心泵工作点的测定 32
【任务引入】 32
【任务实施】 32
【任务评价】 33
【知识链接】 34
　知识点一　离心泵的工作原理 34
　知识点二　离心泵的特性曲线 35
　知识点三　离心泵的选用 38
【自测练习】 40

任务四　离心泵送料系统的调控 41
【任务引入】 41
【任务实施】 41

【任务评价】	44
【知识链接】	44
知识点一　离心泵的串并联	44
知识点二　离心泵的安装高度	46
【自测练习】	47

任务五　压缩机送料工艺系统的调控 　47
【任务引入】	47
【任务实施】	48
【任务评价】	52
【知识链接】	52
知识点　气体输送机械	52

任务六　流体输送操作训练 　56
【任务引入】	56
【任务实施】	56
【任务评价】	62
【知识链接】	63
知识点　其他类型泵	63

项目二　传热　66

任务一　传热工艺的认识 　67
【任务引入】	67
【任务实施】	67
【自测练习】	73

任务二　对流传热系数的测定 　73
【任务引入】	73
【任务实施】	73
【任务评价】	74
【知识链接】	74
知识点一　传热推动力	74
知识点二　导热速率	78
知识点三　对流传热速率	80
【自测练习】	85

任务三　不同套管换热器的操作训练 　86
【任务引入】	86
【任务实施】	86
【任务评价】	87
【知识链接】	88
知识点一　传热速率与热负荷	88
知识点二　总传热系数	90
【自测练习】	93

任务四　传热工艺系统的调控 93
【任务引入】 93
【任务实施】 94
【任务评价】 97
【知识链接】 97
　知识点一　传热计算 97
　知识点二　其他常用换热设备 98

任务五　间壁式换热器换热性能的测定 100
【任务引入】 100
【任务实施】 101
【任务评价】 107
【知识链接】 107
　知识点一　强化与削弱传热 107
　知识点二　列管换热器的日常维护与保养 109

项目三　蒸馏 111

任务一　蒸馏工艺的认识 112
【任务引入】 112
【任务实施】 112
【知识链接】 114
　知识点　蒸馏的气液相平衡 114

任务二　精馏塔效率的测定 118
【任务引入】 118
【任务实施】 118
【任务评价】 120
【知识链接】 120
　知识点　精馏的工艺计算 120
【自测练习】 130

任务三　精馏工艺系统的调控操作 132
【任务引入】 132
【任务实施】 132
【任务评价】 136
【知识链接】 137
　知识点一　精馏操作分析 137
　知识点二　板式精馏塔 138

任务四　精馏装置操作训练 142
【任务引入】 142
【任务实施】 143
【任务评价】 149
【知识链接】 149

知识点一　精馏塔操作的要点 ·· 149
　　知识点二　精馏操作的节能 ·· 150

项目四　吸收 ··· 151

任务一　吸收工艺的认识 ·· 152
【任务引入】 ··· 152
【任务实施】 ··· 152

任务二　吸收塔流体力学性能的测定 ·· 160
【任务引入】 ··· 160
【任务实施】 ··· 161
【任务评价】 ··· 162
【知识链接】 ··· 162
　　知识点一　吸收的气液相平衡关系 ·· 162
　　知识点二　吸收的传质速率 ·· 164
　　知识点三　吸收塔的工艺计算 ··· 167
【自测练习】 ··· 174

任务三　吸收工艺系统的调控 ·· 174
【任务引入】 ··· 174
【任务实施】 ··· 175
【任务评价】 ··· 181
【知识链接】 ··· 182
　　知识点一　解吸 ·· 182
　　知识点二　吸收操作分析 ··· 182

任务四　吸收解吸装置操作训练 ·· 184
【任务引入】 ··· 184
【任务实施】 ··· 184
【任务评价】 ··· 189
【自测练习】 ··· 190

项目五　萃取 ··· 191

任务一　萃取塔性能的测定 ·· 192
【任务引入】 ··· 192
【任务实施】 ··· 192
【任务评价】 ··· 193
【知识链接】 ··· 193
　　知识点一　萃取工艺流程 ··· 193
　　知识点二　萃取的相平衡关系 ··· 197
【自测练习】 ··· 202

任务二　萃取工艺系统的调控 ·· 202
【任务引入】 ··· 202

【任务实施】 ... 202
　　【任务评价】 ... 205
　　【知识链接】 ... 205
　　　知识点一　萃取设备 ... 205
　　　知识点二　萃取塔操作分析 ... 207

项目六　干燥 ... 210

任务一　干燥工艺的认识 ... 211
　　【任务引入】 ... 211
　　【任务实施】 ... 211
　　【知识链接】 ... 216
　　　知识点　湿空气的性质 ... 216
　　【自测练习】 ... 221

任务二　干燥速率的测定 ... 221
　　【任务引入】 ... 221
　　【任务实施】 ... 222
　　【任务评价】 ... 223
　　【知识链接】 ... 223
　　　知识点一　干燥过程的工艺计算 ... 223
　　　知识点二　干燥速率 ... 227
　　【自测练习】 ... 229

任务三　干燥装置操作训练 ... 230
　　【任务引入】 ... 230
　　【任务实施】 ... 230
　　【知识链接】 ... 233
　　　知识点　干燥操作的节能与安全 ... 233

项目七　非均相混合物的分离 ... 235

任务一　非均相混合物分离设备的认识 ... 236
　　【任务引入】 ... 236
　　【知识链接】 ... 236
　　　知识点　非均相混合物的分离方法及设备 ... 236

任务二　恒压条件下过滤速率的测定 ... 247
　　【任务引入】 ... 247
　　【任务实施】 ... 247
　　【任务评价】 ... 248
　　【知识链接】 ... 248
　　　知识点一　过滤 ... 248
　　　知识点二　其他分离方法——沉降 ... 251
　　【自测练习】 ... 255

附录 ·· 256

    一、管子规格 ·· 256

    二、某些气体的重要物理性质表 ·· 257

    三、干空气的物理性质表 ··· 258

    四、饱和水蒸气表 ·· 258

    五、某些液体的重要物理性质 ··· 259

    六、水的物理性质 ·· 259

    七、某些固体的热导率 ·· 260

    八、某些液体的热导率 ·· 261

    九、某些气体的热导率 ·· 262

    十、液体黏度共线图 ··· 263

    十一、气体黏度共线图 ·· 264

    十二、液体的比热容共线图 ·· 266

    十三、气体的比热容共线图 ·· 267

    十四、几种气体溶于水时的亨利系数 ·· 269

    十五、常用离心泵的规格 ··· 269

参考文献 ·· 272

一、化工生产过程与单元操作

化学工业、石油化学工业、医药工业及轻工、食品、冶金等工业，尽管它们所生产的产品种类、加工方法、工艺流程以及设备等并不完全相同，甚至相差很大，但这些生产过程却具有一些共同的特点。将原料大规模进行加工处理并生成新的、符合要求的产品，其中加工处理过程的核心是化学反应过程，若要使反应过程经济有效地进行，必须为化学反应提供足够的条件（如适宜的温度、压力和物料的组成等），这就是化工生产过程（如图 0-1、图 0-2 所示）。因此，原料必须预先经过一系列的处理以除去杂质，达到必要的纯度、温度和压力，这些过程统称为原料的预处理。反应产物同样需要经过各种处理过程加以精制，以获得最终产品，这些过程统称为产品的后处理。

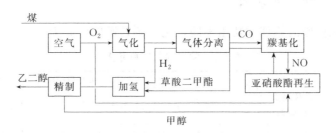

图 0-1　乙二醇生产流程图

按照操作原理，化工产品生产过程中的物理加工过程可归纳为应用较广的数个基本操作过程。例如，乙醇、乙烯及石油化工等生产过程中，都采用蒸馏操作分离液体均相混合物，所以蒸馏为一基本操作过程。又如，盐酸、硝酸、硫酸等生产中，

1

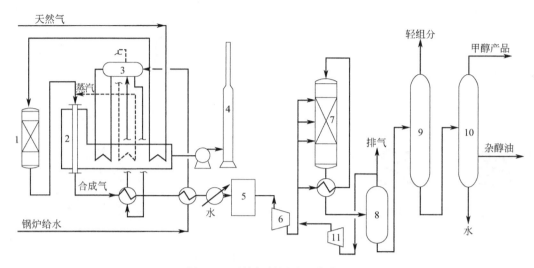

图 0-2 天然气制甲醇工艺流程

1—脱硫反应器；2—蒸汽转化炉；3—汽包；4—烟囱；5—净化系统；6—合成气压缩机；
7—甲醇合成塔；8—分离器；9—脱轻组分塔；10—精馏塔；11—压缩机

都采用吸收操作分离气体均相混合物或生产产品，所以吸收为一基本操作过程。又如，尿素、聚氯乙烯及燃料等生产过程中，都采用干燥操作以除去固体中的水分，所以干燥也是一基本操作过程。还有流体输送，不论用来输送何种物料，其目的都是将流体从一个设备输送到另一个设备。加热与冷却的目的都是为了得到所需要的操作温度。这些基本操作过程都是基于物理和物理化学的原理，称为化工单元操作，简称单元操作。所以说，化工生产过程都是由化学反应过程和若干单元操作过程组合而成。

化工生产过程中不同的加工过程是在不同设备中完成的。化学反应在反应器内完成，每个单元操作是在特定的设备中完成，比如蒸馏操作在蒸馏塔内完成，吸收操作在吸收塔内完成，干燥在干燥器内进行等。不同的单元操作设备其结构有很大的不同，为相应的单元操作过程提供必要的条件，使过程有效地进行。在操作过程中，需要进行操作控制，根据规定的操作指标调节物料的进、出口流量以及温度、压力、浓度及流动状态等，使操作能以适当的速率进行，得到规定的合格产品或中间产品。

二、化工单元操作的分类

根据化工单元操作的原理和功用不同，化工单元操作可分为下列三类，见表 0-1。

表 0-1 常用的化工单元操作

类 别	名 称	功能与用途
流体流动过程 （动量传递过程）	流体输送 固体流态化	将流体从一个设备送到另一个设备、提高或降低流体的压力
	沉降与过滤	从非均相混合物中分离悬浮的固体颗粒、液滴或气泡
传热过程 （热量传递过程）	传热	升温、降温或改变相态
	蒸发	使非挥发性物质中的溶剂汽化，溶液增浓
	冷冻	将物料温度冷却到环境温度以下
	结晶	利用冷却或溶剂汽化的方法使溶液达到过饱和而析出溶质晶体

续表

类　别	名　称	功能与用途
传质过程 （质量传递过程）	干燥	使固体湿物料中所含湿分汽化除去
	蒸馏	利用组分的挥发度的不同，分离均相混合液体
	吸收	利用气体在液体溶剂（吸收剂）中溶解度不同，分离气相混合物
	萃取	利用液体在液体溶剂（萃取剂）中溶解度不同，分离液相混合物
	吸附	利用组分在固体吸附剂上吸附量不同，分离气相或液相混合物
	膜分离	利用固体或液体的膜来对气体或液体混合物实现选择性透过分离

根据操作方式的不同，单元操作可以分为连续操作和间歇操作两种方式。

根据操作过程参数的变化规律，单元操作可分为定态操作和非定态操作两种形式。

定态操作是指在操作过程中有关的温度、压力、流速等物理参数仅随位置变化，而不随时间变化的操作。化工厂内的连续生产通常属于定态操作，其特点是过程进行的速率是稳定的，系统内没有物质或能量的积累。

非定态操作是指在操作过程中有关物理参数既随位置变化，也随时间变化的操作。通常的间歇操作为非定态操作，其特点是过程进行的速率是随时间变化的，系统内存在物质或能量的积累。

三、单元操作中常用的基本概念

1. 物料衡算

根据质量守恒定律，进入某一化工过程系统的物料总质量等于离开该系统的物料质量与积累于该系统的物料质量之和，即：

$$输入量 = 输出量 + 积累量$$

对于连续操作过程，若各物理量不随时间改变，即处于稳定操作状态，过程中没有物料积累，则物料衡算关系为：

$$输入量 = 输出量$$

进行物料衡算时，首先按题意画出简单流程示意图，并用虚线框画出衡算范围，在工程计算中，可以根据具体情况以一个生产过程或一个设备，甚至设备某一局部作为衡算范围；其次确定衡算基准，一般选用单位进料量或排料量、单位时间及设备的单位体积等；最后列出衡算式，求解未知量。

2. 能量衡算

本教材中所用到的能量主要有机械能和热能。能量衡算的依据是能量守恒定律，用以确定进、出单元设备的各项能量间的相互数量关系，包括各种机械能形式的相互转换关系，为完成指定任务需要加入或移走的热量、设备的热量损失等。

3. 平衡关系

任何系统都是变化的，其变化必趋于一定方向，如任其发展，在一定的条件下，过程变化必达到极限，即平衡状态。例如，盐在水中溶解时，将一直进行到饱和状态为止；热量从高温物体传到低温物体，直至两物体的温度相等为止。任何一种平衡状态的建立都是有条件的。当条件改变时，原有平衡状态被破坏并发生移动，直至在新的条件下建立新的平衡。

4. 传递速率

任何一个系统若不处于平衡状态,必然会发生使系统趋向平衡的过程。单位时间内过程的变化率称为过程速率,其大小决定过程进行的快慢,其通用表达式如下:

$$过程速率 = \frac{过程推动力}{过程阻力}$$

由于过程不同,推动力与阻力的具体内容各不相同。通常,过程偏离平衡状态越远,过程推动力越大;达到平衡时,过程推动力为零。例如,引起高温物体与低温物体间热量传递的推动力是两物体间的温度差,温度差越大,过程速率越大,温度差为零时,两物体处于热平衡状态,过程速率为零。

5. 经济核算

为生产定量的某种产品所需要的设备,根据设备的形式和材料不同,可以有若干设计方案。对同一台设备,所选用的操作参数不同,会影响到设备费用与操作费用。因此,要用经济核算确定最经济的设计方案。

四、单元操作过程中常见的物理量

1. 密度

单位体积流体所具有的质量,称为流体的密度,用符号 ρ 表示。

其表达式为:
$$\rho = \frac{m}{V} \tag{0-1}$$

式中　ρ——流体的密度,kg/m^3;

　　　m——流体的质量,kg;

　　　V——流体的体积,m^3。

（1）液体密度　一般液体可视为不可压缩性流体,其密度基本上不随压力变化,但随温度变化,其变化关系可查相关手册。

液体混合物的密度：依据理想溶液各组分混合前后体积不变,即混合物体积等于各组分混合前体积的加和的原则进行计算。对于液相混合物组成常用组分的质量分数表示,因此可由下式计算：

$$\frac{1}{\rho_m} = \frac{w_1}{\rho_1} + \frac{w_2}{\rho_2} + \frac{w_3}{\rho_3} + \cdots + \frac{w_n}{\rho_n} \tag{0-2}$$

式中　$w_1、w_2、\cdots w_n$——液体混合物中各组分的质量分数;

　　　$\rho_1、\rho_2、\cdots \rho_n$——液体混合物中各组分的密度,$kg/m^3$;

　　　ρ_m——液体混合物的密度,kg/m^3。

（2）气体密度　气体为可压缩性流体,其密度随温度和压力变化较大。当压力不太高、温度不太低时,可按理想气体状态方程计算：

$$pV = nRT = \frac{m}{M}RT$$

$$\rho_m = \frac{m}{V} = \frac{pM_m}{RT} \tag{0-3}$$

式中　　p——气体的压力，kPa；

　　　　T——气体的温度，K；

　　　　M_m——混合气体的平均千摩尔质量，kg/kmol，即 $M_m = M_1 y_1 + M_2 y_2 + \cdots + M_i y_i$（$M_i$ 为气体混合物中 i 组分的千摩尔质量，kg/kmol）；

　　　　R——通用气体常数，$R = 8.314$ kJ/(kmol·K)；

　　　　ρ_m——混合气体的密度，kg/m³。

一般在手册中查得的纯气体密度都是在一定压力与温度下的数值，若条件不同，则此值需进行换算。

气体混合物的组成常用体积分数表示，在混合前后其压强与温度不变，混合气体的质量等于各组分的质量之和，即由下式计算：

$$\rho_m = \rho_1 y_1 + \rho_2 y_2 + \cdots + \rho_n y_n \tag{0-4}$$

式中　　$y_1 、 y_2 、 \cdots y_n$——气体混合物中各组分的摩尔分数（对于理想气体，摩尔分数在数值上等于体积分数）；

　　　　$\rho_1 、 \rho_2 、 \cdots \rho_n$——在气体混合物的压力下，各组分的密度，kg/m³。

【例 0-1】 干空气的组成近似为 21% 的氧气、79% 的氮气（均为体积分数）。试求压力为 294kPa、温度为 80℃ 时空气的密度。

解：
$$T = 273 + 80 = 353 \text{(K)}$$
$$M_m = M_1 y_1 + M_2 y_2 = 32 \times 0.21 + 28 \times 0.79 = 28.84 \text{(kg/kmol)}$$

由式(0-3) 可得

$$\rho_m = \frac{294 \times 28.84}{8.314 \times 353} = 2.89 \text{(kg/m}^3\text{)}$$

(3) 相对密度　在一定条件下，某种流体的密度与在标准大气压和 4℃（或 277K）的纯水的密度之比，称为相对密度（旧称比重），用符号 d 表示。

$$d = \frac{\rho}{\rho_{H_2O(4℃)}} \tag{0-5}$$

(4) 流体的比容　流体的比容为密度的倒数，即单位质量流体所具有的体积（单位：m³/kg）。

$$\nu = \frac{1}{\rho} = \frac{V}{m} \tag{0-6}$$

2. 黏度

流体内部产生的相互作用力，通常称为内摩擦力或称黏滞力；流体在流动时产生内摩擦的性质称为流体的黏性；黏度 μ 是度量流体黏性大小的物理量。在 SI 单位制中，黏度的单位是 Pa·s，常用单位还有 mPa·s，P（泊），cP（厘泊），它们之间的换算关系为：
$1 \text{Pa·s} = 10^3 \text{mPa·s} = 10^3 \text{cP}$。

(1) 影响黏度的因素　流体种类、温度与压力。一般同一液体的黏度随着温度的升高而降低，压力对液体黏度的影响可忽略不计；同一气体的黏度随着温度的升高而增大，一般情况下也可忽略压力的影响，但在极高或极低的压力条件下需考虑其影响。

(2) 混合物的黏度　分子不缔合的混合液体黏度估算式：

$$\lg \mu_m = \sum_{i=1}^{n} x_i \lg \mu_i \tag{0-7}$$

式中　μ_m——混合液体的黏度；
　　　x_i——液体混合物中 i 组分的摩尔分数；
　　　μ_i——液体混合中 i 组分的黏度。

常压下气体混合物的黏度估算式：

$$\mu_m = \frac{\sum_{i=1}^{n} y_i \mu_i M_i^{1/2}}{\sum_{i=1}^{n} y_i M_i^{1/2}} \tag{0-8}$$

式中　μ_m——气体混合物的黏度；
　　　y_i——气体混合物中 i 组分的摩尔分数；
　　　μ_i——气体混合中 i 组分的黏度；
　　　M_i——气体混合物中 i 组分的千摩尔质量，kg/kmol。

3. 压力

流体垂直作用于单位面积上的压力称为流体的静压强，简称压强，习惯上也称其为压力。表达式为

$$p = \frac{F}{A} \tag{0-9}$$

式中　p——流体的静压强，Pa；
　　　F——垂直作用于流体表面上的压力，N；
　　　A——作用面的面积，m^2。

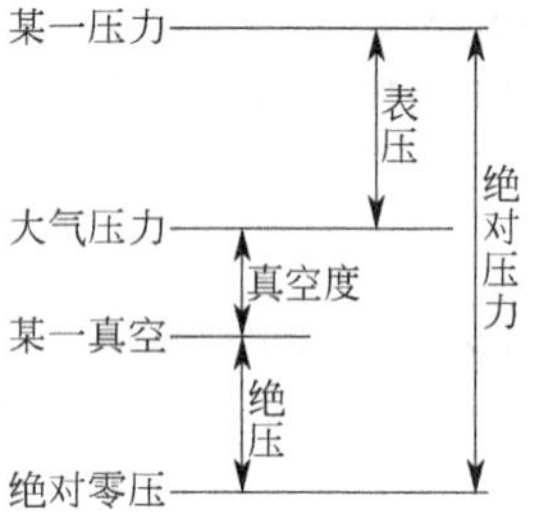

压力可以有不同的计量标准（见图 0-3）：

（1）绝对压力（绝压）　以绝对零压作起点计算的压力，是流体的真实压力。

图 0-3　表压、绝对压力及真空度的关系

（2）表压　流体的绝对压力大于大气压力时用压力表所测得的压力，即

$$表压 = 绝对压力 - 大气压力$$

（3）真空度　流体的绝对压力低于大气压力时用真空表所测得的压力，即

$$真空度 = 大气压力 - 绝对压力$$

注意：外界大气压力随大气的温度、湿度和所在地区的海拔高度而改变。三种计量标准在使用过程中表压、真空度要加以标注，如 145kPa（表压）、65kPa（真空度）等，若无标注则表示绝对压力。

【**例 0-2**】　某生产工艺中的离心泵入口真空表读数为 30kPa，出口压力表的读数为 170kPa。若当地大气压为 101kPa，试求泵入口和出口的绝对压力为多少？

解：泵入口绝对压力：$p_入 = 101 - 30 = 71(kPa)$
　　　泵出口绝对压力：$p_出 = 170 + 101 = 271(kPa)$

4. 混合物各组分的组成表示方法

（1）质量分数　是指在混合物中某组分的质量占混合物总质量的比例。

$$w_A = \frac{m_A}{m} \tag{0-10}$$

显然，混合物中各组分的质量分数之和等于 1，即 $\sum w_i = 1$。

（2）摩尔分数　是指在混合物中某组分的物质的量 n_A 占混合物总物质的量 n 的比例。

$$\text{气相：} y_A = \frac{n_A}{n} \qquad \text{液相：} x_A = \frac{n_A}{n} \qquad (0-11)$$

（3）物质的量的浓度 也简称物质的浓度，是指单位体积混合物中某组分的物质的量，用符号 c_i 表示，即

$$c_i = \frac{n_i}{V} \qquad (0-12)$$

（4）摩尔比 是指混合物中某组分 A 的物质的量与惰性组分 B（不参加传质的组分）的物质的量之比。

$$\text{气相：} Y_A = \frac{n_A}{n_B} \qquad \text{液相：} X_A = \frac{n_A}{n_B} \qquad (0-13)$$

（5）各组成表示形式间的换算关系

浓度与摩尔分数间的关系：
$$x_A = \frac{c_A}{c} \qquad (0-14)$$

质量分数与摩尔分数间的关系：
$$x_A = \frac{w_A/M_A}{w_A/M_A + w_B/M_B} \qquad (0-15)$$

摩尔分数与摩尔比间的关系：
$$X = \frac{x}{1-x} \qquad Y = \frac{y}{1-y} \qquad (0-16)$$

自测练习

一、问题思考

1. 什么是化工单元操作？常见的化工单元操作有哪些？
2. 单元操作中物料衡算和能量衡算的依据是什么？
3. 单元操作过程速率的主要影响因素有哪些？请写出过程速率的通式。
4. 平衡关系的作用是什么？
5. 流体黏性的本质是什么？
6. 何谓绝对压力、表压和真空度？表压和绝对压力、大气压力之间有什么关系？真空度和绝对压力、大气压力之间有什么关系？

二、工艺计算

1. 在大气压强为 100kPa 地区，某真空蒸馏塔塔顶的真空表读数为 90kPa。若在大气压强为 87kPa 地区，仍要求塔顶绝压维持在相同数值下操作，问此时真空表读数为多少？
2. 正庚烷和正辛烷混合液中，正庚烷的摩尔分数为 0.4，试求该混合液在 20℃ 下的密度。
3. 干燥器将含水量为 10%（质量分数，下同）的湿物料干燥至含水量为 0.8% 的干物料，试求每吨湿物料除去的水分。

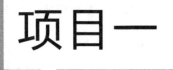

化工生产过程中处理的物料多数为流体，按工艺要求在各化工设备和机器之间输送这些物料，是实现化工生产的重要环节。流体是液体和气体的统称，其基本特征是没有一定的形状并具有流动性、可压缩性。液体可压缩性很小，而气体的可压缩性较大。在流体的形状改变时，流体各层之间也存在一定的运动阻力（即黏滞性）。当流体的黏滞性和可压缩性很小时，可近似看作是理想流体，它是人们为研究流体的运动和状态而引入的一个理想模型。

化工生产工艺过程中，需要将液体或气体输送到设备内，这就涉及输送设备的选择、管道的确定、物料工艺参数的控制等问题，都与流体流动密切相关，甚至是在设备内进行物理处理或化学反应的过程大多也是在流体流动条件下进行的，流体的流动状况对这些过程的操作费用和设备费用都有很大影响。因此流体流动规律是本门课程的重要基础，流体输送问题是化工生产必须解决的基本问题。

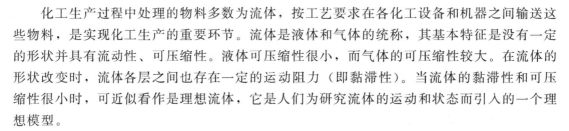

【知识目标】

① 掌握常用贮罐、管路及输送机械的形式、性能特点、选型、安装及使用方法；
② 熟悉静力学方程、连续性方程、伯努利方程、流体阻力的计算方法及应用。

【技能目标】

① 能选择合适的贮罐、管路、流体输送机械；
② 能识别管路的组成，能测定流体的压力、液位、温度以及流量；
③ 能进行离心泵、旋涡泵、压缩机等常用流体输送机械的操作；
④ 能对输送过程中的常见故障进行分析处理。

【素质目标】
① 形成安全生产、环保节能、讲究卫生的职业意识；
② 树立工程技术观念，养成理论联系实际的思维方式；
③ 培养敬业爱岗、服从安排、吃苦耐劳、严格遵守操作规程的职业道德。

任务一　化工管路的认知

化工生产过程中流体是经管路由一个设备流到另一设备的，管路的构成、作用及其日常检查都是重要的。下面观察不同单元操作装置的管路，分析各套装置管路中的相同处和不同处，总结化工管路的组成。

一、化工单元操作装置

观察图 1-1 中各套装置的管路，分析管路的组成和各自的特点。

(a) 单泵送料装置区

(b) 流体输送装置区

(c) 传热装置区

(d) 精馏装置区

图 1-1

(e) 吸收装置区　　　　　　　　　　　　(f) 干燥装置区

图 1-1　化工实训装置

二、单泵送料管路装置流程图

认真对比装置流程图（图 1-2）和实训装置，对相关设备外型有基本的认知，整理出管路的组成并确定流体的流动方向。

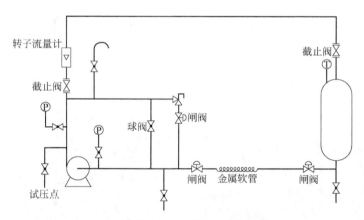

图 1-2　单泵送料管路装置流程图

① 能识读化工流程图，并与现场装置对照找到相应设备和仪表，注意观察和分析；
② 了解管路各组成件的结构和工作原理；
③ 能从不同的化工流程中找出管路的组成件；
④ 小组内要能团结协作，有一定的安全意识。

知识点　流体输送设备和管路

一、贮罐

贮罐是一种最典型的化工容器，主要用于贮存气体、液体、液化气体等介质，如石油贮罐、液氨贮罐等。除了贮存作用外贮罐还起到了计量的作用。因此，贮罐在石油、化工、能源、轻工、环保、制药及食品等行业应用广泛。

1. 贮罐的类型

由于贮存介质的不同，贮罐有多种类型，见表1-1。

表1-1 贮罐的类型

分类依据	类型
按材料分类	分为钢制贮罐、不锈钢贮罐、滚塑贮罐、玻璃钢贮罐、陶瓷贮罐、橡胶贮罐、焊接塑料贮罐等
按位置分类	分为地上贮罐、地下贮罐、半地下贮罐、海上贮罐、海底贮罐等
按油品分类	分为原油贮罐、燃油贮罐、润滑油贮罐、食用油罐等
按用途分类	分为生产油罐、存储油罐等
按形式分类	分为立式贮罐、卧式贮罐等
按结构分类	分为固定顶贮罐、浮顶贮罐、球形贮罐等
按大小分类	分为100m³以上为大型贮罐，多为立式贮罐；100m³以下的为小型贮罐，多为卧式贮罐

(a) 立式圆筒贮罐　　　　　(b) 卧式圆筒贮罐　　　　　(c) 球罐

图1-3 贮罐的形状

(1) 立式贮罐　立式贮罐以大型油罐最为典型[图1-3(a)]，其由基础、罐底、罐壁、罐顶及附件组成。大型立式贮罐主要用于贮存数量较大的液体介质，如原油、轻质成品油等；小型立式贮罐主要作为中间成品罐和各种计量罐、冷凝罐用。

(2) 卧式贮罐　卧式贮罐[图1-3(b)]与立式贮罐相比，容量较小、承载能力变化范围宽，在各种工艺条件下都能使用。大型卧式贮罐用于贮存容量小且压力不太高的液化气和液体；小型卧式贮罐也主要作为中间成品罐和各种计量罐、冷凝罐用。

(3) 球形贮罐　与圆筒形贮罐相比，具有容量大、承载能力强、节约钢材、占地面积小、基础工程量小、介质蒸发损耗少等优点，但也存在制造安装技术要求高、焊接工程量大、制造成本高等特点。故适用于贮存容量较大且压力较高的液体，比如石油气及各种液化气。见图1-3(c)。

2. 贮罐的选用

(1) 贮存介质的性质是选择贮罐形式的重要因素

① 介质的闪点、沸点及饱和蒸气压与液体的可燃性密切相关，是选贮罐形式的主要依据。通常取大气环境最高温度时介质饱和蒸气压作为其最高工作压力，应根据最高工作压力初步选择贮罐类型。

一般情况下，球形、椭圆形、蝶形、球冠形封头的圆筒形贮罐和球罐可以承受较高的贮存压力，而立式平底筒形贮罐的承压能力较差，介质的压力不大于0.1MPa。

② 介质的密度将直接影响载荷的分析与罐体应力的大小。

③ 介质的腐蚀性是贮存设备材料选择的首要依据，将直接影响制造工艺与设备造价。

一般情况下，以腐蚀率作为选用材料的基础：腐蚀率在 0.005mm/a 以下，可以充分使用；腐蚀率在 0.005～0.05mm/a，可以使用；腐蚀率在 0.05～0.5mm/a，尽量不要使用；腐蚀率在 0.5mm/a 以上，不使用。

④ 介质的毒性程度则直接影响设备制造与管理的等级和安全附件的配置。

⑤ 介质的黏度与冰点直接关系到贮存设备的运行成本。这是因为当介质为具有高黏度或高冰点的液体时，为保持其流动性，就需要对贮存设备进行加热或保温，使其保持便于输送的状态。

(2) 贮存量的大小是选择贮罐形式的依据　在根据最高工作压力初步选择贮罐类型后，再根据贮存量的大小选择合适的贮罐形式。单台立式圆筒形贮罐（非平底形）的容积一般不宜大于 20m³；卧式圆筒形贮罐的容积一般不宜大于 100m³；当总的贮存容量超过 100m³ 但小于 500m³ 时，可以选用几个卧罐组成一个贮罐群，也可以选用一个或两个球罐；当总容量大于 500m³，且贮存压力较高时，建议选用球罐或球罐群；若是常压贮存，且贮存容量较大时（>100m³），为了减少蒸发损耗或防止污染环境，保证介质不受空气污染时，宜选用外浮顶罐或内浮顶罐；若是常压或低压贮存，蒸发损耗不是主要问题，环境污染也不大，可不必设置浮顶；若需要适当加热贮存，宜选用固定顶罐。

(3) 其他因素　在选择贮罐形式时，还需考虑贮存场地的位置、大小和地基承载能力。

二、化工管路

化工管路是化工生产中所涉及的各种管路形式的总称，将化工机器与设备连在一起，从而保证流体能从一个设备输送到另一个设备，是化工生产装置不可缺少的部分。

化工管路主要由管子、管件、阀件及辅件（一些附属于管路的管架、管卡、管撑等）构成。

1. 化工管路的标准化

化工生产中输送的流体介质多种多样，介质性质、输送条件和输送流量是各不相同的，因此化工管路也必须是各不相同，以适应不同输送任务的要求。工程上，为了避免杂乱、方便制造与使用，有了化工管路的标准化。

化工管路的标准化是指制定化工管路主要构件（包括管子、管件、阀门、法兰、垫片等）的结构、尺寸、连接、压力等的实施标准的过程。其中，压力标准与直径标准是制定其他标准的依据，也是选择管子、管件、阀门、法兰、垫片等的依据，已由国家标准详细规定，使用时可查阅有关资料。

2. 管子

生产中使用的管子按管材不同可分为金属管、非金属管和复合管。金属管主要有铸铁管、钢管（含合金钢管）和有色金属管等；非金属管主要有陶瓷管、水泥管、玻璃管、塑料管、橡胶管等；复合管指的是金属与非金属两种材料复合得到的管子，最常见的形式是衬里管，为了满足成本、强度和防腐的需要，在一些管子的内层衬以适当材料（如金属、橡胶、塑料、搪瓷等）而形成的。随着化学工业的发展，各种新型耐腐蚀材料不断出现，如有机聚合物材料等，非金属材料管正在越来越多地替代金属管。

管子的规格通常是用"ϕ 外径×壁厚"来表示，如 ϕ38mm×2.5mm 表示此管子的外径是 38mm,壁厚是 2.5mm。但也有些管子是用内径来表示其规格的,使用时要注意。管子的长度主要有 3m、4m 和 6m。有些可达 9m、12m,但以 6m 最为普遍。

3. 管件

化工生产中的管件类型很多,管件根据管材类型分为 5 种,即水煤气钢管件、铸铁管件、塑料管件、耐酸陶瓷管件和电焊钢管管件。管件是用来连接管子、改变管路方向或直径、接出支路或封闭管路的附件总称。一种管件能起到上述作用中的一个或多个,例如弯头既是连接管路的管件,又是改变管路方向的管件。

(1) 改变管路的方向　如图 1-4(a)~图 1-4(d) 等,通常将其统称为弯头。

(2) 连接支管　如图 1-4(e)~图 1-4(i) 等。通常把它们统称为"三通""四通"。

(3) 连接两段管子　如图 1-4(j)~图 1-4(l) 等。其中图 1-4(j) 称为外接头,俗称为"管箍";图 1-4(k) 称为内接头,俗称为"对丝";图 1-4(l) 称为活接头,俗称为"由任"。

(4) 改变管路的直径　如图 1-4(m)、图 1-4(n) 等,通常把前者称为大小头,后者称为内外螺纹管接头,俗称为内外丝或补芯。

(5) 堵塞管路　如图 1-4(o)、图 1-4(p) 等,分别称为丝堵和盲板。

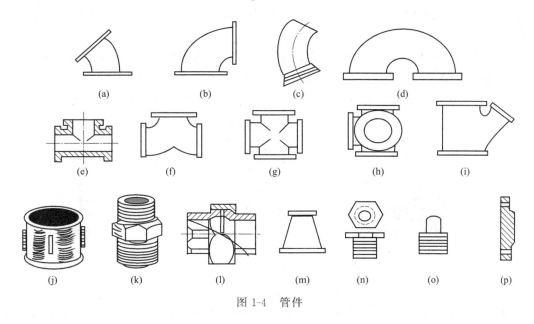

图 1-4　管件

必须注意,管件和管子一样,也是标准化、系列化的。选用时必须注意和管子的规格一致。

4. 阀门

阀门是用来开启、关闭、调节流量及控制安全的机械装置,也称活门、截门或节门。阀门是化工安全生产的关键组件。阀门的开启与关闭、畅通与隔断、质量好与坏、严密与渗漏等均关系到安全运行,由阀门引起的火灾、爆炸、中毒事故数不胜数,许多重大的灾害都是由阀门引起的。化工生产中,通过阀门可以调节流量、系统压力、流动方向,从而确保工艺条件的实现与安全生产。

(1) 阀们的型号　阀件的种类与规格很多,为了便于选用时的识别,规定了工业管路使用阀门的标准，对阀门进行了统一编号。阀门的型号由七个部分组成，其形式为：

Ⅰ Ⅱ Ⅲ Ⅳ Ⅴ-Ⅵ Ⅶ

其中位置Ⅰ～Ⅶ为字母或数字，可从有关手册中查取。

阀门类别代号Ⅰ，用阀门名称的第一个汉字的拼音字首来表示。如截止阀用 J 表示、闸阀用 Z 表示、球阀用 Q 表示、安全阀用 A 表示等。

阀门传动方式代号Ⅱ，用阿拉伯数字表示，如气动为 6、液动为 7、电动为 9 等。

阀门连接形式代号Ⅲ，用阿拉伯数字表示，如内螺纹为 1、外螺纹为 2 等。

阀门结构形式代号Ⅳ，用阿拉伯数字表示，以截止阀为例，直通式为 1、角式为 4、直流式为 5 等。

阀座密封面或衬里材料代号Ⅴ，用材料名称的拼音字首来表示，如铜合金材料为 T、氟塑料为 F、搪瓷为 C 等。

公称压力的数值Ⅵ，是阀件在基准下能够承受的最大工作压力，可从公称压力系列表选取。

阀体材料代号Ⅶ，用规定的拼音字母表示，如铸铜为 T、碳钢为 C、Cr5Mo 钢为 I 等。

例如，有一阀门的铭牌上标明其型号为 Z941T-1.0K，则说明该阀为闸阀、电动、法兰连接、明杆楔式单闸板，阀座密封面的材料为铜合金，公称压力为 1.0MPa，阀体材料为可锻铸铁。

（2）阀门的类型　阀门的种类很多，按启动力的来源分为他动启闭阀和自动作用阀。

① 他动启闭阀：有手动、气动和电动等类型，若按结构分则有旋塞、闸阀、截止阀、节流阀、气动调节阀和电动调节阀等，表 1-2 介绍了几种常见的化工他动启闭阀。

表 1-2　常见几种他动启闭阀的用途

种类	旋塞，又叫扣克	截止阀	闸阀
用途	用于输送含有沉淀和结晶及黏度较大的物料，使用于直径不大于 80mm 及温度不超过 273K 的低温管路和设备上，允许工作压力在 1MPa（表压）以下	用于蒸汽压缩空气和真空管路，也可用于各种物料管路中，但不能用于沉淀物、易于析出结晶或黏度较大、易结焦的料液管路中，此阀尺寸较小，耐压不高，在工厂中有特殊的应用	用于大直径的给水管路上，也可用于压缩空气、真空管路和温度在 393K 以下的低压气体管路，但不能用于介质中含沉底物质的管路，很少用于蒸汽管路

② 自动作用阀。当系统中某些参数发生变化时，自动作用阀能够自动启闭。自动作用阀主要有安全阀、减压阀、止回阀和疏水阀等。

a. 安全阀。安全阀是为了管道设备的安全保险而设置的截断装置。它能根据工作压力自动启闭，从而将管道设备的压力控制在某一数值以下，保证其安全，主要用在蒸汽锅炉及高压设备上。

b. 减压阀。减压阀是为了降低管道设备的压力，并维持出口压力稳定的一种机械装置，常用在高压设备上。例如，高压钢瓶出口都要接减压阀，以降低出口的压力，满足后续设备的压力要求。

c. 止回阀。止回阀也称止逆阀或单向阀,是在阀的上下游压力差的作用下自动启闭的阀门。其作用是使介质按一定方向流动而不会反向流动。常用在泵的进出口管路中、蒸汽锅炉的给水管路上。例如,离心泵在开启之前需要灌泵,为了保证灌入的液体不外泄,常在泵吸入管口装一个单向阀。

d. 疏水阀。疏水阀是一种自动间歇排除冷凝液,并能自动阻止蒸汽排出的机械装置。蒸汽是化工生产中最常用的热源,只有及时排除冷凝液,才能很好地发挥蒸汽的加热功能。

(3) 阀门的选用　阀门选用时应考虑介质的性质、工作压力和工作温度及变化范围、管道的直径及工艺上的特殊要求(节流、减压、放空、止回等)、阀门的安装位置等因素,本着"满足工艺要求、安全可靠、经济合理、操作与维护方便"的基本原则选择相应的阀门。

对双向流的管道,应选用无方向性的阀门,如闸阀、球阀、蝶阀等;对只允许单向流的管道,应选止回阀;对需要调节流量的地方多选截止阀。

对要求启闭迅速的管道,应选球阀或蝶阀;对要求密封性好的管道,应选闸阀或球阀。

对受压容器及管道,视其具体情况设置安全阀,对各种气瓶应在出口处设置减压阀。蒸汽加热设备及蒸汽管道上应设置疏水阀。

(4) 阀门的维护　阀门是化工生产中最常用的装置,数量广、类型多,其工作情况直接关系到化工生产的好坏与优劣。为了使阀门正常工作,必须做好阀门的维护工作。

① 保持清洁与润滑良好,使传动部件灵活动作。
② 检查有无渗漏,如有渗漏及时修复。
③ 安全阀要保持无挂污与无渗漏,并定期校验其灵敏度。
④ 注意观察减压阀的减压效能。若减压值波动较大,应及时检修。
⑤ 阀门全开后,必须将手轮倒转少许,以保持螺纹接触严密、不损伤。
⑥ 电动阀应保持清洁及接点的良好接触,防止水、汽和油的沾污。
⑦ 露天阀门的传动装置必须有防护罩,以免大气及雨雪的浸蚀。
⑧ 要经常测听止逆阀阀芯的跳动情况,以防止掉落。
⑨ 做保温与防冻工作,应排净停用阀门内部积存的介质。
⑩ 及时维修损坏的阀门零件,发现异常及时处理。

三、输送设备

在化工生产中,为了满足工艺要求,经常需要将流体从一个设备输送到另一个设备、从一个车间输送到另一个车间、从常压变成高压或负压等,使用流体输送机械对流体做功达到上述目的是工业生产中的主要手段。流体输送机械在化工生产中称动设备,是容易出现危险、发生事故的设备。流体输送机械的安全问题,不仅涉及机械的材质结构、强度、动平衡、密封等问题,而且涉及在机械动作下流体的状态和特性变化。

由于输送任务不同、流体种类多样,工艺条件复杂,流体输送机械也是多种多样的,如表 1-3 所示，是按照工作原理分类的。

表 1-3 流体输送机械的类型

流体	离心式	容积式		流体作用式
		往复式	旋转式	
液体	离心泵、旋涡泵	往复泵、隔膜泵、计量泵、柱塞泵	齿轮泵、螺杆泵、轴流泵	喷射泵、酸贮槽空气升液器
气体	离心通风机、离心鼓风机、离心压缩机	往复压缩机、往复真空泵、隔膜压缩机	罗茨通风机、液环压缩机、水环真空泵	蒸汽喷射泵、水喷射泵

尽管液体输送机械多种多样，但都必须满足以下基本要求：
① 满足生产工艺对流量和能量的需要；
② 满足被输送液体性质的需要；
③ 结构简单、价格低廉、质量小；
④ 运行可靠，维护方便，效率高，操作费用低。

选用时应综合考虑，全面衡量，其中最重要的是满足流量与能量的要求。

自测练习

1. 观察实训室供水管路，分析管路中各组成部分的作用。
2. 某化工企业采用乙酸和乙醇为原料，硫酸为催化剂生产乙酸乙酯，每天乙酸用量为 1200kg，乙醇用量为 1100kg，工厂每周进一次原料，请选用合适的贮罐形式。贮罐采用什么材质合适？

任务二 流体流动阻力的测定

任务引入

流体输送过程是化工生产过程中一个关键的环节，流体物料输送的操作方法是必须要掌握的技能，同时在输送过程中物料量的变化和能量变化也是要掌握的理论基础。现通过下面测定输送体积浓度为 50% 的乙二醇水溶液及质量分数为 20% 的氯化钠水溶液过程的阻力的操作，学习送料操作方法、设备结构及其理论基础。

任务实施

一、识读工艺流程图

流体阻力测定流程图如图 1-5 所示。

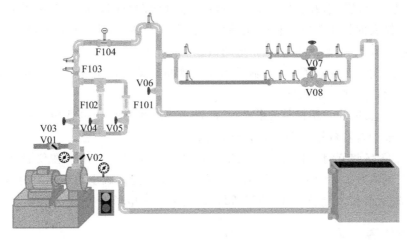

代码	名称	代码	名称
F101	小转子流量计	V03	主管路调节阀
F102	大转子流量计	V04	大转子流量计调节阀
F103	文丘里流量计	V05	小转子流量计调节阀
F104	涡轮流量计	V06	主管路球阀
V01	离心泵灌泵阀	V07	光滑管路中的闸阀
V02	放气阀	V08	粗糙管路中的截止阀

图 1-5 流体阻力测定流程图

二、操作规程

1. 光滑管阻力测定及闸阀局部阻力测定

① 到参数设置界面（东方仿真系统）设置流体阻力测定操作的可变参数：直管内径、流体物料种类，点"参数记录"记录到实验报表中。

② 打开离心泵电源开关，打开光滑管路中的闸阀 V07。

③ 调节小转子流量计调节阀 V05，在仪表面板中观察光滑管压差数据稳定后，到直管阻力数据界面中记录光滑管管路数据。重复调节 V05，记录 4 组以上的数据。

④ 当小转子流量计满开度后，关闭小转子流量计调节阀，调节大转子流量计调节阀 V04 开度，在仪表面板中观察光滑管压差数据稳定后，到直管阻力数据界面中记录光滑管管路数据。重复调节 V04，记录 10 组左右的数据。

⑤ 在实验报表里的"光滑管数据"查看实验结果数据，可选中某行删除不合理数据，点击实验报告查看数据和光滑管 $\lambda \sim Re$（λ 为阻力系数，Re 为雷诺数）曲线。

⑥ 光滑管阻力测定结束后，将大转子流量计调节阀开到最大开度，在仪表面板中观察闸阀远、近点压差数据稳定后，到局部阻力数据界面中记录闸阀局部阻力数据一组。

⑦ 到实验装置图中关闭闸阀和大转子流量计调节阀，关闭离心泵电源开关。

2. 粗糙管阻力测定及截止阀局部阻力测定

① 打开粗糙管截止阀。

② 调节小转子流量计的调节阀 V05，在仪表面板中观察粗糙管压差数据稳定后，到直管阻力数据界面中记录粗糙管管路数据。重复调节 V05，记录 4 组以上的数据。

③ 当小转子流量计满开度后，关闭小转子流量计调节阀，调节大转子流量计调节阀开度 V04，在仪表面板中观察粗糙管压差数据稳定后，到直管阻力数据界面中记录粗糙管管路数据。重复调节 V04，记录 4～6 组的数据。

④ 当流量大于 $1m^3/h$ 时，选择涡轮流量计测量，即关闭大小转子流量计调节阀，打开主管路调节阀，再测 4 组数据。

⑤ 在实验报表里的"粗糙管数据"中查看实验结果数据，可选中某行删除不合理数据，点击实验报告查看数据和粗糙管 $\lambda \sim Re$ 曲线。

⑥ 关闭主管路调节阀，将大转子流量计调节阀开至最大开度，在仪表面板中观察截止阀远、近点压差数据稳定后，到局部阻力数据界面中记录截止阀局部阻力数据一组。

⑦ 关闭截止阀和大转子流量计调节阀，关闭离心泵电源开关。

① 根据生产任务正确选择适宜的流程；
② 掌握流体流动过程的阻力测定方法；
③ 在仿真系统调控过程中观察参数变化，并分析阻力系数与雷诺数间的关系及其变化规律；
④ 在流量调节过程中，熟悉不同类型流量计的测量原理、使用方法及其特性。

知识点一　连续性方程

一、流量与流速

1. 流量

流量是指单位时间内流过管道任一截面的流体量。若流量用体积来计量，则称为体积流量，符号为 V_s，单位为 m^3/s；若流量用质量来计量，则称为质量流量，符号为 W_s，单位为 kg/s。

质量流量和体积流量之间的关系为：

$$W_s = V_s \rho \tag{1-1}$$

2. 流速

流速是指单位时间内流体在流动方向上所流过的距离，符号为 u，单位为 m/s。实验证明流体流经管道任一截面时，流速沿径向方向各不相同，故流体的流速通常是指整个管道截面上的平均流速，其表达式为：

$$u = \frac{V_s}{A} \tag{1-2}$$

式中，A 是指与流动方向相垂直的管道截面积，m^2。对于圆管，$A = \frac{\pi}{4}d^2$。

3. 流量检测

通常把测量流量的仪表称为流量计，把测量总量的仪表称为计量表。流量的检测方法有很多，所对应的检测仪表种类也很多，如表1-4所示。

表1-4 流量检测仪表分类比较

流量检测仪表种类		检测原理	特点	用途	
差压式	孔板流量计	基于节流原理，利用流体流经节流装置时产生的压力差而实现流量测量	已实现标准化，结构简单，安装方便，但差压与流量为非线性关系	适用于管径>50mm、低黏度、大流量、清洁的液体、气体和蒸汽的流量测量	
	喷嘴流量计				
	文丘里流量计				
转子式	玻璃管转子流量计	基于节流原理，利用流体流经转子时，截流面积的变化来实现流量测量	压力损失小，检测范围大，结构简单，使用方便，但需垂直安装	适于小管径、小流量的流体流量测量，可进行现场指示或信号远传	
	金属管转子流量计				
容积式	椭圆齿轮流量计	采用容积分界的方法，转子每转一周都可送出固定容积的流体，可利用转子的转速来实现测量	精度高、量程宽，对流体的黏度变化不敏感，压力损失小，安装使用较方便，但结构复杂，成本较高	测小流量、高黏度、不含颗粒和杂物、温度不太高的流体流量	液体
	皮囊式流量计				气体
	旋转活塞流量计				液体
	腰轮流量计				液体、气体
	靶式流量计	利用叶轮或涡轮被液体冲转后，转速与流量的关系进行测量	安装方便，精度高，耐高压，反应快，便于信号远传，需水平安装	可测脉动、洁净、不含杂质的流体的流量	
	电磁流量计	利用电磁感应原理来实现流量测量	压力损失小，对流量变化反应速率快，但仪表复杂，成本高，易受电磁场干扰，不能振动	可测量酸、碱、盐等导电液体溶液以及含有固体或纤维的流体流量	
旋涡式	旋进旋涡型	利用有规则的旋涡剥离现象来测量流体的流量	精度高、范围广，无运动部件，无磨损，损失小，维修方便，节能好	可测量各种管道中的气体和蒸汽的流量	
	卡门旋涡型				
	间接式质量流量计				

（1）转子流量计 转子流量计由一个截面积自下而上逐渐扩大的锥形玻璃管构成，管内装有一个由金属或其他材料制作的转子，如图1-6所示。流体自玻璃管底部流入，经过转子与玻璃管间的环隙，由顶部流出。转子流量计的节流面积是随流量改变的，而转子上下游的压差是恒定不变的，因此也称转子流量计为变截面型流量计。转子流量计的读数是在出厂前一般用一定条件下的空气或水标定的，当用于测量其他流体流量或条件变化时，必须对原刻度进行校正。

（2）孔板流量计 孔板流量计是由管路中安装一片中央带有圆孔的孔板构成的，孔板两侧连接上U形管压差计，其构造如图1-7所示。孔板流量计的孔板两侧压差是随流量改变的，但其节流面积是不变的，因此也称孔板流量计为变压差流量计。

孔板流量计安装在水平管段中，前后要有一定的稳定段，通常前面稳定段长度约为（15～40）d，后面为5d，孔板中心位于管道中心线上。

（3）文丘里流量计 孔板流量计结构简单，制造、安装方便，应用很广。但流体流经孔口时，因流通截面突然收缩和突然扩大，损失压头较大。考虑此项损失，出现了文丘里流量计（如图1-8所示），它是由一段逐渐缩小和逐渐扩大的管子加上U形管压差计组成的。其测量原理与孔板流量计相似。

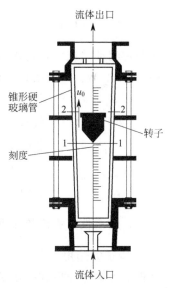

图1-6 转子流量计

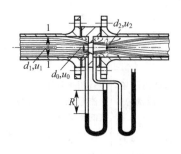

图1-7 孔板流量计

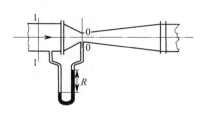

图1-8 文丘里流量计

二、连续性方程——连续稳态流动操作系统的质量守恒

设流体在如图1-9所示的管路中做连续稳态流动，从截面1-1流向截面2-2。若在管路两截面间无流体漏损，根据质量守恒定律，从截面1-1流入的流体质量流量 W_{s1} 等于截面2-2流出的流体质量流量 W_{s2}，即可得：

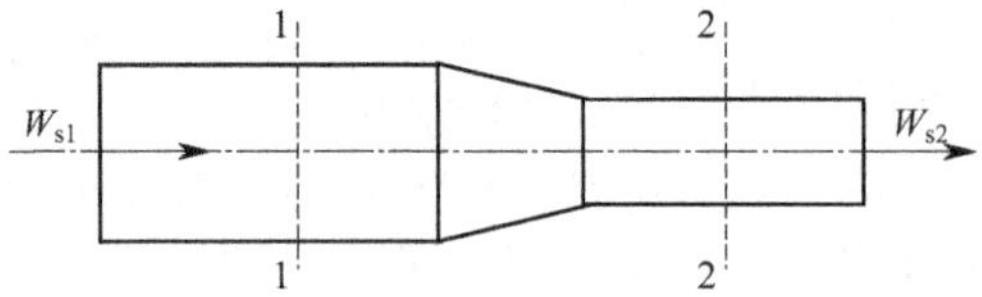

$$W_{s1}=W_{s2} \tag{1-3}$$

则有

$$V_{s1}\rho_1=V_{s2}\rho_2 \tag{1-4}$$

即

$$u_1 A_1 \rho_1 = u_2 A_2 \rho_2 \tag{1-5}$$

图1-9 连续性方程式系统示意图

以上三式均称为连续性方程。

对于不可压缩流体，$\rho_1=\rho_2$，则：$u_1 A_1 = u_2 A_2$

对于圆管则可得：

$$\frac{u_1}{u_2}=\left(\frac{d_2}{d_1}\right)^2 \tag{1-6}$$

即在稳定流动系统中，流体流过不同大小的截面时，其流速与管径的平方成反比。

式中　W_{s1}、W_{s2}——截面1-1和截面2-2处流体的质量流量，kg/s；

u_1、u_2——截面1-1和截面2-2处流体的流速，m/s；

A_1、A_2——截面1-1和截面2-2处的流通截面积，m^2；

ρ_1、ρ_2——截面1-1和截面2-2处流体的密度，kg/m^3；

V_{s1}、V_{s2}——截面1-1和截面2-2处流体的体积流量，m^3/s；

d_1、d_2——截面1-1和截面2-2处的管内径，m。

三、连续性方程式的应用——管子的选用

1. 管子的选用

根据被输送介质和操作条件，既满足生产的安全要求，又要满足经济上合理的原则进行选择。凡是能用低一级的，就不要用高一级的；能用一般材料的，就不选用特殊材料。

2. 管径的估算

由管道中流体流量与流速和管径的关系式(1-2)可得：

$$d=\sqrt{\frac{4V_s}{\pi u}}=\sqrt{\frac{V_s}{0.785u}} \tag{1-7}$$

生产中，流量由生产能力确定，一般是不变的，选择流速后，即可初算出管子的内

径。工业上常用流速范围可参考表 1-5。

表 1-5 某些流体在管道中的常用流速

流体的种类及状况	流速范围/(m/s)	流体的种类及状况		流速范围/(m/s)
水及一般液体	1～3	饱和水蒸气	890.4kPa 以下	40～60
黏度较大的液体	0.5～1		303.9kPa 以下	20～40
低压气体	8～15	过热水蒸气		30～50
易燃易爆的低压气体(如乙炔等)	<8	真空操作下气体流速		<10
压力较高的气体	15～25			

【例 1-1】 现欲安装一低压的输水管路,水的流量为 $7m^3/h$,试确定管子的规格,并计算其实际流速。

解 因输送低压的水,故选镀锌的水煤气管。由表 1-5 知,将水的流速定为 1.5m/s,则

$$d = \sqrt{\frac{V_s}{0.784u}} = \sqrt{\frac{7/3600}{0.785 \times 1.5}} = 0.0406(m) = 40.6(mm)$$

查附录中管子规格表,DN40 的水煤气管(普通管)的外径为 48mm,壁厚为 3.5mm,实际内径为 $48-2\times3.5=41(mm)=0.041(m)$。

实际流速为

$$u = 1.5 \times \left(\frac{40.6}{41}\right)^2 = 1.47(m/s)$$

知识点二 伯努利方程

一、伯努利方程式——连续稳态流动操作系统的能量守恒

1. 伯努利方程

对于 1kg 流体,如图 1-10 系统所示,流体从截面 1-1 流入,从截面 2-2 流出,该系统所的能量包括:位能(gz)、动能($u^2/2$)、压能(静压能:p/ρ)、泵的外加能量(W_e)、阻力损失能量($\sum h_f$),单位均为 J/kg。

在截面 1-1 和截面 2-2 间做能量衡算可得伯努利方程:

$$gz_1 + \frac{u_1^2}{2} + \frac{p_1}{\rho} + W_e = gz_2 + \frac{u_2^2}{2} + \frac{p_2}{\rho} + \sum h_f \quad (1-8)$$

对于单位重量流体,则

$$z_1 + \frac{u_1^2}{2g} + \frac{p_1}{\rho g} + H_e = z_2 + \frac{u_2^2}{2g} + \frac{p_2}{\rho g} + \sum H_f \quad (1-9)$$

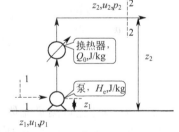

图 1-10 伯努利方程式系统示意图

式中 z_1、z_2——分别是截面 1-1、截面 2-2 的高度,m;
  u_1、u_2——分别是截面 1-1、截面 2-2 的流体流动速度,m/s;
  p_1、p_2——分别是截面 1-1、截面 2-2 的静压力,kPa;
  W_e——系统内输送机械提供给单位质量流体的外加能量,J/kg;
  H_e——系统内输送机械提供给单位重量流体的外加能量,称为外加压头,m,$H_e = W_e/g$;
  $\sum h_f$——单位质量流体损失的能量,J/kg;
  $\sum H_f$——单位重量流体损失的能量,也叫损失压头,J/N 可略写为 m,$\sum H_f =$

$\sum h_f / g$。

2. 静止流体的能量衡算

当流体为静止时，流速为零，也无外加能量和能量损失。此时的伯努利方程为：

$$gz_1 + \frac{p_1}{\rho} = gz_2 + \frac{p_2}{\rho}$$

整理得： $\qquad p_2 = p_1 + \rho g (z_1 - z_2) \qquad (1-10)$

对于容器内的液体来说，设其上表面的压力为 p_0 时，距液面任意距离 h 处作用于其上的压力为 p，则由上式可改写为：

$$p = p_0 + \rho g h \qquad (1-11)$$

式(1-10)、式(1-11)称为静力学基本方程式，是描述静止流体内部压力沿着高度变化的数学表达式。

由上式可见：

① 当容器液面上方的压力 p_0 一定时，静止液体内部任一压力 p 的大小与液体本身的密度和该点距液面的深度有关。因此，在静止的、连续的同一种液体内，处于同一水平面上的各点，因其深度相同，其压力亦相等。此压力相等的水平面称为等压面。

② 当液面上方压力有变化时，液体内部各点的压力也发生同样大小的改变。

③ 式(1-11)可改写成

$$\frac{p - p_0}{\rho g} = h \qquad (1-11a)$$

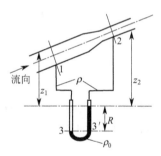

图 1-11 U 形管压差计测量原理

说明压力差的大小可以用一定高度的液体柱来表示。

以静力学基本方程式为依据，用于测量压力或压力差时的测量仪器统称为液柱压差计，典型的是 U 形管压差计，其结构如图 1-11 所示。

U 形管压差计：指示液密度为 ρ_0。指示液必须与被测液体不发生化学反应且不互溶，ρ_0 必须大于流体的密度 ρ。常用的指示剂为水、四氯化碳、水银等。根据静力学基本方程式可得：

$$p_1 - p_2 = (\rho_0 - \rho) g R \qquad (1-12)$$

U 形压差计也可测量流体的压力，测量时将 U 形管一端与被测点连接，另一端与大气相通，此时测得的读数 R 所反映的是管道中某截面处流体的绝对压力与大气压力之差，即为表压。

3. 伯努利方程的应用

(1) 应用要点　应用伯努利方程解决实际问题时，需注意以下要点：

① 作图与确定衡算范围。首先根据问题的内容或题意画出流动系统的示意图，定出上下游截面，注明有关参数，指出流动方向确定衡算范围。

② 截面的选取。截面可以是贮槽液面、管出口、高位槽液面等，选取的两截面与流动方向垂直，并且两截面间的流体必须是连续的。所求未知量应在截面上或截面间，且截面上的 z、u、p 等有关物理量，除所需求取的未知量外，都应该是已知的或能通过其他

关系式计算出来。

③ 基准水平面的选取。基准水平面可任意选取,但必须与地面平行(水平管路为中心线)。

④ 单位必须一致。伯努利方程式中各物理量的单位应统一使用 SI 制单位,其中压强除要求单位一致外,还要求表示方法一致,可用绝对压强,也可用表压,但必须统一。

(2) 应用范围

① 确定设备间的相对位置。在化工生产中,有时为了完成一定的生产任务,需确定设备间的相对位置,如利用高位槽向某设备加料,只要槽内液面稳定,加料的流量即可稳定,需要根据任务需求来确定高位槽高度。

② 确定管路中流体的流速或流量。流体流量是化工生产和科学实验中的重要参数之一,往往需要测量和调节其大小,使操作稳定、生产正常,以制得合格产品。

③ 确定流体流动所需的压力。在化工生产中,对近距离输送腐蚀性液体时,可采用压缩空气或惰性气体来取代输送机械,这时要计算为满足生产任务所需压缩空气的压力大小。

④ 确定流体流动所需的外加机械能。用伯努利方程式计算管路系统的外加机械能或外加压头,是选择输送机械型号的重要依据,也是确定流体从输送机械获得的有效功率的主要依据。

【例 1-2】 某化工厂用泵将碱液输送至吸收塔顶,经喷嘴喷出,如图 1-12 所示。泵的进口管为 $\phi 108\text{mm} \times 4.5\text{mm}$ 的钢管,碱液在进口管中的流速为 1.5m/s,出口管为 $\phi 76\text{mm} \times 2.5\text{mm}$ 的钢管,贮液池中碱液的深度为 1.5m,池底至塔顶喷嘴上方入口处的垂直距离为 20m,碱液经管路的摩擦损失为 30J/kg,碱液进喷嘴处的压力为 2.92kPa(表压),碱液的密度为 1100kg/m^3。试求泵的有效功率。

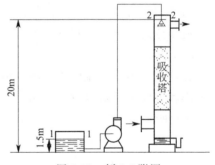

图 1-12 例 1-2 附图

解:取碱液池液面为 1-1 截面,以塔顶喷嘴上方入口处管口为 2-2 截面,取 1-1 截面为基准水平面。在两截面间列伯努利方程式:

$$gz_1 + \frac{u_1^2}{2} + \frac{p_1}{\rho} + W_e = gz_2 + \frac{u_2^2}{2} + \frac{p_2}{\rho} + \sum h_f$$

已知:$z_1=0$,$z_2=20-1.5=18.5\text{m}$,$p_1=0$(表压),$p_2=29.4\text{kPa}$(表压),$u_1 \approx 0$,$\sum h_f = 30\text{J/kg}$

碱液在进口管中的速度 $u=1.5\text{m/s}$

则碱液在出口管中流速按连续性方程计算得: $u_2 = u(d/d_2)^2$

碱液进口管内径 $d=108-4.5 \times 2=99\text{(mm)}$

碱液出口管内径 $d_2=76-2.5 \times 2=71\text{(mm)}$

则 $u_2=1.5 \times (99 \div 71)^2 = 2.92\text{(m/s)}$

整理伯努利方程式可得:

$$W_e = gz_2 + \frac{u_2^2}{2} + \frac{p_2}{\rho} + \sum h_f$$

则可得： $W_e = 9.81 \times 18.5 + \frac{2.92^2}{2} + \frac{29.4 \times 1000}{1100} + 30 = 242.48 (\text{J/kg})$

碱液的质量流量：

$$W_s = \frac{\pi}{4} d^2 u \rho = 0.785 \times 0.099^2 \times 1.5 \times 1100 = 12.69 (\text{kg/s})$$

则此泵的功率为：

$$N_e = W_e W_s = 242.4 \times 12.69 = 3077 (\text{W})$$

知识点三　流体流动过程的阻力

一、流体流动类型

1. 雷诺实验

通过雷诺实验证明流体流动时因各种因素的影响，其内部质点的运动情况不同。如图1-13所示，在水箱3内装有溢流装置，以维持水位的恒定。箱的底部接一段直径相同的水平玻璃管4，管出口处有阀门5控制调节流量。水箱上方装有带色液体的小瓶1，有色液体可经过细管2注入玻璃管内。在水流经玻璃管的过程中，同时把有色液体送到玻璃管入口以后的管中心位置上。

通过实验可观察到，在流体流速不大时，流体质点仅沿着与管轴平行的方向作直线运动，流体分为若干层平行向前流动，质点之间互不混合，称其为层流（或滞流），如图1-14(a)所示。

在速度增加后，流体质点除了沿管轴方向向前流动外，还有径向脉动，各质点的速度在大小和方向上都随时发生变化，质点互相碰撞和混合，称其为湍流（或紊流），如图1-14(b)所示。

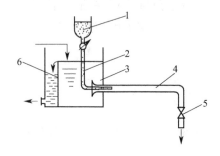

图1-13　雷诺实验装置图
1—小瓶；2—细管；3—水箱；
4—水平玻璃管；5—阀门；6—溢流装置

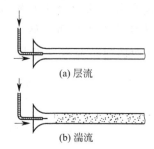

图1-14　流动状态图

2. 流体在圆管内的速度分布

由于流体本身的黏性以及管壁的影响，流体在圆管内流动时在管道的任意截面上，各点的速度沿管径而变。管壁处速度为零，离开管壁以后速度逐渐增加，到管中心处速度最大。任一截面上各点的流速和管径的函数关系称为速度分布,其分布规律因流型而异。

理论分析和实验测定都已表明,层流时,速度沿管径按抛物线的规律分布,如图 1-15(a) 所示。截面上各点流速的平均值 u 为管中心最大流速的 0.5 倍,即 $u=0.5u_{max}$。

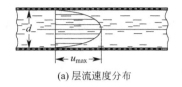 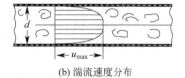

(a) 层流速度分布　　　　　　　　(b) 湍流速度分布

图 1-15　圆管内速度分布

湍流时圆管内的速度分布曲线如图 1-15(b) 所示。由图可以看出,截面上越靠管中心部分的质点速度越均匀,速度曲线顶部区域就越平坦,但靠近壁处质点的速度骤然下降,曲线变化很陡,平均流速约为管中心最大流速的 0.8 倍左右,即 $u_{湍流} \approx 0.8u_{max}$。

同时湍流时管壁处的速度等于零,即靠近管壁的流体仍作层流流动,这一作层流流动的流体薄层,称为层流内层或层流底层。自层流内层往管中心推移,速度逐渐增大,出现了即非层流流动亦非完全湍流流动的区域,这个区域称为缓冲层或过渡层,再往中心才是湍流主体。层流内层的厚度随雷诺数 Re 值的增加而减小。

3. 雷诺数 Re

通过雷诺实验分析,影响流体流动状态变化的因素不仅有流速 u,还有管径 d、流体的黏度 μ 和密度 ρ,这些影响因素的关系可用雷诺数表征:

$$Re=\frac{du\rho}{\mu} \tag{1-13}$$

式中　Re——雷诺数,是无量纲数群;

　　　d——流体流动经过管路的内径,非圆形管道采用当量直径 d_e:$d_e=4\times$流通截面积/润湿周边长度,m;

　　　u——流体流动的速度,m/s;

　　　ρ——流体的密度,kg/m³;

　　　μ——流体的黏度,Pa·s。

实验证明:

① 当 $Re \leqslant 2000$ 时,流体流动状态为层流,此区称为层流区;

② 当 $Re \geqslant 4000$ 时,一般出现湍流,此区称为湍流区;

③ 当 $2000 < Re < 4000$ 时,流动可能是层流,也可能是湍流,该区称为不稳定的过渡区。

根据 Re 准数的大小将流动分为三个区域:层流区、过渡区、湍流区,但流动类型只有两种:层流与湍流。

二、流体流动过程的阻力

流体在流动过程中要克服阻力,流体的黏性是产生流体流动阻力的内因,而固体壁面(管壁或设备壁)促使流体内部产生相对运动(即产生内摩擦),因此壁面及其形状等因素是流体流动阻力产生的外因。克服这些阻力需要消耗一部分能量,这一能量即为伯努利方程式中的$\sum h_f$项。

生产用管路主要是由直管和管件、阀门等两大部分组成,流体流动阻力也相应分为直管阻力和局部阻力两类。

1. 直管阻力

直管阻力h_f(单位为J/kg)是指流体流经一定管径的直管时,由于流体的内摩擦而产生的阻力。其计算通式为范宁公式:

$$h_f = \lambda \frac{l}{d} \frac{u^2}{2} \tag{1-14}$$

式中　l——直管长度,m;
　　　d——管子的内径,m;
　　　u——流体的流速,m/s;
　　　λ——摩擦系数。

摩擦系数在阻力计算中是个关键参数,其与流体流动类型、管壁的粗糙程度等有关。化工生产中的管道按其材质的性质和加工情况大致可分为光滑管和粗糙管。通常把玻璃管、黄铜管、塑料管等列为光滑管,把钢管和铸铁管等列为粗糙管。实际上,即使用同一材质的管子铺设的管道,由于使用时间的长短与腐蚀、结垢的程度不同,管壁的粗糙程度也会发生很大的差异。

管壁的粗糙度可用绝对粗糙度和相对粗糙度来表示,绝对粗糙度是指壁面凸出部分的平均高度,以ε表示,见表1-6。在选取管壁的绝对粗糙度值时,必须考虑流体对管壁的腐蚀性,流体中的固体杂质是否会黏附在壁面上以及使用情况等因素。

表1-6　常用工业管道的绝对粗糙度ε

	管道材质	ε/mm		管道材质	ε/mm
金属管	无缝的黄铜管、铜管及铝管	0.01~0.05	非金属管	干净玻璃管	0.0015~0.01
	新的无缝钢管或镀锌铁管	0.1~0.5		橡胶软管	0.01~0.03
	新的铸铁管	0.3		陶土排水管	0.45~6.0
	具有轻度腐蚀的无缝钢管	0.2~0.3		很好整平的水泥管	0.38
	具有显著腐蚀的无缝钢管	0.5以上		石棉水泥管	0.03~0.8
	旧的铸铁管	0.85以上			

相对粗糙度是指绝对粗糙度与管道直径的比值,即ε/d。管壁粗糙度对摩擦系数λ的影响程度与管径的大小有关,如对于绝对粗糙度相同的管道,直径不同,对λ的影响就不相同,对直径小的影响较大。所以在流动阻力的计算中不但要考虑绝对粗糙度的大小,还要考虑相对粗糙度的大小。

在工程计算中,通过大量实验数据整理可得λ与Re、ε/d(相对粗糙度)的关系图(见图1-16)。

从图中分析得:

(1) 层流区　$Re \leqslant 2000$,λ仅与Re有关,且呈直线关系:

$$\lambda = \frac{64}{Re} \tag{1-15}$$

(2) 过渡区　$2000 < Re < 4000$,该区内的层流或湍流曲线均可用,在工程上为安全起见,估算大些为宜,一般将湍流时的曲线延伸即可。

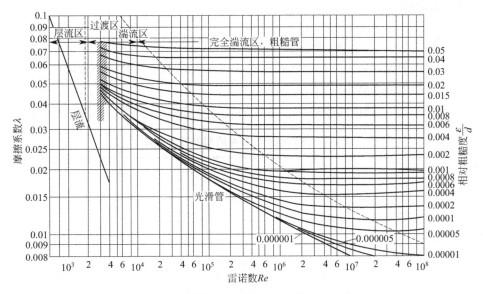

图 1-16　摩擦系数与雷诺数及相对粗糙度的关系

(3) 湍流区　$Re \geq 4000$ 及虚线以下区域，λ 与 Re、ε/d 都有关，可从图中曲线查出 λ 值，其中最下面的一条为光滑管时 λ 与 Re 的关系。在 $Re = 5000 \sim 10^5$ 时，光滑管内：

$$\lambda = \frac{0.316}{Re^{0.25}} \tag{1-16}$$

(4) 完全湍流区　或称阻力平方区，在图中虚线以上的区域，此时曲线接近于直线，即 λ 与 Re 无关，仅与 ε/d 有关。

【例 1-3】　在 $\phi 108\text{mm} \times 4\text{mm}$、长 20m 的钢管中输送油品。已知该油品的密度为 900kg/m³，黏度为 0.072Pa·s，流量为 32t/h。试计算油品流经管道的能量损失及压力降。

解：
$$u = \frac{32 \times 1000}{3600 \times 900 \times 0.785 \times 0.1^2} = 1.26 (\text{m/s})$$

$$Re = \frac{du\rho}{\mu} = \frac{0.1 \times 1.26 \times 900}{0.072} = 1575 < 2000 \quad 层流$$

$$\lambda = \frac{64}{Re} = \frac{64}{1575} = 0.0406$$

能量损失　　　$h_f = \lambda \dfrac{l}{d} \dfrac{u^2}{2} = 0.0406 \times \dfrac{20}{0.1} \times \dfrac{1.26^2}{2} = 6.45 (\text{J/kg})$

压力降　　　　$\Delta p = h_f \rho = 6.45 \times 900 = 5805 (\text{Pa})$

2. 局部阻力

局部阻力是指流体在流经管路的进口、出口、弯头、阀门、扩大或缩小等局部位置时，其流速大小和方向都发生了变化，且流体受到干扰或冲击，使涡流现象加剧而损失的能量。由实验测知，流体即使在直管中为层流流动，但经过管件或阀门时也容易变为湍流。其计算通式有如下两种方法：

① 阻力系数法：

$$h'_f = \sum \zeta \frac{u^2}{2} \quad (J/kg) \tag{1-17}$$

式中 u——流体的流速，m/s，管路管径变化（扩大或缩小）时以小管流速为准；
ζ——局部阻力系数。

局部阻力系数，一般由实验确定。常见的阀门或管件的局部阻力系数见表1-7。

表1-7 常见阀门和管件的局部阻力系数 ζ

名 称	ζ 值							
标准弯头	45°，ζ=0.35				90°，ζ=0.75			
90°方形弯头	1.3							
180°回弯头	1.5							
活接头	0.4							
弯管	R/d \ φ	30°	45°	60°	75°	90°	105°	120°
	1.5	0.08	0.01	0.14	0.16	0.175	0.19	0.20
	2.0	0.07	0.10	0.12	0.14	0.15	0.16	0.17
标准三通管	0.4		1.3		1.5		1.0	
闸阀	全开		3/4 开		1/2 开		1/4 开	
	0.17		0.9		4.5		24	
标准截止阀(球心阀)	全开 ζ=6.4				1/2 开 ζ=9.5			
旋塞	ϕ	5°		10°	20°	40°		60°
	ζ	0.05		0.29	1.66	17.3		206
蝶阀（α 为蝶片与管中心夹角）	α	5°	10°	20°	30°	40°	45°	50°	60°	70°
	ζ	0.24	0.52	1.54	3.91	10.8	18.7	30.6	118	751
单向阀(止逆阀)	摇板式 ζ=2				球形式 ζ=70			
角阀 90°	5							
底阀	1.5							
滤水器	2							
水表(盘形)	7							
进入或排出	突然扩大				突然缩小			
	1				0.5		0.05~0.25	

② 当量长度法：

$$h'_f = \lambda \frac{l_e}{d} \frac{u^2}{2} \quad (J/kg) \tag{1-18}$$

式中，l_e 称为阀门或管件的当量长度，单位为 m，表示流体流过某一管件或阀门的局部阻力，相当于流过一段与其具有相同直径、长度为 l_e 的直管阻力，其值是由实验确定（见图 1-17）。

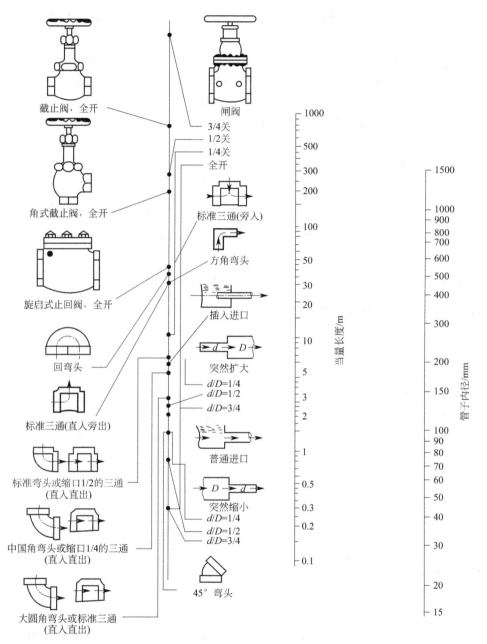

图 1-17 管件与阀门的当量长度共线图

3. 流体在管路中的总阻力

流体在管路中的总阻力为直管阻力和局部阻力之和：

$$\sum h_f = h_f + h_f' = \left(\lambda \frac{l}{d} + \sum \zeta\right)\frac{gu^2}{2} \qquad (1\text{-}19)$$

$$\sum h_f = h_f + h'_f = \lambda \frac{l + \sum l_e}{d} \frac{u^2}{2} \tag{1-19a}$$

【例 1-4】 料液自高位槽流入精馏塔，如图 1-18 所示。塔内压强为 $1.96 \times 10^4 \text{Pa}$（表压），输送管道为 $\phi 36\text{mm} \times 2\text{mm}$ 无缝钢管，管长 8m。管路中装有 90°标准弯头两个，180°回弯头一个，球心阀（全开）一个。为使料液以 $3\text{m}^3/\text{h}$ 的流量流入塔中，问高位槽应安置多高（即位差 z 应为多少米）？料液在操作温度下的物性数据：密度 $\rho = 861\text{kg/m}^3$；黏度 $\mu = 0.643 \times 10^{-3} \text{Pa} \cdot \text{s}$。

解：取出口管中心线作为基准面。在高位槽液面 1-1 与管出口内侧截面 2-2 间列伯努利方程：

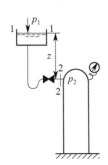

图 1-18　例 1-4 附图

$$gz_1 + \frac{p_1}{\rho} + \frac{u_1^2}{2} + W_e = gz_2 + \frac{p_2}{\rho} + \frac{u_2^2}{2} + \sum h_f$$

已知：$z_1 = z$，$z_2 = 0$，$p_1 = 0$（表压），$u_1 \approx 0$，$p_2 = 1.96 \times 10^4 \text{Pa}$（表压）

$$u_2 = \frac{4V_s}{\pi d^2} = \frac{3/3600}{0.785 \times 0.032^2} = 1.04 (\text{m/s})$$

阻力损失：
$$\sum h_f = \left(\lambda \frac{l}{d} + \sum \zeta\right) \frac{u^2}{2}$$

查表 1-6 取管壁绝对粗糙度 $\varepsilon = 0.3\text{mm}$，则：$\varepsilon/d = 0.3 \div 32 = 0.00938$

$$Re = \frac{du\rho}{\mu} = \frac{0.032 \times 1.04 \times 861}{0.643 \times 10^{-3}} = 4.46 \times 10^4 > 4000 \quad 湍流$$

由图 1-16 查得 $\lambda = 0.039$

局部阻力系数由表 1-7 查得 ζ 分别为：

进口突然缩小（入管口）$\zeta = 0.5$　　　　90°标准弯头　　$\zeta = 0.75$
180°回弯头　　　　　　$\zeta = 1.5$　　　　球心阀（全开）　$\zeta = 6.4$

故 $\sum h_f = \left(0.039 \times \frac{8}{0.032} + 0.5 + 2 \times 0.75 + 1.5 + 6.4\right) \times \frac{1.04^2}{2} = 10.6 (\text{J/kg})$

所求位差
$$z = \frac{p_2 - p_1}{\rho g} + \frac{u_2^2}{2g} + \frac{\sum h_f}{g} = \frac{1.96 \times 10^4}{861 \times 9.81} + \frac{1.04^2}{2 \times 9.81} + \frac{10.6}{9.81} = 3.46 (\text{m})$$

自测练习

一、问题思考

1. 用 U 形管压差计测得某吸收塔顶、塔釜的压力差。U 形管中指示液为水，读数为 500mm，塔中气体密度为 2.0kg/m^3，则吸收塔的压力差为多少帕？若用汞作为指示液，则压力差读数为多少？这里为什么不用汞作为指示液？

2. 看附图回答如下问题：

(1) 阀门关闭时，两个测压点 A、B 上的读数哪个大？

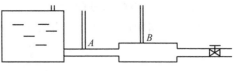

问题思考题 2 附图

(2) 阀门打开时，两测压点 A、B 上读数哪个大？流量哪个大？流速哪个大？分别说明原因。

3. 何谓流体的层流流动和湍流流动？如何判断流体的流动是层流还是湍流？

4. 在质点运动方面和圆管中的速度分布方面，层流和湍流有什么区别？

5. 某油品以层流状态在直管内流动，流量不变时，下列情况阻力损失为原来的多少？
(1) 管长增加一倍；(2) 管径增大一倍；(3) 提高油温使黏度为原来的 1/2（密度变化不大）。

二、工艺计算

1. 密度为 1820kg/m³ 的硫酸，定态流过内径为 50mm 和 68mm 组成的串联管路，体积流量为 150L/min。试求硫酸在大管和小管中的质量流量（kg/s）和流速（m/s）。

2. 甲烷在附图所示的管路中流动。管路内径从 200mm 逐渐缩小到 100mm，在操作条件下甲烷的平均密度为 1.43kg/m³，流量为 1700m³/h。在粗细两管间连接一 U 形压差计，指示液为水（密度为 1000kg/m³），若忽略两截面间的能量损失，问 U 形压差计的读数 R 为多少？

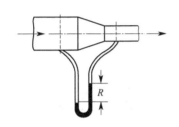

工艺计算题 2 附图

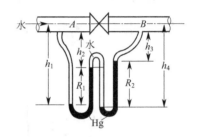

工艺计算题 3 附图

3. 用一复式 U 形压差计测量水流过管路中 A、B 两点的压力差，如附图所示。指示液为汞，两 U 形管之间充满水，已知 $h_1=1.2$m，$h_2=0.4$m，$h_4=1.4$m，$h_3=0.25$m，试计算 A、B 两点的压力差。

4. 25℃水在 $\phi60$mm×3mm 的管道中流动，流量为 20m³/h，试判断流型。

5. 某一高位槽供水系统如附图所示，管子规格为 $\phi45$mm×2.5mm。当阀门全关时，压力表的读数为 78kPa。当阀门全开时，压力表的读数为 75kPa，且此时水槽液面至压力表处的能量损失可以表示为 $\sum h_f = u^2$（J/kg）（u 为水在管内的流速）。试求：
(1) 高位槽的液面高度；(2) 阀门全开时水在管内的流量（m³/h）。

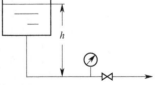

工艺计算题 5 附图

6. 用泵将贮槽中温度为 293K、密度为 120kg/m³ 的硝基苯送至反应器中，进料量为 3×10⁴kg/h，贮槽液面上为大气压，反应器内压力为 $1.0×10^4$Pa（表压）。管路为 $\phi89$mm×4mm 的不锈钢管，总长 45m，其上装有孔板流量计（阻力系数为 8.25）一个、全开闸阀两个和 90°标准弯头 4 个。贮槽液面与反应器之间垂直距离为 15m，若泵的总效率为 0.65，液面稳定，求泵的轴功率。

任务三 离心泵工作点的测定

离心泵是常用的液体输送设备,送料过程中,不仅要考虑泵本身的性能,还要考虑输送管路的要求。为此,下面对生产工艺用水的输送管路中离心泵的性能和管路的性能进行测定,确定离心泵的工作点,判断该泵是否适合。

一、工艺流程

本任务的工艺流程图见图 1-19。

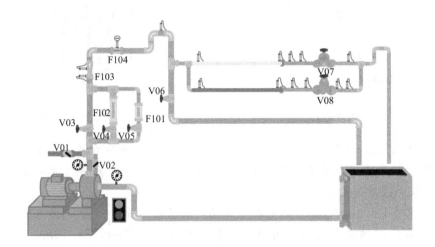

代码	名称	代码	名称
F101	小转子流量计	V03	主管路调节阀
F102	大转子流量计	V04	大转子流量计调节阀
F103	文丘里流量计	V05	小转子流量计调节阀
V01	离心泵灌泵阀	V06	主管路球阀
V02	放气阀	V07	光滑管路中的闸阀
F104	涡轮流量计	V08	粗糙管路中的截止阀

图 1-19 离心泵工作点测定工艺流程图

二、泵的型号

泵的型号见表 1-8。

表 1-8　单级悬臂离心清水泵

泵的型号	流量/(m³/h)	额定扬程/m	最大转速/(r/min)	最小转速/(r/min)	轴功率/kW
50BX20/31	20	30.8	1800	2900	2.60
80BX45/33	45	32.6	1800	2900	5.56
65BX25/32	25	32	1800	2900	3.25
80BX50/32	50	32	1800	2900	5.80

三、操作规程

1. 离心泵性能测定实验

① 设置参数：选泵型号、设置离心泵电机频率、泵进出口管路内径。点"参数记录"记录到实验报表中。

② 将离心泵的灌泵阀 V01 打开，再将放气阀 V02 打开，待放气动画消失后，关闭灌泵阀和放气阀。

③ 打开离心泵电源开关。

④ 稍微打开主管路的球阀 V06，待真空表和压力表读数稳定后，在离心泵实验数据界面记录数据。

⑤ 调节主管路调节阀的开度，重复步骤④，记录 10 组数据。

⑥ 在实验报表里的"离心泵性能测定数据"查看实验结果数据，可选中某行删出不合理数据，点击实验报告查看数据和离心泵的性能曲线。

2. 管路特性测定实验

在上面操作的基础上，继续如下操作：

① 将主管路调节阀开度控制在 50%～100% 之间。待真空表和压力表稳定后，到界面调节离心泵电机频率。

② 回到装置界面和仪表面板界面查看，等待压力和流量稳定后，到管路特性数据界面记录数据。

③ 调节离心泵电机频率，重复步骤②，共记录 10 组数据。

④ 在实验报表里的"管路特性曲线数据页"中查看实验结果数据，可选中某行删除不合理数据，点击实验报告查看数据和管路特性曲线。

⑤ 关闭主管路球阀、调节阀，关闭离心泵电源开关。

任务评价

① 熟悉离心泵的型号、结构、工作原理与操作方法；

② 掌握离心泵的性能测定方法；

③ 能根据生产任务确定离心泵的工作点；

④ 能根据生产要求对工作点能够进行调节。

知识点一　离心泵的工作原理

一、离心泵的结构

离心泵是依靠高速旋转的叶轮对液体做功的机械，结构如图 1-20 所示。

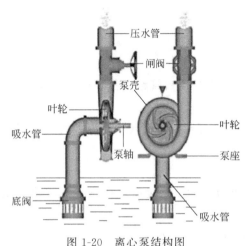

图 1-20　离心泵结构图

泵的吸入口在泵壳中心，与吸入管路连接，吸入管路的末端装有底阀，用以开车前灌泵或停车时防止泵内液体倒流回贮槽，也可防止杂物进入管道和泵壳。泵的排出口在泵壳的切线方向，与排出管路相连接，排出管上装有调节阀，用以调节泵的流量。

离心泵的主要部件：一是包括叶轮和泵轴等的旋转部件，二是由泵壳、填料函和轴承组成的静止部件。其中最主要的构件是泵壳和叶轮。

1. 叶轮

叶轮是离心泵的重要部件，对它的要求是在流体能量损失最小的情况下，使单位重量流体获得较高的能量。叶轮一般有 6～12 片后弯形叶片，后弯目的是便于液体进入泵壳与叶轮缝隙间的流道。按机械结构可分为闭式、半闭式和敞开式三种，如图 1-21 所示。

(a) 敞开式　　　　(b) 半闭式　　　　(c) 闭式

图 1-21　叶轮

敞开式和半闭式叶轮由于流道不易堵塞，适用于输送含有固体颗粒的液体悬浮液（如砂浆泵、杂质泵）。但敞开式由于没有盖板，液体易从泵壳和叶片的高压区侧通过间隙流回低压区和叶轮进口处，即产生回泄，故其效率较低。闭式或半闭式叶轮由于离开叶轮的高压液体可进入叶轮后盖板与泵体间的空隙处，使盖板后侧也受到较高压力作用，而叶轮前盖板的吸入口附近为低压，故液体作用于叶轮前后两侧的压力不等，会使叶轮推向吸入侧与泵体接触而产生摩擦，严重时会引起泵的震动与运转不正常。为减小轴向推力，可在叶轮后盖板上钻一些小孔（称为平衡孔），使一部分高压液体漏向低压区，以减小叶轮两侧的压力差，但泵的效率也会有所降低。

按吸液方式，叶轮可分为单吸式和双吸式。单吸式叶轮结构简单，液体只能从叶轮一侧被吸入；双吸式叶轮可同时从叶轮两侧对称地吸入液体，不仅具有较大的吸液能力，也可消除轴向推力。

2. 泵壳

泵壳内有一个截面逐渐扩大的蜗壳形状的通道。泵内的流体从叶轮边缘高速流出后在泵壳内作惯性运动,越接近出口,流道截面积越大,流速逐渐降低,根据机械能守恒原理,减少的动能转化为静压能,从而使液体获得高压,并因流速的减小降低了流动能量损失。所以泵壳不仅是一个汇集由叶轮流出的液体的部件,而且也是一个能量转换构件。

在叶轮与泵壳之间有时还装有一个固定不动并带有叶片的圆盘,这个圆盘称为导轮,由于导轮具有很多逐渐转向的流道,使高速液体流过时,均匀而缓和地将动能转变为静压能,减少能量损失。

3. 轴封装置

泵轴与泵壳之间的密封称为轴封,其作用是防止高压液体从泵壳内沿轴而外漏,或者空气以相反方向漏入泵内低压区。常见轴封装置有填料密封和机械密封两种。填料密封的结构简单,加工方便,但功率损耗较大,且沿轴仍会有一定量的泄漏,需要定期更换维修。对于输送易燃、易爆或有毒、有腐蚀性的液体时,轴封要求严格,一般采用机械密封装置,其密封性能好,结构紧凑,使用寿命长,功率消耗少,应用广泛。但其加工精度要求高,安装技术要求严,价格较高,维修比较麻烦。

二、离心泵的工作原理

在泵启动前,先用被输送的液体把泵灌满(称为灌泵)。启动后,泵轴带动叶轮高速旋转,充满叶片之间的液体也跟着旋转,在离心力作用下,液体从叶轮中心被抛向叶轮边缘,使液体静压能、动能均提高。

液体从叶轮外缘进入泵壳后,由于泵壳中流道逐步加宽,液体流速变慢,又将部分动能转化为静压能,至泵出口处液体的压强进一步提高,于是液体以较高的压强从泵的排出口进入排出管路,输送到所需场所。

当泵内液体从叶轮中心被抛向外缘时,在中心处形成低压区,由于贮槽液面上方的压强大于吸入口处的压强,在压强差的作用下,液体便经吸入管路连续地被吸入泵内,以补充被排出的液体。

离心泵启动时,如果泵壳与吸入管路没有充满液体,则泵壳内存有空气,由于空气的密度远小于液体的密度,产生的离心力小,叶轮旋转时从叶轮中心甩出的液体少,因而叶轮中心处所形成的低压不足以将贮槽内的液体吸入泵内,此时虽启动离心泵也不能输送液体,此种现象称为气缚。

知识点二 离心泵的特性曲线

一、离心泵的主要性能参数

离心泵的主要性能参数包括流量、扬程、轴功率、效率等参数,掌握这些参数的含义及其相互关系,对正确地选择和使用离心泵有重要意义。为便于人们了解,制造厂在每台泵上都附有一块铭牌,所列出的各种参数值,都是以 20℃ 的清水为介质、在一定转速下测定的且效率为最高条件下的参数。当使用条件与实验条件不同时,某些参数需进行必要的修正。

1. 流量 Q

流量是指泵在单位时间里排出液体的体积流量,又称泵的送液能力,单位 m^3/s 或 m^3/h。流量的大小取决于泵的结构(如单吸或双吸等)、尺寸(主要是叶轮的直径 D 和宽度 B)、转速 n 及密封装置的可靠程度等。

2. 扬程 H

扬程是指泵对单位重量流体所提供的有效机械能量,单位 J/N 或 m。扬程的大小取决于泵的结构(如叶轮的直径 D、叶片的弯曲情况等)、转速 n 和流量 Q。对于一定的泵而言,在转速一定和正常工作范围内,流量越大,扬程越小。

泵的扬程与管路无关,目前只能用实验测定得到。离心泵的扬程与伯努利方程中的外加压头是有区别的,外加压头是系统在流量一定的条件下对输送设备提出的做功能力要求,而扬程是输送设备在流量一定的条件下对流体的实际做功能力。

在泵的吸入口和压出口之间列伯努利方程(所选的两截面很接近泵体)后整理可得:

$$H=(z_出-z_入)+\frac{p_出-p_入}{\rho g}+\frac{u_出^2-u_入^2}{2g} \tag{1-20}$$

3. 轴功率 N

轴功率是泵轴所需的功率。当泵直接由电机带动时,即为电动机传给泵轴的功率,单位 J/s 或 W。

有效功率 N_e 是输送到管道的液体从叶轮处获得的功率。由于有能量损失,所以泵的轴功率大于有效功率,即

$$N_e=QH\rho g \tag{1-21}$$

式中 Q——泵的流量,m^3/s;

H——泵的扬程,m;

ρ——被送液体的密度,kg/m^3;

g——重力加速度,m/s^2。

由于泵在启动中会出现电机启动电流增大的情况,因此制造厂用来配套的电动机功率 N_d 往往是按轴功率 N 的 1.1~1.2 倍计算的。但由于电动机的功率是标准化的,因此实际电机的功率往往比计算的要大得多。

4. 效率 η

在离心泵运转过程中有一部分高压液体流回到泵的入口,甚至漏到泵外,必然要消耗一部分能量。液体流经叶轮和泵壳时,流体流动方向和速度的变化以及流体间的相互撞击等,也要消耗一部分能量;此外,泵轴与轴承和轴封之间的机械摩擦等还要消耗一部分能量。因此,要求泵轴所提供的轴功率 N 必须大于有效功率 N_e,换句话说,轴功率不可能全部传给流体而成为流体的有效功率。工程上通常用总效率 η 反映能量损失的程度,即

$$\eta=\frac{N_e}{N} \tag{1-22}$$

离心泵效率的高低与泵的大小、类型以及加工的状况、流量等有关,一般小型泵为 50%~70%,大泵可达 90% 左右。每一种泵的具体数据由实验测定。

二、离心泵的特性曲线

1. 特性曲线

离心泵是最常见的液体输送设备。在一定的型号和转速下，离心泵的扬程 H、轴功率 N 及效率 η 均随流量 Q 的变化而改变。通常通过实验测出 H-Q、N-Q 及 η-Q 关系，并用曲线表示，称为特性曲线，如图 1-22 所示，它是确定泵的适宜操作条件和选用泵的重要依据。不同形式的离心泵，特性曲线不同，对于同一泵，当叶轮直径和转速不同时，性能曲线也是不同的，故特性曲线图左上角通常注明泵的形式和转速。尽管不同泵的特性曲线不同，但它们具有以下的共同规律：

（1）H-Q 曲线 因流体流动速度增大，系统中的能量损失加大，所以流量越大，扬程越小。

（2）N-Q 曲线 流量越大，泵所需功率越大。当 $Q=0$ 时，所需功率最小。因此，离心泵启动时应将出口阀关闭，使电机功率最小，待完全启动后再逐渐打开阀门，这样可避免因启动功率过大而烧坏电机。

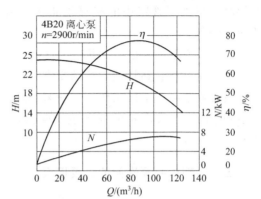

图 1-22 离心泵特性曲线

（3）η-Q 曲线 该曲线表明泵的效率开始随流量增大而升高，达到最高之后，则随流量的增大而降低。泵在最高效率相对应的流量及扬程下工作最为经济，所以与最高效率点对应的 Q、H、N 值称为最佳工况参数。但实际生产条件下，离心泵往往不可能正好在最佳工况下运转，只能规定一个工作范围，称为泵的最佳工况区，通常为最高效率的92%左右。

2. 离心泵的工作点

对于给定的管路系统，通过运用伯努利方程和阻力计算式，可得：

$$H_e = \Delta z + \frac{\Delta p}{\rho g} + \frac{\Delta u^2}{2g} + \left(\lambda \frac{l + \sum l_e}{d} + \sum \zeta \right) \frac{u^2}{2g} \tag{1-23}$$

上式中只有两项与速度有关，进而与流量有关，将流量方程式代入可得：

$$H_e = A + BQ_e^2 \tag{1-24}$$

式（1-24）表明，对于给定的输送系统，输送任务 Q_e 与完成任务需要的外加压头 H_e 之间存在特定关系，称为管路特性方程，它所描述的曲线称为管路特性曲线。

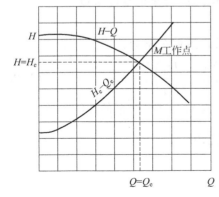

图 1-23 离心泵的工作点

如果把泵的特性曲线 H-Q 和管路特性曲线 H_e-Q_e 描绘在同一坐标系中，如图 1-23 所示，可看出两条曲线相交于一点，泵在该点状态下工作时，可以满足管路系统的需要，因此该点被称为离心泵的工作点。

3. 离心泵的流量调节

在实际生产中，当工作点流量和压头不符合生产任务要求时，必须进行工作点调节。显然，改变管路特性和改变泵的特性都能达到改变工作点的目的。

（1）**改变管路特性**　在实际操作中改变离心泵出口管路上的流量调节阀门开度就可改变管路中的局部阻力，进而改变泵的流量。此法方便灵活、应用广泛，对于流量调节幅度不大且需要经常调节的系统是较为适宜的。其缺点是当用关小阀门开度来减小流量时，增加了管路中的机械能损失，并有可能使工作点移至低效率区，也会使电机的效率降低。

（2）**改变泵的特性**　对同一离心泵改变其转速或叶轮直径可使泵的特性曲线发生变化，从而使其与管路特性曲线的交点移动。此法不会额外增加管路阻力，并在一定范围内仍可使泵处于高效率区工作。一般来说，改变叶轮直径显然不如改变转速简便，且当叶轮直径变小时，泵和电机的效率也会降低，可调节幅度也有限，所以常用改变转速来调节流量。

三、影响离心泵性能的主要因素

1. 液体性质的影响

（1）**密度的影响**　离心泵的扬程、流量、机械效率均与液体的密度无关，但泵的轴功率与输送液体的密度有关，随液体密度而改变，所以当输送液体的密度与水不同时，需要重新计算。

（2）**黏度的影响**　若被输送液体的黏度大于常温下清水的黏度，则泵体内部液体的能量损失增大，因此泵的扬程、流量都要减小，效率下降，而轴功率增加。

2. 转速的影响

离心泵的特性曲线是在一定转速下测定的，但在实际使用时常遇到要改变转速的情况，此时泵的扬程、流量、效率和轴功率也随之改变。当液体的黏度与实验流体的黏度相差不大，且泵的机械效率可视为不变时，不同转速下泵的流量、扬程、轴功率与转速的近似关系为：

$$\frac{Q_1}{Q_2}=\frac{n_1}{n_2} \qquad \frac{H_1}{H_2}=\left(\frac{n_1}{n_2}\right)^2 \qquad \frac{N_1}{N_2}=\left(\frac{n_1}{n_2}\right)^3 \qquad (1-25)$$

式中，Q_1、H_1、N_1 及 Q_2、H_2、N_2 分别为转速为 n_1、n_2 时泵的性能参数。

3. 叶轮直径的影响

当泵的转速一定时，其扬程、流量与叶轮之间有关，近似关系为：

$$\frac{Q_1}{Q_2}=\frac{D_1}{D_2} \qquad \frac{H_1}{H_2}=\left(\frac{D_1}{D_2}\right)^2 \qquad \frac{N_1}{N_2}=\left(\frac{D_1}{D_2}\right)^3 \qquad (1-26)$$

式中，Q_1、H_1、N_1 及 Q_2、H_2、N_2 分别为叶轮直径为 D_1、D_2 时泵的性能参数。

知识点三　离心泵的选用

一、离心泵的类型

由于化工生产中被输送液体的性质、压力、流量等差异很大，为了适应各种不同生产要求,离心泵的类型是多样的。按液体的性质可分为水泵、耐腐蚀泵、油泵、杂质泵等;按叶轮吸入方式可分为单吸泵与双吸泵;按叶轮数目又可分为单级泵与多级泵。各种类型的离心泵按照其结构特点各自成为一个系列,并以一个或几个汉语拼音字母作为系列代号,在每一系列中,由于有各种不同的规格,因而附以不同的字母和数字来区别。

1. 水泵

凡是输送清水以及物理、化学性质类似于水的清洁液体,都可以用水泵。

IS型(原B型)水泵为单级单吸悬臂式离心水泵的代号,应用最为广泛,其结构如图1-24所示。它只有一个叶轮,从泵的一侧吸液,叶轮装在伸出轴承的轴端处,具有结构可靠、震动小、噪声小等显著特点。IS型泵的型号以字母加数字所组成的代号等表示。例如IS50-32-200型泵,IS表示单级单吸离心泵的形式;50代表吸入口径,mm;32代表排出口径,mm;200为叶轮的直径,mm。

若所要求的扬程较高而流量并不太大时,可采用多级泵,如图1-25所示。在一根轴上串联多个叶轮,从一个叶轮流出的液体通过泵壳内的导轮,引导液体改变流向,同时将一部分动能转变为静压能,然后进入下一个叶轮入口,因液体从几个叶轮中多次接受能量,故可达到较高的扬程。国产的多级泵系列代号为D,称为D型离心泵,一般自2级到9级,最多可到12级。D型离心泵的型号表示方法以D12-25×3型泵为例:D表示多级离心泵型号;12表示公称流量(最高效率时流量的整数值),m^3/h;25表示该泵在效率最高时的单级扬程,m;3表示级数,即该泵在效率最高时的总扬程为75m。

若输送液体的流量较大而所需的扬程并不高时,则可采用双吸泵。双吸泵的叶轮有两个入口,如图1-26所示。由于双吸泵叶轮的厚度与直径之比加大,且有两个吸入口,故输液量较大。我国生产的双吸离心泵系列代号为Sh。Sh型泵的编制以100Sh90型泵为例,100表示吸入口的直径,mm;Sh表示泵的类型为双吸式离心泵;90表示最高效率时的扬程,m。

图1-24 IS型离心泵

图1-25 多级离心泵

图1-26 双吸式离心泵

2. 耐腐蚀泵(F型)

当输送酸、碱等腐蚀性液体时应采用耐腐蚀泵,其主要特点是和液体接触的部件用耐腐蚀材料制成。各种材料制造的耐腐蚀泵在结构上基本相同,因此都用F作为耐腐蚀泵的系列代号。在F后面再加一个字母表示材料代号,以作区别,代号如表1-9所示。

表1-9 不同材料耐腐蚀泵的代号

材料	1Cr18Ni9	Cr28	一号耐酸硅酸铸铁	高硅铁	HT20～40	耐碱铝铸铁
代号	B	E	1G	G15	H	J
材料	Cr18Ni12Mo2Ti	1Cr13	铝铁青铜9～4	硬铝	工程塑料(聚三氟氯乙烯)	
代号	M	L	U	Q	S	

耐腐蚀泵的另一个特点是密封要求高。由于填料本身被腐蚀的问题也难彻底解决，所以 F 型泵根据需要采用机械密封装置。

F 型泵的型号表示方法以 25FB-16A 型泵为例：25 表示吸入口的直径，mm；F 代表耐腐蚀泵；B 代表所用材料为 1Cr18Ni9 的不锈钢；16 代表泵在最高效率时的扬程，m；A 为叶轮切割序号，表示该泵装配的是比标准直径小一号的叶轮。

3. 油泵（Y 型）

输送石油产品等低沸点料液的泵称为油泵。油品的特点是易燃、易爆，因此对油泵的基本要求是密封好。当输送 200℃ 以上的热油时，还要求对轴封装置和轴承等进行良好的冷却，故这些部件常装有冷却水夹套。国产的油泵系列代号为 Y，型号的表示方法以 50Y-60A 型泵为例：50 表示泵的吸入口直径为 50mm；Y 表示离心式油泵；60 表示扬程，m；A 为叶轮切割序号。

4. 杂质泵（P 型）

输送悬浮液及稠厚的浆液等常用杂质泵。系列代号为 P，又细分为污水泵 PW、砂泵 PS、泥浆泵 PN 等。对这类泵的要求是：不易被杂质堵塞、耐磨、容易拆洗，所以它的特点是叶轮流道宽，叶片数目少，常采用半闭式或敞开式叶轮，有些泵壳内衬以耐磨的铸钢护板。

二、离心泵的选用

离心泵的选择，一般可按下列的方法与步骤进行：

（1）确定输送系统的流量与扬程　液体的输送量一般为生产任务所规定，如果流量在一定范围内变动，选泵时应按最大流量考虑。根据输送系统管路的安排，用伯努利方程式计算在最大流量下管路所需的扬程。

（2）选择泵的类型与型号　根据被输送液体的性质和操作条件确定泵的类型。按已确定的流量 Q_e 和压头 H_e 从泵样本或产品目录中选出合适的型号。选出的泵所能提供的流量 Q 和压头 H 要考虑到操作条件的变化和备有一定的余量，应略大于管路所要求的流量 Q_e 和压头 H_e，但在该条件下泵的效率应处在泵的最高效率范围内。泵的型号选出后，应列出该泵的各种性能参数。

（3）核算泵的轴功率　若输送液体的密度大于水的密度时，需要核算泵的轴功率，以指导合理选用电机。

一、问题思考

1. 离心泵的气缚现象是怎么产生的？为防止气缚现象发生应采取什么措施？
2. 离心泵的泵体是蜗壳形的，其作用是什么？
3. 离心泵的铭牌上有哪些参数？是在什么条件下得到的？
4. 离心泵的工作点是怎样确定的？改变工作点的方法有哪些？是如何改变工作点的？
5. 离心泵有哪几种调节流量的方法？
6. 试说明以下几种泵的规格和各组字符的含义：

　　　　IS50-32-125　　D12-25×3　　120Sh80　　65Y-60A　　100F-92A

二、工艺计算

1. 某离心泵在转速为1450r/min下测得流量为65m³/h、扬程为30m。若将转速调至1200r/min，试估算此时泵的流量和扬程。

2. 用内径为100mm的钢管将河水送至一蓄水池中，要求输送量为30m³/h。水由池底部进入，池中水面高出河面20m。管路的总长度为60m（包括所有局部阻力的当量长度），设摩擦系数λ为0.035。今库房有以下四台离心泵，性能如下表。试从中选用一台合适的泵。

工艺计算题 2 附表

序号	流量/(m³/h)	扬程/m	转速/(r/min)	功率/kW
1	30	21	2900	2.54
2	35	25	2900	3.35
3	29.5	17.4	2900	1.86
4	65	37.7	2900	9.25

任务四　离心泵送料系统的调控

离心泵送料过程中除了要考虑其性能外，还是要考虑生产工艺参数对送料过程的影响，下面是来自某一设备约40℃的带压液体由离心泵以20t/h的流量送至下一工段的仿真工艺系统操作，在操作过程中对这些影响因素的调控方法做训练，从而更好地理解流体输送的原理、操作方法等。

一、工艺流程

1. 离心泵工艺流程

该仿真工艺系统操作中的离心泵单元DCS图见图1-27。

本流程中的主要设备有离心泵前罐V101、离心泵A（PV101A）、离心泵B（PV101B，备用泵）。如图1-28所示，来自某一设备约40℃的带压液体经调节阀LV101进入带压离心泵前罐V101，罐液位由液位控制器LIC101通过调节LV101的进料量来控制；罐内压力由PIC101分程控制，阀PV101A、PV101B分别调节进入V101和出V101的氮气量，从而保持罐压恒定在5.0atm（表压）（1atm=101.325kPa）。罐内液体由泵P101A/B抽出，泵出口流量在流量调节器FIC101的控制下输送到其他设备。

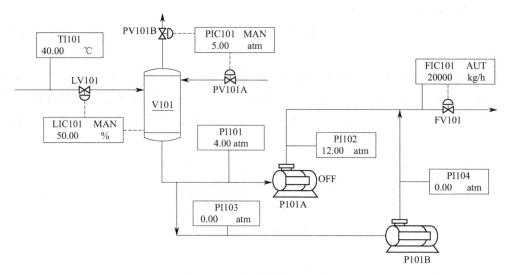

图 1-27 离心泵单元 DCS 图

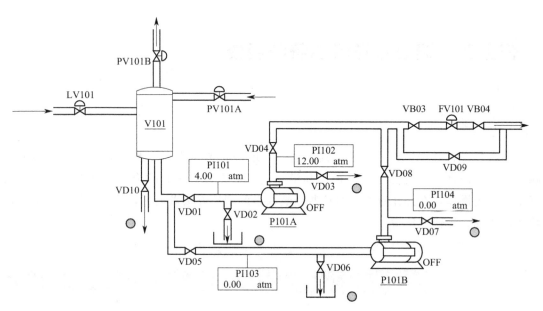

图 1-28 离心泵单元现场图

2. 仪表

离心泵单元系统的仪表见表 1-10。

表 1-10 离心泵单元系统仪表

位号	说明	类型	正常值	位号	说明	类型	正常值
FIC101	离心泵出口流量	PID	20000.0	PI102	泵 P101A 出口压力	AI	12.0
LIC101	V101 液位控制系统	PID	50.0	PI103	泵 P101B 入口压力	AI	
PIC101	V101 压力控制系统	PID	5.0	PI104	泵 P101B 出口压力	AI	
PI101	泵 P101A 入口压力	AI	4.0	TI101	进料温度	AI	40.0

二、操作规程

1. 冷态开车

(1) 罐 V101 的操作

① 打开 LIC101 调节阀，向 V101 罐充液。

② 待 V101 罐液位＞5％后，缓慢打开分程压力调节阀 PV101A 向 V101 罐充压。

③ 当 LIC101 达到 50％时，LIC101 投自动，设定 50％。

④ 罐 V101 压力控制在 5atm 左右时，PIC101 投自动，设定值为 5atm。

(2) 启动离心泵（A 泵、B 泵二选一）

① 待 V101 罐充压至正常值 5atm 后，打开 P101A（B）泵入口阀 VD01（VD05）。

② 打开 P101A（B）泵排气阀 VD03（VD07）排泵内不凝性气体，排净后关闭 VD03（VD07）。

③ 启动 P101A（B）泵，待 PI102（PI104）指示压力比入口压力 PI101（PI103）大 2.0 倍后，打开 P101A（B）泵出口阀 VD04（VD08）。

(3) 出料

① 打开 FIC101 调节阀的前阀 VB03、后阀 VB04。打开调节阀 FIC101，逐渐开大调节阀 FIC101 开度，流量控制在 20000kg/h 时投自动，使 PI101、PI102 趋于正常值。

② 调整操作参数：微调 FV101 调节阀，在测量值与给定值相对误差为 5％范围内且较稳定。

2. 正常运行操作参数

系统正常运行时的操作参数如表 1-11 所示。

表 1-11 系统正常运行操作参数

操作参数	正常值	操作参数	正常值
P101A 泵出口压力 PI102	12atm	V101 罐液位 LIC101	50％
V101 罐内压力 PIC101	5atm	泵出口流量 FIC101	20000kg/h
P101A 泵功率正常值	15kW	FIC101 量程正常值	20t/h

注：1atm＝101.325kPa。

3. 正常停车操作

(1) V101 罐停进料 LIC101 置于手动后关闭调节阀 LV101，停 V101 罐的进料。

(2) 停泵

① 将 FIC101 置于手动，逐渐缓慢开大阀门 FV101，增大出口流量。

② 待罐 V101 液位小于 10％时，关闭 P101A 泵的出口阀 VD04，停 P101A 泵，关闭泵前阀 VD01。

③ 关闭 FIC101 调节阀 FV101 及其前后阀 VB03、VB04。

(3) 泵 P101A 泄液 打开泵 P101A 泄液阀 VD02，观察阀 VD02 的出口，当不再有液体泄出时，显示标志变为红色，关闭阀 VD02。

(4) V101 罐泄压、泄液

① 待罐 V101 液位小于 10％时，打开 V101 罐泄液阀 VD10。

② 待 V101 罐液位小于 5% 时，打开 PIC101 泄压阀。

③ 观察 V101 罐泄液阀 VD10 的出口，当不再有液体泄出时，显示标志变为红色，待罐 V101 液体排净后，关闭泄液阀 VD10。

三、常见的事故现象及处理措施

离心泵送料系统常见的事故现象及处理措施见表 1-12。

表 1-12 离心泵常见事故及处理措施

事故名称	现象	处理
P101A 泵坏	P101A 泵出口压力急剧下降；FIC101 流量急剧减小	切换到备用泵 P101B ① 将 FIC101 切换手动后关闭。全开 P101B 泵入口阀 VD05 向泵 P101B 灌液，全开排空阀 VD07 排 P101B 的不凝气，当显示标志为绿色后，关闭 VD07； ② 灌泵和排气结束后，启动 P101B； ③ 待泵 P101B 出口 PI104 压力升至入口压力的 1.5～2 倍后，打开 P101B 出口阀 VD08，手动缓慢打开 FIC101，流量稳定后投自动，设定值 20000kg/h； ④ 同时缓慢关闭 P101A 出口阀 VD04，以尽量减少流量波动； ⑤ 待 P101B 进出口压力指示正常，按停泵顺序停止 P101A 运转
调节阀 FV101 阀卡	FIC101 的液体流量不可调节	调节流量 ① 调节 FV101 的旁通阀 VD09，调节流量使其达到正常值 20000kg/h； ② 关闭 VB03、VB04，将 FIC101 转换手动后关闭
P101A 入口管线堵	P101A 泵入口、出口压力急剧下降；FIC101 流量急剧减小到零	按泵的切换步骤切换到备用泵 P101B，关闭泵 P101A，并通知维修部门进行维修
P101A 泵汽蚀	P101A 泵入口、出口压力上下波动；P101A 泵出口流量长时间波动	按泵的切换步骤切换到备用泵 P101B
P101A 泵气缚	P101A 泵入口、出口压力急剧下降；FIC101 流量急剧减小	按泵的切换步骤切换到备用泵 P101B

① 能识读离心泵单元仿真工艺流程图；
② 能正确地完成送料单元的开车、停车操作；
③ 能根据生产任务来调控工艺指标，并能及时准确地判断事故并正确处理。

知识点一　离心泵的串并联

在实际生产中，当单台离心泵不能满足输送任务要求时，采用离心泵的并联或串联操作。

一、离心泵的并联

将两台型号相同的离心泵并联操作［如图1-29(a)所示］，且各自的吸入管路相同，则两泵的流量和扬程必各自相同，也就是说具有相同的管路特性曲线和单台泵的特性曲线。显然，两台泵的扬程相同，总流量为两台泵的流量之和。如图1-29(b)所示，图中Ⅰ线为单泵的特性曲线，Ⅱ线为两台泵并联的特性曲线。从图中可知，其并联时的流量比单泵操作时增大了，但达不到单泵流量的两倍，若管路特性曲线越平坦，则并联后的流量就越接近单泵流量的两倍，所以并联操作能使低阻力管路系统的流量增加较多，而高阻力管路系统的流量增加较少。

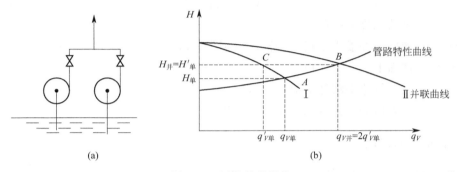

图1-29　泵的并联操作

二、离心泵的串联

若将两台型号相同的离心泵串联操作［如图1-30(a)所示］，则每台泵的扬程和流量也是各自相同的，显然，两台泵的流量相同，总扬程为每台泵的扬程之和。如图1-30(b)所示，图中Ⅰ线为单泵特性曲线，Ⅱ线为两台泵串联的特性曲线。由图可见，两台泵串联操作的总扬程必低于单台泵扬程的两倍。

多台泵串联操作相当于一台多级泵，多级泵的结构紧凑，安装、维修也方便，因而应选用多级泵代替多台串联泵使用。

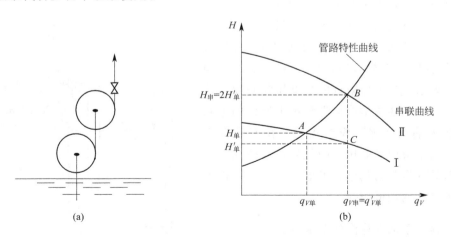

图1-30　泵的串联操作

知识点二　离心泵的安装高度

一、离心泵的允许吸上高度

离心泵的允许吸上高度又称为允许安装高度，是指泵的吸入口与吸入贮槽液面间可允许达到的最大垂直距离，以 H_g 表示，可通过伯努利方程式确定。

在图 1-31 中，假定泵在可允许的最高位置上操作，于贮槽液面 0-0′ 与泵入口处 1-1′ 两截面间列伯努利方程式，可得：

$$H_g = \frac{p_0 - p_1}{\rho g} - \frac{u_1^2}{2g} - H_{f,0-1} \tag{1-27}$$

式中　H_g——泵的允许装高度，m；

H_f——液体流经吸入管路的全部压头损失，m；

p_0——液面上的压力，Pa；

u_1——吸入管路中液体的流速，m/s；

p_1——泵入口处可允许的最小压强，Pa。

二、离心泵的汽蚀

由离心泵的工作原理可知，在离心泵叶轮中心附近形成低压区，这一压强与泵的吸上高度密切相关。如图 1-31 所示，当贮液池上方压强一定时，允许安装高度越高，则泵吸入口附近压强越低。但是吸入口的低压是有限制的，若允许安装高度高至某一限度，叶轮中心附近的最低压强等于或小于输送温度下液体的饱和蒸气压时，液体就在该处发生汽化并产生气泡，随同液体从低压区流向高压区，气泡在高压的作用下，迅速凝结或破裂，瞬间周围的液体即以极高的速度冲向原气泡所占据的空间，在冲击点处形成很高的瞬间局部冲击压力。由于冲击作用及泵体震动并产生噪声，且叶轮局部处在巨大冲击力的反复作用下，使材料表面开始疲劳，开始出现点蚀甚至形成裂缝，使叶轮或泵壳受到破坏。这种现象称为离心泵的汽蚀现象。

汽蚀发生时，由于产生大量的气泡，占据了液体流道的部分空间，导致泵的流量、压头及效率下降。汽蚀严重时，泵不能正常操作。因此，为了使离心泵能正常运转，应避免产生汽蚀现象，这就要求叶片入口附近的最低压强必须维持在某一值以上，通常是取输送温度下液体的饱和蒸气压作为最低压强。应予指出，在实际操作中，不易确定泵内最低压强的位置，而往往以实际泵入口处的压强为基础，考虑一安全量后作为泵入口处允许的最低压强。

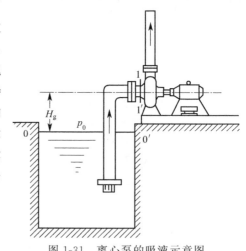

图 1-31　离心泵的吸液示意图

三、离心泵的允许汽蚀余量 Δh

实验中发现，当泵入口处的压力 p_1 还没有降到与液体的饱和蒸气压相等时,汽蚀现象也会发生,这是因为泵入口处的压力并非泵内压力最低处,研究表明,离心泵叶轮进口处为泵内压力最低处。为防止汽蚀现象发生,离心泵在运转时,必须使液体在泵入口处的压力 p_1 大于同温度下的饱和蒸气压 $p_饱$。考虑到流速的影响,离心泵入口处液体的动压头 $u_1^2/2g$ 与静压头 $p_1/\rho g$ 之和,必须大于饱和液体的静压头 $p_饱/\rho g$,其差值以 Δh 表示,即

$$\Delta h = \frac{p_1}{\rho g} + \frac{u_1^2}{2g} - \frac{p_饱}{\rho g} \tag{1-28}$$

当流量一定且流体流动为阻力平方区时,汽蚀余量 Δh 仅与泵的结构和尺寸有关,是泵抗汽蚀性能的参数,由生产泵的部门通过实验测定并将其值列于泵的性能表上。

将式 1-28 整理出 $p_1/\rho g$ 值后代入式 1-27,可得:

$$H_g = \frac{p_0}{\rho g} - \frac{p_饱}{\rho g} - \Delta h - H_{f,0-1} \tag{1-29}$$

通常为安全起见,离心泵的实际吸上高度即安装高度应比允许安装高度低 0.5～1m。

四、防止汽蚀的措施

(1) 降低泵的安装高度　降低泵的安装高度可提高泵入口处的压力,避免汽蚀现象的发生。

(2) 减少吸液管的阻力损失　在泵吸液管路中设置的弯头、阀门等管件越多,管路阻力越大,泵入口处的压力就越低。因此,要尽量减少一些不必要的管件,尽可能缩短吸液管的长度和增大管径,以减少管路阻力,防止汽蚀现象的发生。

(3) 降低输送液体的温度　液体的饱和蒸气压是随其温度的升高而升高的,在泵的入口压力不变的情况下,当被输送液体的温度较高时,液体的饱和蒸气压也较高,有可能接近或超过泵的入口压力,使泵发生汽蚀现象。

1. 什么是离心泵的汽蚀现象?它对泵有什么影响?如何防止?

2. 由于工作需要用一台 IS100-80-125 型泵在海拔 1000m、压力为 89.83kPa 的地方抽 293K 的河水,已知该泵吸入管路中的全部压头损失为 1m,该泵安装在水源水面上 1.5m 处,此泵能否正常工作。

3. 用离心泵向设备送水。已知泵特性方程为 $H = 40 - 0.01Q^2$,管路特性方程为 $H_e = 25 + 0.03Q^2$,两式中 Q 的单位均为 m^3/h,H 的单位为 m。试求:(1) 泵的输送量;(2) 若有两台相同的泵串联操作,则泵的输送量又为多少?

任务五　压缩机送料工艺系统的调控

气体物料因其具有可压缩性,输送过程的工艺参数的调控是操作的关键。下面通过对

来自某一设备压力为 1.2～1.6kg/cm² （绝压，1kg/cm² = 98.07kPa）、温度为 30℃ 左右的低压甲烷由压缩机送至下一工段燃料系统的操作训练，加深对气体物料输送的原理和操作方法的理解。

任务实施

一、工艺流程

压缩机的 DCS 图和现场图如图 1-32 和图 1-33 所示。

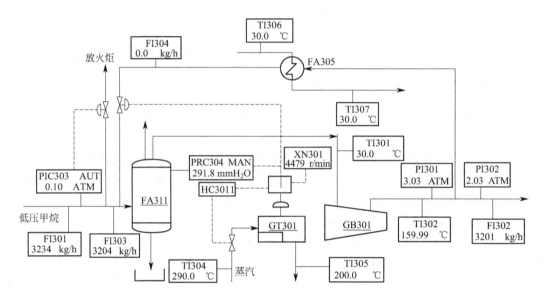

图 1-32　压缩机 DCS 图

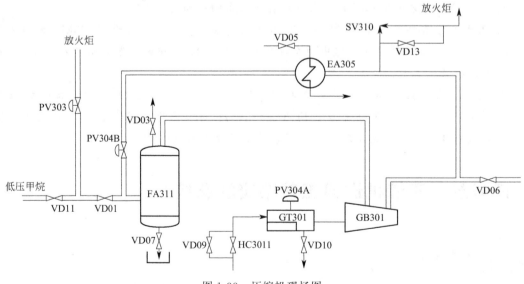

图 1-33　压缩机现场图

1. 工艺流程

在生产过程中产生的压力为 $1.2\sim1.6\text{kg/cm}^2$（绝压，$1\text{kg/cm}^2=98.066\text{kPa}$）、温度为 30℃ 左右的低压甲烷经 VD01 阀进入低压甲烷贮罐 FA311，罐内压力控制在 $300\text{mmH}_2\text{O}$（2.94kPa）。甲烷从贮罐 FA311 出来，进入压缩机 GB301，经过压缩机压缩，出口排出压力为 4.03kg/cm^2（绝压，即 395.21kPa）、温度为 160℃ 的中压甲烷，然后经过手动控制阀 VD06 进入燃料系统。

该流程为了防止压缩机发生喘振，设计了由压缩机出口至贮罐 FA311 的返回管路，即由压缩机出口经过换热器 EA305 和 PV304B 阀到贮罐的管线，返回的甲烷经冷却器 EA305 冷却。另外贮罐 FA311 有一超压保护控制器 PIC303，当 FA311 中压力超高时，低压甲烷可以经 PIC303 控制放火炬，使罐中压力降低。压缩机 GB301 由蒸汽透平 GT301 同轴驱动，蒸汽透平的供汽为压力 15kg/cm^2（绝压）的来自管网的中压蒸汽，排汽为压力 3kg/cm^2（绝压，即 294.20kPa）的降压蒸汽，进入低压蒸汽管网。

2. 仪表说明

本操作系统的仪表说明见表 1-13。

表 1-13　压缩机相关仪表

位号	说明	类型	正常值	量程上限	量程下限	工程单位
PIC303	放火炬控制系统	PID	0.1	4.0	0.0	atm
PRC304	贮罐压力控制系统	PID	295.0	40000.0	0.0	mmH_2O
PI301	压缩机出口压力	AI	3.03	5.0	0.0	atm
PI302	燃料系统入口压力	AI	2.03	5.0	0.0	atm
FI301	低压甲烷进料流量	AI	3233.4	5000.0	1×10^{-6}	kg/h
FI302	燃料系统入口流量	AI	3201.6	5000.0	1×10^{-6}	kg/h
FI303	低压甲烷入罐流量	AI	3201.6	5000.0	1×10^{-6}	kg/h
FI304	中压甲烷回流流量	AI	0.0	5000.0	1×10^{-6}	kg/h
TI301	低压甲烷入压缩机温度	AI	30.0	200.0	0.0	℃
TI302	压缩机出口温度	AI	160.0	200.0	0.0	℃
TI304	透平蒸汽入口温度	AI	290.0	400.0	0.0	℃
TI305	透平蒸汽出口温度	AI	200.0	400.0	0.0	℃
TI306	冷却水入口温度	AI	30.0	100.0	0.0	℃
TI307	冷却水出口温度	AI	30.0	100.0	0.0	℃
XN301	压缩机转速	AI	4480	4500	0	r/min
HC311	FA311 罐液位	AI	50.0	100.0	0.0	%

注：$1\text{atm}=101.325\text{kPa}$；$1\text{mmH}_2\text{O}=0.0098\text{kPa}$。

二、操作规程

1. 冷态开车

（1）开车前准备工作

① 启动公用工程：按公用工程按钮，公用工程投用。

② 油路开车：按油路按钮。

③ 盘车：按盘车按钮开始盘车，待 XN301 转速升到 199r/min 时，停盘车。

④ 按暖机按钮，打开换热器冷却水阀门 VD05，开度为 50%。

(2) 罐 FA311 充低压甲烷

① 打开低压甲烷原料阀 VD11，手动调节 PIC303，打开 PV303 放火炬，开度为 50%。

② 逐渐打开 FA311 入口阀 VD01，开度为 50%。

③ 调整 FV311 顶部安全阀 VD03 开度，使贮罐 FA311 压力 PRC304 保持稳定。

④ 调节 PV303 阀门开度，使 PIC303 压力维持在 0.1atm（10.13kPa）。

(3) 透平单级压缩机开车

① 手动升速。

a. 缓慢打开透平低压蒸汽出口阀 VD10。

b. 将调速器切换开关切到 HC3011 方向。

c. 手动缓慢打开 HC3011，开始压缩机升速，开度递增级差保持在 10% 以内，使透平压缩机转速在 250～300r/min。维持一段时间无异常后，开大 HC3011，使压缩机转速升至 1000r/min。

d. 通过调节 FV311 顶部安全阀 VD03 的开度，使贮罐 FA311 压力 PRC304 保持稳定。

② 跳闸实验。按动紧急停车按钮，压缩机转速 XN301 迅速下降为零。手关 HC3011，关闭蒸汽出口阀 VD10。等待半分钟后，按压缩机复位按钮。

③ 重新手动升速。开透平低压蒸汽出口阀 VD10。打开 HC3011，缓慢升至 1000r/min，再升转速至 3350r/min。

④ 启动调速系统。将调速开关切到 PRC304 方向。缓慢打开 PV304A 阀，若阀开得太快会发生喘振。使阀 PV304B 缓慢关闭，同时可适当打开压缩机 GB301 出口安全阀 SV310 的旁路阀 VD13 调节出口压力，使 PI301 压力维持在 3～5atm（303.975～506.625kPa）范围以内，防止喘振发生。

⑤ 调节操作参数至正常值。

a. 当 PI301 压力指示值为 3.03atm（307.01kPa）时，一边关出口放火炬旁路阀 VD13，一边打开 VD06 去燃料系统阀，同时相应关闭 PIC303 放火炬阀。

b. 通过改变 VD03 大小，控制入口压力 PRC304 在 300mmH$_2$O（2.94kPa），慢慢升速。

c. 逐渐开大阀 PV304A，使压缩机慢慢升速，当压缩机转速达全速 4480r/min 左右，将 PIC304 切为自动，设定为 295mmH$_2$O（2.89kPa）。

d. 将 PIC303 投自动，设定为 0.1atm（表压，10.13kPa）。

e. 联锁投用，顶部安全阀 VD03 缓慢关闭。

2. 正常运行

(1) 正常工况下工艺参数　见表 1-14。

表 1-14　正常工况下的工艺参数

工艺参数	正常值	工艺参数	正常值
贮罐 FA311 压力 PIC304	295mmH$_2$O	低压甲烷流量 FI301	3232.0kg/h
压缩机出口压力 PI301	3.03atm	中压甲烷进入燃料系统流量 FI302	3200.0kg/h
燃料系统入口压力 PI302	2.03atm	压缩机出口中压甲烷温度 TI302	160.0℃

注：1atm=101.325kPa；1mmH$_2$O=0.0098kPa。

(2) 压缩机防喘振操作　启动调速系统后，必须缓慢开启 PV304A 阀，此过程中可适当打开出口安全旁路阀调节出口压力，以防喘振发生。当有甲烷进入燃料系统时，应关闭 PIC303 阀。当压缩机转速达全速时，应关闭出口安全旁路阀。

3. 停车操作

(1) 正常停车过程

① 停调速系统：确认解除联锁。

a. 将 PRC304 切换为手动，逐渐减小 PRC304 的输出值，使 PV304A 关闭。

b. 缓慢打开 PV304B 阀，降低压缩机转速。

c. 将 PIC303 切换为自动，调大输出值，打开 PV303 阀排放火炬。

d. 开启出口安全旁路阀 VD13，同时关闭去燃料系统阀 VD06。

② 手动降速。

a. 将 HC3011 开度置为 100%，将调速开关切换到 HC3011 方向。

b. 缓慢关闭 HC3011，同时逐渐关小透平蒸汽出口阀 VD10。

c. 当压缩机转速降为 300～500r/min 时按紧急停车按钮，降低压缩机转速为 0，关闭透平蒸汽出口阀 VD10。

③ 停 FA311 进料。

a. 关闭 FA311 入口阀 VD01，用 PIC303 关放火炬阀 PV303。

b. 关闭 FA311 进口阀 VD11，开启 FA311 泄料阀 VD07，泄液。

c. 关换热器冷却水阀 VD05。

(2) 紧急停车　按动紧急停车按钮，确认 PV304B 阀及 PIC303 置于打开状态。关闭透平蒸汽入口阀及出口阀。甲烷气由 PIC303 排至火炬。其余同正常停车。

4. 常见事故现象及处理措施

本操作中压缩机常见的事故现象及处理措施见表 1-15。

表 1-15　压缩机常见事故现象及处理措施

事故名称	现象	处理措施
入口压力过高	FA311 罐中压力上升	将 PIC303 切到手动，适当打开 PV303 的放火炬阀
出口压力过高	压缩机出口压力上升	开大去燃料系统阀 VD06
出口管道破裂	压缩机出口压力下降	紧急停车
入口温度过高	TI301 及 TI302 指示值上升	紧急停车
入口管道破裂	贮罐 FA311 中压力下降	①按紧急停车按钮（关闭中压甲烷去燃料系统阀 VD06，调大 PIC303 输出值，打开放火炬 PV303，关闭透平蒸汽出口阀 VD10）； ②关 FA311 入口阀 VD01，用 PIC303 关放火炬阀 PV303； ③关掉 FA311 进口阀 VD11，关换热器冷却水 VD05

① 能识读压缩机单元仿真工艺流程图；
② 能正确地完成气体输送单元的开车、停车操作；
③ 能根据生产任务来调控工艺指标，并能正确判断事故并处理；
④ 能掌握相关基础理论。

知识点　气体输送机械

气体输送机械，其作用与液体输送设备颇为类似，都是对流体做功，以提高流体的压力。气体输送机械在化工生产中应用十分广泛，主要用于：

(1) 气体输送　为了克服输送过程中的流动阻力，需要提高气体的压力。

(2) 产生高压气体　有些化学反应或单元操作需要在高压下进行，如氨的合成、冷冻等，需要将气体的压力提高至几十、几百甚至上千个大气压。

(3) 产生真空　有些化工单元操作，如过滤、蒸发、蒸馏等往往要在低于大气压的条件下进行，这就需要从设备中抽出气体，以产生真空。

由于气体的可压缩性，输送机械内部的气体压力变化的同时，体积和温度都随之变化。气体输送机械可按其终压（出口气体的压力）或压缩比（出口与进口气体绝对压力的比值）来分类。根据终压大致将压送机械分为：

(1) 通风机　终压不大于15kPa（表压）；
(2) 鼓风机　终压为15～300kPa（表压），压缩比小于4；
(3) 压缩机　终压在300kPa（表压）以上，压缩比大于4；
(4) 真空泵　将低于大气压的气体从容器或设备内抽至大气中。

此外，输送机械按其结构与工作原理又可分为离心式、往复式、旋转式和流体作用式。

一、离心式通风机

1. 离心式通风机的结构

离心式通风机的结构与离心泵相似，如图1-34所示，但也有其自身特点：通风机的叶轮直径一般比较大；叶片的数目比较多；叶片有平直、前弯、后弯三种；机壳内逐渐扩大的通道及出口截面常为矩形。离心式通风机的工作原理与离心泵完全相同。

根据所产生风压的大小，离心式通风机可分为：

(1) 低压离心通风机　出口风压低于1kPa（表压）；
(2) 中压离心通风机　出口风压为1～3kPa（表压）；
(3) 高压离心通风机　出口风压为3～15kPa（表压）。

2. 离心式通风机的性能参数

离心式通风机的主要性能参数有风量、风压、轴功率和效率，图1-35为其性能图。

由于气体通过风机的压力变化较小,在风机内运动的气体可视为不可压缩,所以伯努利方程式亦可用来分析离心式通风机的性能。

图 1-34　离心式通风机

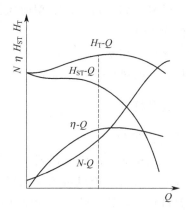

图 1-35　离心式通风机特性曲线示意图

(1) 风量 Q　是单位时间内从风机出口排出的气体体积,单位为 m^3/h 或 m^3/s。离心通风机的风量取决于风机的结构、尺寸(叶轮直径与叶片宽度)和转速。

(2) 全风压 H_T　是单位体积的气体流过风机时所获得的能量,单位 J/m^3 或 Pa。由于 H_T 的单位与压力的单位相同,故称为风压。离心式通风机的风压取决于风机的结构、叶轮尺寸、转速与进入风机的气体密度。

离心通风机的风压一般通过测量风机进、出口处气体的流速与压强的数据,按伯努利方程式来计算风压。性能表上的风压,一般都是在 20℃、常压下以空气为介质测得的,若实际的操作条件与上述的实验条件不同,应进行校核。

(3) 轴功率与效率　离心通风机的轴功率为:

$$N = \frac{H_T Q}{1000\eta} \tag{1-30}$$

式中　N——轴功率,kW;

　　　Q——风量,m^3/s;

　　　H_T——风压,Pa;

　　　η——效率,因按全风压定出,故又称为全压效率。

应注意,应用式(1-30)计算轴功率时,式中的 Q 与 H_T 必须是同一状态下的数值。

3. 离心通风机的选择

离心通风机的选择和离心泵的情况相类似,其选择步骤为:

(1) 计算风压 H_T　根据工艺条件,先计算出输送系统所需的实际风压 H_T',再换算成实验条件下的风压。

(2) 确定风机类型　根据所输送气体的性质(如清洁空气,易燃、易爆或腐蚀性气体以及含尘气体等)与风压范围,确定风机类型。若输送的是清洁空气或与空气性质相近的气体,可选用一般类型的离心通风机,常用的有 4-72 型、8-18 型和 9-27 型。前一类型属中、低压通风机,后两类属于高压通风机。

(3) 确定风机型号　根据以风机进口状态计的实际风量与实验条件下的风压 H_T,从风机样本或产品目录中的特性曲线或性能表选择合适的机型。

每一类型的离心通风机又有各种不同直径的叶轮,因此离心通风机的型号是在类型之后又附注机号,如 4-72No.12 型通风机:4-72 表示类型;No.12 表示机号,其中 12 表示叶轮直径为 12dm。

(4) 核算轴功率　若风量用实际风量 Q',风压也用实际风压 H'_T;若全风压用校正为实验状态下的风压 H_T,风量也用实验状态下的风量。

二、鼓风机

1. 离心鼓风机

离心鼓风机又称涡轮鼓风机,工作原理与离心通风机相同,结构类似于多级离心泵(见图 1-36)。离心式鼓风机的蜗壳形通道亦为圆形,但外形直径与厚度之比较大,叶轮上叶片数目较多,转速较高,叶轮外周都装有导轮。气体由吸气口进入后,经过第一级的叶轮和导轮,然后转入第二级叶轮入口,再依次通过以后所有的叶轮和导轮,最后由排出口排出。由于在离心鼓风机中,气体的压缩比不高,所以无需冷却装置,各级叶轮的直径也大体上相等。单级出口表压多在 30kPa 以内,多级可达 0.3MPa。

图 1-36　离心式鼓风机

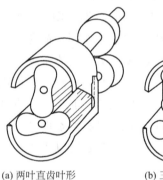

(a) 两叶直齿叶形　(b) 三叶螺旋齿叶形

图 1-37　罗茨鼓风机转子结构

2. 罗茨鼓风机

化工生产中,罗茨鼓风机是最常用的一种旋转式鼓风机,其工作原理与齿轮泵相似。如图 1-37 所示,机壳内有两个渐开摆线形的转子,两转子的旋转方向相反,可使气体从机壳一侧吸入,从另一侧排出。转子与转子、转子与机壳之间的缝隙很小,使转子能自由运动而无过多泄漏。属于正位移型的罗茨鼓风机的风量与转速成正比,与出口压力无关。该风机的风量范围为 2~500m³/min,出口表压可达 80kPa,在 40kPa 左右效率最高。该风机出口应装稳压罐,并设安全阀。

流量调节采用旁路,出口阀不可完全关闭。操作时,气体温度不能超过 85℃,否则转子会因受热膨胀而卡住。

三、压缩机

1. 往复式压缩机

往复式压缩机的基本结构和工作原理与往复泵相似,如图 1-38 所示。但是,由于往往复式压缩机处理的气体密度小，具有可压缩性，压缩后气体的温度升高，体积变小，因此往复式压缩机又有其特殊性。以单动往复式压缩机为例，其压缩循环过程包括四个阶段：压缩阶段、排气阶段、膨胀阶段和吸气阶段。

压缩比：压缩机各段出口压力和进口压力的比值。当生产过程的压缩比大于 8 时，因压缩造成的升温会导致吸气无法完成或润滑失效或润滑油燃烧。因此，当压缩比较高时常采取多级压缩。所谓多级压缩是指气体连续依次经过若干气缸的多次压缩，两级压缩之间设置冷却器，从而安全达到最终压力。多级压缩的优点是：避免排出气体温度过高；提高气缸容积利用率；减少功率消耗；压缩机的结构更为合理，从而提高压缩机的经济效益。但若级数过多，则会使整个压缩系统结构复杂，能耗加大。

2. 离心式压缩机

离心压缩机常称为透平压缩机，如图 1-39 所示，是进行气体压缩的常用设备。其主要结构、工作原理都与离心鼓风机相似，只是离心压缩机的叶轮级数多，可在 10 级以上，转速较高，故能产生更高的压力。由于气体的压缩比较高，体积变化就比较大，温度升高也较显著。因此，离心压缩机常分成几段，每段包括若干级，叶轮直径与宽度逐段缩小，段与段间设置中间冷却器以免气体温度过高。

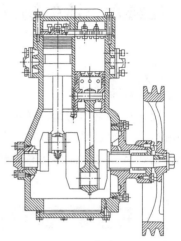

图 1-38　往复式压缩机

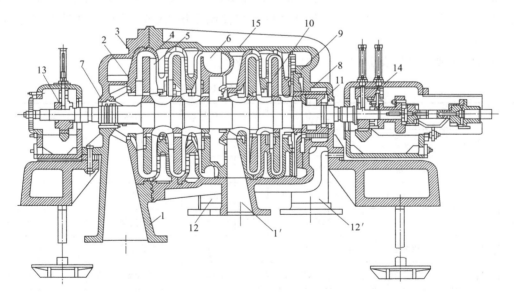

图 1-39　离心式压缩机结构图

1、1′—吸入室；2—叶轮；3—扩压器；4—弯道；5—回流器；6—蜗壳；7、8—前、后轴封；9—级间密封；10—叶轮进口密封；11—平衡盘；12、12′—排出管；13—径向轴封；14—径向推力轴承；15—机壳

离心压缩机流量大、供气均匀、体积小、机体内易损部件少、可连续运转且安全可靠、维修方便、调节方便、机体内无润滑油污染气体等一系列优点，但也存在着制造精度要求高、不易加工、给气量变动时压强不稳定、负荷不足时效率显著下降等缺点。近年来

在化工生产中，离心压缩机的应用日趋广泛。而且，离心式压缩机已经发展成为非常大型的设备，流量达到几十万立方米，出口压力达到几十兆帕。

任务六 流体输送操作训练

化工厂的流体物料输送过程是多种形式的，可以是用泵或压缩机输送，还可以用高位槽输送，关键是要选择好适宜的流程、控制好相应的工艺指标及熟练的操作。本任务利用流体输送装置完成流体物料输送的操作训练。

一、工艺流程、主要设备及仪表控制

本套装置的流程是由原料罐、合成器、高位槽、真空缓冲罐、压力缓冲罐、离心泵、旋涡泵、压缩机、喷射泵等及与之连接的管路组成，可完成多组独立的训练系统，配有流量、液位、压力、温度等测量仪表及计算机远程控制系统 DCS。流体输送装置工艺流程如图 1-40 所示。

设备的主要参数见表 1-16、表 1-17、表 1-18。

表 1-16 主要设备技术参数

序号	位号	名称	规格型号	序号	位号	名称	规格型号
1	P101	喷射泵	RPP-25-20	12	F102	文丘里流量计	
2	P102	离心泵Ⅱ	GZA50-32-160	13	F103	孔板流量计	
3	P103	离心泵Ⅰ	GZA50-32-160	14	F104	涡轮流量计	LWY-50 0～50m^3/h
4	P104	旋涡泵	25W-25	15	FI105	转子流量计	100～1000L/h
5	P105	压缩机	YL90SZ	16	FI106	转子流量计	100～1000L/h
6	V101	高位槽	ϕ360mm×700mm	17	PI101	真空缓冲罐真空表	−0.1～0MPa
7	V102	合成器	ϕ300mm×530mm	18	PI102	泵入口真空表	−0.1～0MPa
8	V103	真空缓冲罐	ϕ210mm×350mm	19	PI103	压差传感器	0～400kPa
9	V104	压力缓冲罐	ϕ100mm×310mm	20	PI104	压力缓冲罐压力表	0～0.6MPa
10	V105	原料罐	ϕ600mm×1360mm	21	PI105	泵出口压力表	0～0.6MPa
11	VA127	电动调节阀					

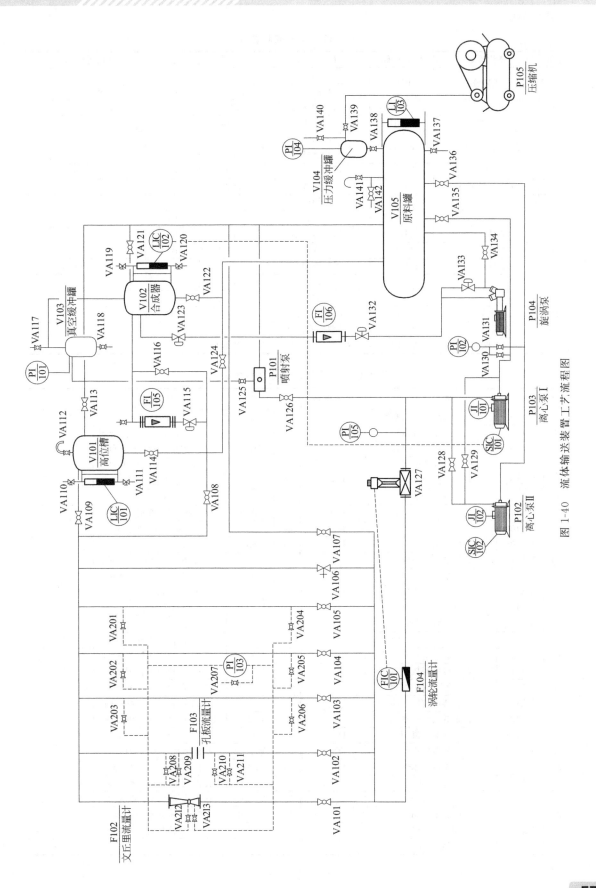

图 1-40 流体输送装置工艺流程图

表 1-17 仪表控制参数

序号	测量参数	仪表位码	检测元件	显示仪表	表号	执行机构
1	合成器液位	LIC102	玻璃管	就地		变频器 S2
			传感器	AI519	B1	
2	泵Ⅰ功率	JI101	功率变送器	AI501	B2	
3	真空缓冲罐表	PI101	真空表	就地		
4	泵Ⅰ入口真空度	PI102	压力表	就地		
			传感器	AI501	B3	
5	压差计	PI103	压差传感器	AI501	B8	
6	压力缓冲罐表	PI104	压力表	就地		
7	泵出口压力	PI105	压力表	就地		
			传感器	AI501	B4	
8	液体温度	TI101	温度传感器	AI501	B5	
9	泵Ⅱ功率	JI102	功率变送器	AI501	B6	
10	流体流量	FIC101	涡轮流量计	AI519	B7	电动调节阀
11	高位槽液位	LI101	玻璃管	就地		
			传感器	AI501	B9	
12	电表		电表变送器		B13	
13	原料罐液位	LI103	磁翻转液位计	就地		
14	电磁阀	VA126		就地		

表 1-18 主要阀门名称及技术参数

序号	位号	阀门名称	技术参数	序号	位号	阀门名称	技术参数
1	VA101	文丘里流量计控制阀		29	VA129	双泵串联阀	DN50
2	VA102	孔板流量计控制阀	DN40	30	VA130	离心泵 P103 真空表控制阀	
3	VA103	DN40 直管控制阀		31	VA131	离心泵 P102 真空表控制阀	
4	VA104	DN25 直管控制阀	DN25	32	VA132	转子流量计 FI104 调节阀	DN15
5	VA105	DN15 直管控制阀	DN15	33	VA133	旋涡泵循环阀	
6	VA106	电磁阀	DN40	34	VA134	旋涡泵进水阀	
7	VA107	回水阀	DN50	35	VA135	离心泵 P103 进水阀	DN50
8	VA108	回水阀	DN25	36	VA136	离心泵 P102 进水阀	
9	VA109	高位槽进水阀	DN50	37	VA137	放水阀	
10	VA110	高位槽液位放空阀	DN8	38	VA138	压力缓冲罐与原料罐联通阀	DN15
11	VA111	高位槽液位排水阀		39	VA139	压力缓冲罐压力调节阀	
12	VA112	高位槽放空阀	DN15	40	VA140	压力缓冲罐放空阀	
13	VA113	高位槽液溢流阀	DN50	41	VA141	原料罐放空阀	
14	VA114	高位槽液回水阀		42	VA142	原料罐加水阀	
15	VA115	转子流量计 FI105 调节阀	DN25	43	VA201	DN15 直管导压管测压阀	DN8
16	VA116	合成器上水阀		44	VA202	DN25 直管导压管测压阀	
17	VA117	真空缓冲罐放空阀	DN15	45	VA203	DN40 直管导压管测压阀	
18	VA118	真空缓冲罐排水阀		46	VA204	DN15 直管导压管测压阀	
19	VA119	合成器液位放空阀	DN8	47	VA205	DN25 直管导压管测压阀	
20	VA120	合成器液位排水阀		48	VA206	DN40 直管导压管测压阀	
21	VA121	合成器溢流阀	DN50	49	VA207	压差传感器平衡阀	DN8
22	VA122	合成器回水阀	DN25	50	VA208	孔板流量计远端测压阀	
23	VA123	合成器上水阀	DN15	51	VA209	孔板流量计近端测压阀	
24	VA124	回水阀	DN25	52	VA210	孔板流量计近端测压阀	
25	VA125	真空控制阀	DN15	53	VA211	孔板流量计远端测压阀	
26	VA126	喷射泵控制阀		54	VA212	文丘里流量计测压阀	
27	VA127	电动调节阀	DN50	55	VA213	文丘里流量计测压阀	
28	VA128	双泵并联阀					

二、操作规程

1. 工艺流程图的识读

① 识读流体输送装置的工艺流程图，对照实物熟悉流程，能详述流程。

② 识读流体输送装置的仪表面板图，对照实物熟悉仪表面板的位置，会仪表调控操作及参数控制。

2. 开车前的检查

(1) 管路检查　检查管件、阀门连接是否完好；检查阀门是否灵活好用并处于正确位置；装置无跑冒滴漏现象。

(2) 设备检查　流体输送设备是否完好；离心泵是否需要灌泵；离心泵前后阀门是否处于正常开车状态；清理泵体机座地面环境卫生；离心泵、旋涡泵启动电机前先盘车，然后才能通电；检查压缩机的润滑油是否加到指定位置。

(3) 仪表检查　检查压力表接头有无泄漏；螺丝及其他连接处有无松动；仪表柜电源是否连接好，仪表柜总电源指示红灯是否亮起。

(4) 其他检查　查排水地漏使整个系统畅通无阻，排净高位槽、合成器内液体，向原料罐内加入液体，控制液位在500mm左右。

3. 控制台电脑主操作系统的启动

打开计算机，在桌面文件中找到应用程序，双击鼠标左键进入DCS控制系统主界面。主控制界面中任意位置点击鼠标左键进入主操作系统。主操作系统界面中，可以进行相应的泵启动与关闭，在菜单栏中可以选择相应的实训项目的数据记录和控制界面。

4. 离心泵性能测定

可完成单泵送料和双泵（串、并联）送料两种情况下的泵性能测定操作。

流程设置：合理选择一段阻力最小的管路，使原料罐内液体经泵输送后回到原料罐内。

(1) 泵送料操作　首先离心泵入口阀门全部开启，出口阀关闭，关闭离心泵入口真空表控制阀，然后启动电机。当离心泵运转后，全面检查离心泵的工作状况，打开离心泵ⅡP102入口真空表控制阀。当离心泵出口压力高于操作压力时，缓慢打开泵出口阀，控制离心泵的流量。双泵串联时需先启动离心泵ⅡP102五秒后再启动离心泵ⅠP103。

(2) 离心泵性能测定　通过面板上流量显示仪表调节电动调节阀VA127的不同开度（10~15组数据），即调节不同流量或将涡轮流量计设定到某一数值，待流动稳定后同时读取流量、泵出口处的压强、泵入口处的真空度、功率及水温的数据，观察性能曲线图。

(3) 停车操作　逐渐关闭电动调节阀VA127。当离心泵出口阀门全部关闭后停电机，关闭离心泵入口阀及其入口真空表控制阀。

5. 阻力系数的测定

流体用离心泵经DN15、DN25、DN40直管中输送回原料罐，同时测定流体在直管内的阻力系数。

(1) 离心泵送料操作　打开离心泵的进水阀、直管控制阀、回水阀，关闭电动调节阀VA127。启动离心泵，调节电动调节阀至全开，打开压力传感器平衡阀VA207，分别打开各直管测压阀，读取数据时关闭平衡阀VA207。

(2) 阻力系数测定　调节电动调节阀 VA127 从大流量到小流量的不同开度（10~15 组实验数据），即调节不同流量或将涡轮流量计设定到某一数值，待流动稳定后同时读取流量、压差计及水温的数据。开始记录数据时先关闭压力传感器平衡阀 VA207，观察曲线图，测量完后停车。

6. 旋涡泵 P104 向合成器送料

流程设置：选择原料罐内流体由旋涡泵 P104 送至合成器 V102 的管路。

① 打开合成器上水阀 VA123、合成器溢流阀 VA121、旋涡泵 P104 循环阀 VA133、旋涡泵 P104 进水阀 VA134，其余阀门全部关闭。

② 启动旋涡泵 P104 后检查电机和泵的旋转方向是否一致，然后逐渐打开流量计 FI106 调节阀 VA132，运转中需要经常检查电机、泵是否有杂音、异常振动、泄漏等现象，通过调节旁路回流阀门 VA133 的方法调节流量。

③ 控制流量使合成器液位达到设定目标值。

操作结束后将回水阀 VA122 打开，将流体送回至原料罐。

7. 压缩机向合成器送料

流程：空气经由压缩机 P105、阀门 VA139、压力缓冲罐 V104、阀门 VA138，进入原料罐 V105。原料罐流体经由阀门 VA134、VA133、VA132、转子流量计 FI106、阀门 VA123 进入合成器 V102。

① 开车前检查。检查各处的润滑油是否合乎标准、检查一切防护装置和安全附件是否完好。

② 打开阀门 VA139、VA138、VA140、VA134、VA133、VA132、VA123、VA121，关闭其他阀门。

③ 接通电源启动压缩机 P105，注意观察缓冲罐压力表 PI104 的指示值，通过调节阀门 VA140 的开度调节罐中压力维持在 0.1MPa，调节阀门 VA132 的开度来调节输送流体的流量，由转子流量计 FI106 计量。

当合成器液位达到指定位置时，关闭压缩机出口阀门 VA139，切断压缩机电源，打开原料罐放空阀 VA141 将罐内余气放出。

注意：操作过程中要经常注意压力表指针的变化，禁止超过规定的压力，若出现不正常声响、气味、振动或故障，应立即停车检修。工作完毕将贮气罐内余气放出。

8. 利用真空系统向合成器送料

① 打开离心泵Ⅰ P103 的进水阀 VA135 和喷射泵控制阀 VA126，关闭电动调节阀 VA127。

② 利用变频器 S1 启动离心泵Ⅰ P103，使流体由原料罐 V105 经阀 VA135、离心泵Ⅰ P103、阀 VA126、喷射泵 P101、原料罐 V105 形成回路，流体流动通过喷射泵 P101 时形成真空，通过阀 VA125 到真空缓冲罐 V103，利用真空缓冲罐 V103 调节阀 VA117 调节真空度，由真空表 PI101 就地显示。

③ 打开阀门 VA134、VA133、VA132、VA123。

真空机组启动后，通过调节真空缓冲罐调节阀 VA117 的开度调节真空缓冲罐 V103 中真空度维持在 0.06MPa，调节阀门 VA132 开度来调节输送流体的流量，由转子流量计 FI106 计量。

当合成器液位达到指定位置时，关闭阀 VA126，关闭离心泵Ⅰ P103，打开缓冲罐调节阀 VA117 放空。

9. 利用高位槽向合成器送料

① 打开离心泵Ⅰ P103 进水阀 VA135，关闭电动调节阀 VA127，打开阀 VA101（或阀门 VA102、阀门 VA103、阀门 VA104、阀门 VA105）、VA109、VA113，其余阀门全部关闭。

② 启动离心泵Ⅰ P103，通过电动调节阀 VA127 调节流量，向高位槽 V101 中注入液体，待高位槽溢流管内有液体流出时调小进入高位槽的流量。

③ 然后打开阀 VA114、阀 VA115，半开阀 VA122，流体在重力作用下从高位槽 V101 流向合成器 V102，通过调节阀 VA115 开度调节流量，转子流量计 FI105 记录流量，控制合成器液位保持恒定。

10. 两种物料配比输送操作

任务：根据工艺要求将两种流体按一定比例输送到合成器中。

一种流体由旋涡泵按固定流量输送，另一种流体由离心泵输送，根据工艺要求计算混合比例，再根据混合比例计算出离心泵输送液体的流量，并按照泵送流量进行离心泵操作控制。

首先打开旋涡泵 P104 的进水阀 VA134、旋涡泵循环阀 VA133、阀 VA123、阀 VA122、阀 VA121，其余阀门全部关闭，启动旋涡泵 P104。

利用阀 VA132 调节转子流量计 FI106 流量，将流量控制在 0.5m^3/h。然后打开离心泵Ⅰ P103 进水阀 VA135，关闭电动调节阀 VA127，打开阀 VA105、VA108、VA116，其余阀门全部关闭。

将合成器液位 LI101 控制仪表调到自动位置，按设定比例计算出另一种流体流量并在仪表上设置好后启动离心泵Ⅰ，根据实际流量按照控制规律调节电动调节阀 VA127 开度，达到控制两种流体配比的目的。

11. 合成器液位自动控制

任务：应用离心泵Ⅱ P102 将原料罐流体输送到合成器中并保持到指定液位 400mm。

① 打开离心泵Ⅱ P102 进水阀 VA136，关闭电动调节阀 VA127，打开阀 VA102、VA108、VA116、VA121、VA122，其余阀门全部关闭。

② 原料罐流体经由阀 VA136、离心泵Ⅱ P102、阀 VA128、电动调节阀 VA127、涡轮流量计 F104、阀 VA102、VA108、VA116 进入合成器 V102，而后经合成器出料阀 VA122 回到原料罐 V105。

③ 利用合成器液位 LIC102 控制仪表根据合成器液位控制调节离心泵Ⅱ P102 变频器 S2 的频率，以改变电机转数，实现控制合成器液位的目的。所以将合成器液位 LIC102 控制仪表调成自动状态并设置好相应的液位后，启动离心泵Ⅱ变频器开关。

12. 流量自动控制操作

任务：使用电动调节阀调节流体流量（4~12m^3/h）。

① 打开离心泵Ⅰ P103 进水阀 VA135，关闭电动调节阀 VA127，打开阀 VA107，其余阀门全部关闭。

② 流体由原料罐 V105 经阀 VA135、离心泵Ⅰ P103、电动调节阀 VA127、涡轮流量

计 F104、阀 VA107、原料罐 V105 形成回路。

③ 将流体流量控制仪表调到自动位置并设置好相应的流量，开启离心泵Ⅰ变频器开关，由涡轮流量计 F104 计量，产生信号传输给流量仪表，根据实际流量按照控制规律调节电动调节阀 VA127 开度，达到控制流体流量的目的。

13. 常见故障的确定和排除训练

本系统操作时常见的故障和异常现象及其处理措施见表 1-19。

表 1-19 常见故障和异常现象及处理措施

事故名称	现象	原因	处理
离心泵Ⅱ停	①离心泵并联实验流量降低 ②离心泵串联实验突然无流量 ③合成器液位控制的液位下降	①总电源断电或关闭 ②离心泵Ⅱ P102 变频器出故障	①查看设备电源指示是否正常工作 ②查看设备总电源开关指示是否在开启状态 ③离心泵变频器是否正常工作
开电磁阀	①直管阻力测定时流量突然增大但压差变小 ②流量计标定时流量突然增大但压差变小 ③真空控制操作时真空度下降	检查非本训练管路阀门是否误开	将非本训练用管路阀门关闭
离心泵Ⅰ停	①离心泵性能测定时无流量 ②离心泵管路特性测定时无流量 ③离心泵串、并联送料流量降低 ④直管阻力测定时无流量 ⑤流量计标定时无流量	①总电源断电 ②总电源关闭 ③离心泵Ⅰ P103 变频器出故障	①查看设备电源指示是否正常工作 ②查看设备总电源开关指示是否在开启状态 ③离心泵变频器是否正常工作
停总电源	设备仪表及泵停止工作	①总电源断电 ②总电源关闭	①查看设备电源指示是否正常工作 ②查看设备总电源开关指示是否在开启状态

操作注意事项：

① 启动离心泵之前必须检查出口流量调节阀是关闭的。

② 在操作过程中每调节一个流量之后应待流量和其他所取的数据稳定以后方可记录数据。

③ 若之前较长时间未操作，启动离心泵时应先盘轴转动，否则易烧坏电机。

④ 水质要清洁，以免影响涡轮流量计运行。

⑤ 该装置电路采用五线三相制配电，设备应良好接地。

① 了解流体输送的基本原理和主要设备的结构及特点。

② 了解离心泵结构、工作原理及性能参数，会测定离心泵特性曲线及测定离心泵最佳工作点。

③ 了解旋涡泵、喷射泵和压缩机的结构、工作原理、流量调节方法及其输送流体方法，能根据工艺要求正确操作流体输送设备完成流体输送任务。

④ 了解孔板流量计、文丘里流量计、转子流量计、涡轮流量计、各种常用液位计、压差计等工艺参数测量仪表的结构和测量原理及其使用方法。

⑤ 能应用所学到的流体力学、流体输送基本理论分析和解决流体输送过程中出现的一般问题。

⑥ 能根据工艺要求进行流体输送操作，并在操作进行中熟练操控 DCS 控制系统、调控仪表参数，保证生产维持在正常工艺条件下进行。

⑦ 能根据异常现象分析判断故障种类、产生原因并正确处理。

⑧ 要有安全、规范、环保、节能的生产意识及敬业爱岗、严格遵守操作规程的职业道德和团队合作精神。

知识点　其他类型泵

一、往复泵

往复泵是最早发明的提升液体的机械。目前由于离心泵具有显著优点，往复泵应用范围逐渐减小，但由于往复泵在压头剧烈变化时仍能维持几乎不变的流量特性，所以往复泵仍然有所应用。往复泵用于小流量、高扬程的情况下输送高黏度液体，或应用于对流量稳定性要求不高的场合。往复泵不能输送腐蚀性流体和有固体颗粒的流体。

1. 往复泵的结构

往复泵属于容积泵，主要由活塞、泵缸、工作室、吸入阀和排出阀等组成，其结构简图如图 1-41 所示。

2. 工作原理

当活塞从左向右移动时，工作室容积增大，形成低压，吸入阀开，排出阀关（因排出管液体压力作用而关闭）。当活塞移动到最右边时，工作室的容积最大，吸入的液体量也最大。此后活塞从右向左移动，泵缸内液体受挤压，压强增大使吸入阀关闭而推开排出阀将液体排出，活塞移到左端，排液完毕，完成了一个工作循环。

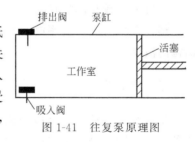

图 1-41　往复泵原理图

3. 往复泵的特点

① 靠活塞对液体做功，以静压能的形式直接传给液体。

② 流量取决于泵本身的几何尺寸和活塞往复次数而与泵的压头无关，流量是恒定的，故称为容积式泵或正位移泵（扬程和流量无关的泵）。

③ 往复泵压头取决于泵的机械强度及原动机（指利用能源产生原动力的一切机械）的功率。

④ 开动前泵内没有液体，往复泵有自吸作用。

⑤ 往复泵不能用排出管路阀门来调节流量，一般采取回流支路调节装置。

二、旋转泵

旋转泵靠泵内一个或多个转子的旋转来吸入和排出液体，又称转子泵。

1. 齿轮泵

齿轮泵泵壳内有两个齿轮，一个由电机直接带动，称为主动轮，另一个靠与主动轮相啮合而转动，称为从动轮。两齿轮分别与泵壳内形成吸入与排出两个空间。当齿轮按图 1-42 所示的箭头方向旋转时，吸入空间内两齿轮的齿互相拨开，形成了低压而吸入液体，然后液体分为两路沿壳壁被齿轮嵌住，并随齿轮转动而到达排出空间。排出空间内两齿轮的齿互相啮合，于是形成了高压而将液体排出。

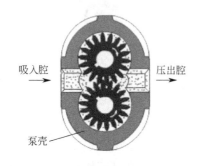

图 1-42 齿轮泵原理图

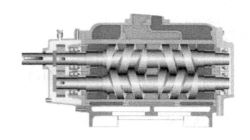

图 1-43 双螺杆泵原理图

齿轮泵的特点是扬程高而流量小，可用于输送黏稠液体甚至膏状物料，但切忌输送有固体颗粒的悬浮液。同往复泵相比，其流量要均匀得多。

2. 螺杆泵

螺杆泵主要由泵壳与一根或两根及以上的螺杆构成。图 1-43 所示为双螺杆泵，实际上与齿轮泵十分相似，利用两根互相啮合的螺杆来吸入液体和排出液体。当所需的压力很高时，可采用较长的螺杆。

螺杆泵压头高、效率高、噪声小，适于在高压下输送黏稠液体，同样不能输送含固体颗粒的液体。

三、旋涡泵

旋涡泵是一种特殊类型的离心泵，如图 1-44 所示，由叶轮与泵壳组成。叶轮是一个圆盘，其外围两侧加工成许多凹槽，凹槽间栓铣成叶片。

旋涡泵启动前也要灌满液体，其工作原理如图 1-45 所示，叶轮转动，使流道中液体也在转动，在叶轮内液体所受的离心力加压后到达混合室，在混合室内部分地转换为压力能，然后又被叶轮带动向前重新进入叶片流道内加压。由此分析可知，液体可视为受多级离心泵的作用被多次增压，这种增压作用直到压出腔末端引向排出口。在这种泵内，液体以旋涡运动的方式经叶轮凹槽多次，所以称为旋涡泵。

旋涡泵的最高效率比离心泵的低，当流量减小时，扬程升高很快，轴功率也增加，所以此泵应避免在太小的流量下或出口阀关闭的情况下长时间的运转操作，为

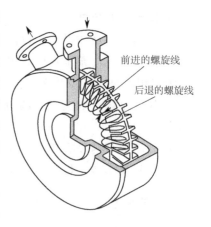

图 1-44 旋涡泵

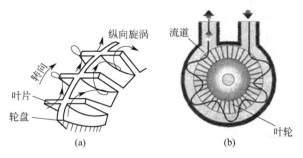

图 1-45 旋涡泵原理图

此也采用正位移泵所用的旁路调节法调节流量,以保证泵与电机的安全。旋涡泵的 N-Q 线是下倾的,当流量为零时,轴功率最大,所以泵启动时,出口阀必须打开。

旋涡泵适用于输送量小、压头高而黏度不大的液体,且输送液体不能含有固体颗粒。

项目二

传　热

　　大多数化工行业的生产活动是在一定温度下进行的，原料或产品需要加热或降温，故传热在化工行业中是不容忽视的。传热即热量的传递，根据热力学第二定律可知，热量总是自发地从高温处向低温处传递，因此只要有温度差的地方就有热量传递。在某些情况下，热量也能从低温处传向高温处，如空调、电冰箱等制冷设备即如此。但热量从低温处传向高温处是非自发过程，其发生是有条件的，这个条件就是需要消耗机械功。

教学目标

【知识目标】
① 了解传热的基本方式、特点、类型及其在化工生产中的应用；
② 掌握传热基本方程、热量衡算、换热器的传热速率与热负荷等工艺计算；
③ 熟悉热传导、对流传热的规律。

【技能目标】
① 能根据生产任务要求进行换热器的设计与选型；
② 熟悉常见换热器的结构特点、主要性能及其应用；
③ 能对传热的强化采用合理的措施；
④ 能完成换热操作。

【素质目标】
① 形成安全生产、环保节能、讲究卫生的职业意识；
② 树立工程技术观念，养成理论联系实际的思维方式；
③ 培养敬业爱岗、服从安排、吃苦耐劳、严格遵守操作规程的职业道德；
④ 培养团结协作、积极进取的团队合作精神。

任务一　传热工艺的认识

化学工艺与传热息息相关，无论生产中的化学过程还是物理过程，几乎都伴有热量的传递。在进行传热操作前我们先要认识传热工艺的地位、作用及换热设备的结构、特点和工作原理。

一、传热在化工生产中的应用

归纳起来，传热在化工生产过程中的应用主要有以下几个方面：

① 为化学反应创造必要的条件。化学反应是化工生产的核心，一般需要在一定的温度条件下发生。例如，合成氨的操作温度为470～520℃，为了达到要求的反应温度，必须在化学反应的同时进行加热或冷却。

② 为单元操作创造必要的条件。在某些单元操作（如蒸发、结晶、蒸馏、解吸和干燥等）中，需要输入或输出热量，才能使这些单元操作正常地进行。例如，蒸馏传质中，塔底须用加热蒸汽加热塔釜液体，塔顶蒸汽要引入冷凝器用冷凝水将蒸汽冷凝成液体。

③ 提高热能的综合利用率。化工生产中的化学反应大都为放热反应，其放出的热量可通过传热工艺回收利用，以降低生产的能量消耗。例如，合成氨的反应温度很高，有大量的余热需要回收，通常可设置余热锅炉生产蒸汽甚至发电。

④ 隔热与节能。为了减少热量或冷量的损失，以满足工艺要求，降低生产成本，改善劳动条件，往往需要对设备和管道进行保温，在其外表面包裹一层或几层隔热材料。

因此，传热设备在化工厂的设备投资中占有很大的比例。据统计，在一般的石油化工企业中，传热设备的费用约占总投资的30%～40%，研究传热及传热设备对能量的节约和充分利用具有现实意义。

二、传热过程的类型

化工生产过程中对传热的要求可分为两种情况：

一是强化传热，如各种换热设备中的传热，要求传热速率快，传热效果好。

二是削弱传热，如设备和管道的保温，要求传热速率慢，以减少热量或冷量的损失。

化工传热过程既可连续进行也可间歇进行。若传热系统中的温度仅与位置有关而与时间无关，此种传热称为稳态传热，其特点是系统中不积累能量（即输入的热量等于输出的热量），传热速率（单位时间传递的热量）为常数。若传热系统中各点的温度既与位置有关又与时间有关，此种传热称为非稳态传热，间歇生产过程中的传热和连续生产过程中开停车阶段的传热一般属于非稳态传热。化工生产中的传热大多可视为稳态传热,因此,本项目只讨论稳态传热。

三、载热体及其选择

生产中的热量交换通常发生在两流体之间,参与换热过程中的流体称为载热体,温度较高放出热量的流体称为热载热体,简称为热流体;温度较低吸收热量的流体称为冷载热体,简称为冷流体。同时,根据传热目的不同,载热体的名称也不同,若传热是为了将冷流体加热,此时热流体称为加热剂;若传热目的是将热流体冷却或冷凝,此时冷流体称为冷却剂或冷凝剂。

1. 载热体的选用原则

① 载热体应能满足所要求达到的温度。
② 载热体的温度调节应方便。
③ 载热体的比热容或潜热应较大。
④ 载热体应具有化学稳定性,使用过程中不会分解或变质。
⑤ 为了操作安全起见,载热体应无毒或毒性较小,不易燃易爆,对设备腐蚀性小。
⑥ 价格低廉,来源广泛。

此外,对于换热过程中有相变的载热体或专用载热体,还有比热容、黏度、热导率等物性参数的要求。

2. 常用加热剂和冷却剂

常用的加热剂和冷却剂见表2-1。

表 2-1　常用加热剂和冷却剂

加热剂	热水	饱和水蒸气	矿物油	导生油	熔盐	烟道气
温度范围/℃	40～100	100～180	180～250	255～380	142～530	500～1000
冷却剂	水、空气	冷冻盐水		液氨	液态乙烷蒸发	液态乙烯蒸发
温度范围/℃	20～30	零下十几度～零下几十度		-33.4	-88.6	-103.7

注:导生油为联苯或二苯醚的混合物,熔盐组成为 $KNO_3 53\%$-$NaNO_2 40\%$-$NaNO_3 7\%$。

当要求温度小于180℃时,常用饱和水蒸气做加热剂,其优点是饱和水蒸气的压力和温度一一对应,调节其压力就可以控制加热温度,使用方便;饱和水蒸气冷凝放出潜热,潜热远大于显热,因此所需的蒸汽量小;蒸汽冷凝时的膜系数很大,对流传热的阻力小,传热快;价廉、无毒、无失火危险。其缺点是饱和水蒸气冷凝传热能达到的温度受到压力的限制,不能太高。

四、传热的基本方式

根据传热机理的不同,热量传递有三种基本方式:热传导、热对流和热辐射。

1. 热传导

热传导是由于物质的分子、原子或电子的运动或振动,而将热量从物体内高温处向低温处传递的过程。任何物体,不论其内部有无质点的相对运动,只要存在温度差,就必然发生热传导。可见热传导不仅发生在固体中,而且也是流体内的一种传热方式。

2. 热对流

热对流是指流体中质点发生宏观位移而引起的热量传递，热对流仅发生在流体中。由于引起流体质点宏观位移的原因不同，对流又可分为强制对流和自然对流。由外力（泵、风机、搅拌器等作用）而引起的质点运动，称为强制对流；由流体内部各部分温度不同而产生密度的差异，造成流体质点相对运动，称为自然对流。在流体发生强制对流时，往往伴随着自然对流，但一般强制对流的强度比自然对流的大得多。

3. 热辐射

因热的原因，物体发出辐射能并在周围空间传播而引起的传热，称为热辐射。它是一种通过电磁波传递能量的方式。具体地说，物体将热能转变成辐射能，以电磁波的形式进行传送，当遇到另一个能吸收辐射能的物体时，即被其部分或全部吸收并转变为热能。辐射传热就是不同物体间相互辐射和吸收能量的总结果。由此可知，辐射传热不仅是能量的传递，同时还伴有能量形式的转换。热辐射不需要任何媒介，换言之，可以在真空中传播，这是热辐射不同于其他传热方式的另一特点。应予指出，只有物体温度较高时，辐射传热才能成为主要的传热方式。

实际上，传热过程往往不是以某种传热方式单独出现，而是两种或三种传热方式的组合。例如生产中普遍使用的间壁式换热器的传热，主要是以热对流和热传导相结合的方式进行的。

五、换热器的分类

由于载热体的性质、传热的要求各不相同，因此换热器的种类很多，它们特点不一，操作方法有所不同。

1. 按作用原理来分类

（1）直接接触式换热器　两流体直接混合进行传热的设备称为直接接触式换热器，又称为混合式换热器。此类换热器的特点是结构简单、传热效率高，用于两流体允许混合的场合。混合式蒸汽冷凝器、凉水塔、洗涤塔、喷射冷凝塔等设备中进行的传热均属于直接接触式换热。

（2）间壁式换热器　需要进行热量交换的两流体被固体壁面分开，互不接触，热量由热流体（放出热量）通过壁面传给冷流体（吸收热量）。间壁式换热器又称为表面式换热器或间接式换热器。这类换热器的特点是两流体在换热过程中不发生混合，从而避免了因换热带来的污染。因此，工业上间壁式换热器的应用最广，各种管式和板式结构的换热器中所进行的换热均属于间壁式换热。

（3）蓄热式换热器　热流体借助于热容量较大的固体蓄热体，将热量传给冷流体，此蓄热体即为蓄热式换热器。蓄热式换热器又称为回流式换热器或蓄热器。操作时，让热、冷流体交替进入换热器，热流体将热量贮存在蓄热体中，然后由冷流体取走，从而达到换热的目的。此类换热具有设备结构简单、可耐高温等优点，常用于高温气体热量的回收或冷却。缺点是设备体积庞大，热效率低，且不能完全避免两流体的混合。石油化工中，蓄热式裂解炉中所进行的换热就属于蓄热式换热。

2. 按换热器的用途分类

（1）加热器　用于把流体加热到所需的温度，被加热流体在加热过程中不发生相变。

(2) 预热器　用于流体的预热，以提高整套工艺装置的效率。

(3) 过热器　用于加热饱和蒸汽，使其达到过热状态。

(4) 蒸发器　用于加热液体，使之蒸发汽化。

(5) 再沸器　是蒸馏过程的专用设备，用于加热已冷凝的液体，使之再受热汽化。

(6) 冷却器　用于冷却流体，使之达到所需的温度。

(7) 冷凝器　用于冷凝饱和蒸汽，使之放出潜热而凝结液化。

3. 按换热器传热面的形状和结构分类

(1) 管式换热器　管式换热器通过管子壁面进行传热。按传热管的结构不同，可分为列管式换热器、套管式换热器、蛇管式换热器和翅片管式换热器等几种，应用广泛。

(2) 板式换热器　板式换热器通过板面进行传热。按传热板的结构形式，可分为平板式换热器、螺旋板式换热器、板翅式换热器和热板式换热器等几种。

(3) 特殊形式换热器　这类换热器是根据工艺的特殊要求而设计的具有特殊结构的换热器。如回转式换热器、热管换热器、同流式换热器等。

六、管式换热器

1. 套管换热器

套管换热器是由两种直径不同的直管套在一起组成同心套管，然后将若干这样的套管连接而成的，其结构如图 2-1 所示。套管换热器的优点是结构简单，能耐高压，工作适应范围大，传热面积可根据需要增减。其缺点是占地面积大，单位传热面积的金属耗量大；管子接头多，容易发生泄漏，检修清洗不方便。此类换热器适用于传热面积不太大而压力较高及流量较小的场合。

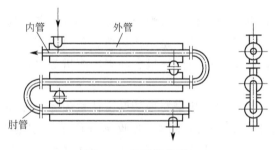

图 2-1　套管换热器

2. 蛇管换热器

蛇管换热器根据操作方式不同，分为沉浸式和喷淋式两类。

(1) 沉浸式蛇管换热器　通常以金属管弯绕而成，制成适应容器的形状，沉浸在容器内的液体中。管内流体与容器内液体隔着管壁进行换热。几种常用的蛇管形状如图 2-2 所示。其优点是结构简单，造价低廉，便于防腐，能承受高压。其缺点是管外对流传热系数小，常需加搅拌装置，以提高传热系数。

(2) 喷淋式蛇管换热器　结构如图 2-3 所示。此类换热器常用于用冷却水冷却管内热流体。各排蛇管均垂直地固定在支架上，蛇管的排数根据所需传热面积的多少而定。热流体自下部总管流入各排蛇管，从上部流出再汇入总管。冷却水由蛇管上方的喷淋装置均匀地喷洒在各排蛇管上,并沿着管外表面淋下。该装置通常置于室外通风处,冷却水在空气中汽化时,可以带走部分热量,以提高冷却效果。与沉浸式蛇管换热器相比,喷淋式蛇管换热器具有检修清洗方便、传热效果好等优点。其缺点是体积庞大,占地面积多,冷却水耗用量较大,喷淋不均匀等。

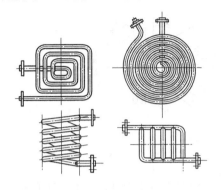
图2-2 沉浸式蛇管换热器

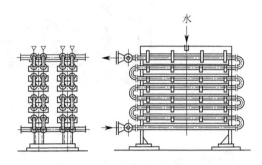
图2-3 喷淋式蛇管换热器

3. 列管式换热器

列管式换热器又称为管壳式换热器,它具有结构简单、坚固耐用、用材广泛、清洗方便、适用性强等优点,在生产中得到广泛应用,在换热设备中占主导地位。列管式换热器可根据结构特点进行分类,具体分类见表2-2。

表2-2 列管式换热器分类表

类型	结构特点	优点	缺点	使用范围
固定管板式换热器(如图2-4)	主要由壳体、封头、管束、管板、折流挡板、流体进出口的接管等部分构成。其结构特点是两块管板分别焊在壳体的两端,管束两端固定在两管板上	结构简单、紧凑,管内便于清洗	壳程不能进行机械清洗,且壳程压力受膨胀节强度限制不能太高	适用于壳程流体清洁且不结垢,两流体温差不大或温差较大但壳程压力不高的场合
浮头式换热器(如图2-5)	两端管板之一不与壳体固定连接,可以在壳体内沿轴向自由伸缩,该端称为浮头	当换热管与壳体有温差存在,壳体或换热管膨胀时,互不约束,不会产生温差应力,管束可以从管内抽出,便于管内和管间的清洗	结构复杂,用材量大,造价高	适用于壳体与管束温差较大或壳程流体容易结垢的场合
U形管换热器(如图2-6)	只有一个管板,管子成U形,管子两段固定在同一管板上,管束可以自由伸缩,当壳体与管子有温差时,不会产生温差应力	结构简单,只有一个管板,密封面少,运行可靠,造价低,管间清洗较方便	管内清洗较困难,可排管子数目较少,管束最内层管间距大,壳程易短路	适用于管、壳程温差较大或壳程介质易结垢而管程介质不易结垢的场合
填料函式换热器(如图2-7)	管板只有一端与壳体固定,另一端采用填料函密封。管束可以自由伸缩,不会产生温差应力	结构较浮头式换热器简单,造价低,管束可以从壳体内抽出,管、壳程均能进行清洗	填料函耐压不高,一般小于4.0MPa,壳程介质可能通过填料函外漏	适用于管、壳程温差较大或介质易结垢需要经常清洗且壳程压力不高的场合
釜式换热器(如图2-8)	在壳体上部设置蒸发空间。管束可以为固定管板式、浮头式或U形管式	清洗方便,并能承受高温、高压	换热效率较低	适用于液-汽(气)式换热(其中液体沸腾汽化),可作为简单的废热锅炉

如图2-4所示,固定管板式换热器操作时一种流体由封头上的接管进入器内,经封头

与管板间的空间分配至各管内，流过管束后，从另一端封头上的接管流出换热器。另一种流体由壳体上的接管流入，壳体内装有若干块折流挡板，流体在壳体内沿折流挡板做折流流动，从壳体上的另一接管流出换热器。两流体借管壁的导热作用交换热量。通常将流经管内的流体称为管程流体，将流经管外的流体称为壳程流体。

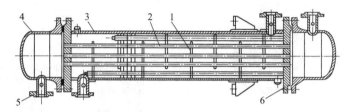

图 2-4　固定管板式换热器

1—折流挡板；2—管束；3—壳体；4—封头；5—接管；6—管板

当壳体与换热管的温差大于 50℃时，产生的温差应力（又叫热应力）具有破坏性，易引起设备变形或使管子弯曲，从管板上松脱，甚至造成管子破裂或设备毁坏。因此必须从结构上考虑这种热膨胀的影响，采取各种补偿的办法，消除或减小热应力。常见的温差补偿措施有：补偿圈补偿、浮头补偿和 U 形管补偿等。

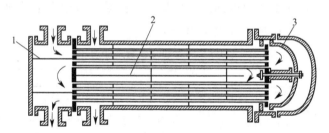

图 2-5　浮头式换热器

1—管程隔板；2—壳程隔板；3—浮头

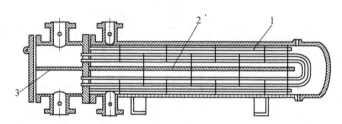

图 2-6　U 形管换热器

1—U 形管；2—壳程隔板；3—管程隔板

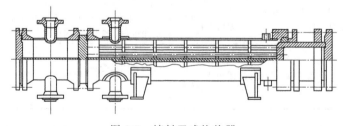

图 2-7　填料函式换热器

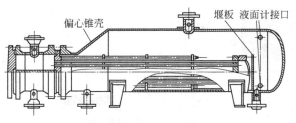

图 2-8 釜式换热器

1. 传热的基本方式有哪几种？各有什么特点？
2. 间壁式换热器的优点是什么？
3. 常见的间壁式换热器有哪些？
4. 列管换热器在壳程中设置折流挡板的作用是什么？

任务二　对流传热系数的测定

通过普通套管换热器完成冷水与热水之间的换热，掌握对流传热系数的测定方法，加深对其概念和影响因素的理解。

一、工艺流程

本套工艺的主体是套管换热器，内管为紫铜材质，外管为不锈钢管，两端用不锈钢法兰固定。热流体在电加热釜内加热，其内有 2 根 2.5kW 螺旋形电加热器，用 220V 电压加热，经热流体循环泵进入换热器的壳程；冷流体由离心泵抽出，由流量调节阀调节，经转子流量计进入换热器的管程，达到逆流换热的效果。具体的流程图见图 2-9。

二、操作规程

① 设置套管长度、套管外径、套管内径，设置冷水进口温度。点"实验数据设置"记录到实验报表中。

② 检查电加热釜液位计，若发现水量较少，打开注水阀 VA103，补充水量至 2/3 处。

③ 电加热釜液位建立起来后，关闭注水阀 VA103。

④ 打开电源总开关，启动冷水离心泵电源开关。

化工单元操作

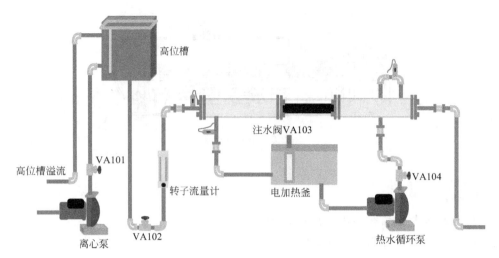

图 2-9 液液传热仿真流程图

⑤ 打开冷水给水阀 VA101 至最大，等待高位槽有溢流后，再打开流量调节阀 VA102。

⑥ 启动电加热釜开关，加热电加热釜中的水，启动热水循环泵电源开关。

⑦ 打开热水给水阀 VA104，设定阀门开度为 50%，保持热水的流量固定不变。

⑧ 通过调节流量调节阀 VA102 的开度，调节流量所需值，在"仪表面板一"界面查看流量，待数值稳定后，到"实验数据一"面板点击"实验数据记录一"，到"实验数据二"面板点击"实验数据记录二"按钮，记录实验数据至"实验报表"。

⑨ 调节阀门 VA102 开度由小到大或由大到小，重复步骤⑧，记录 6 组实验数据。

⑩ 在"实验报表"中，查看实验报告中的数据和图像。

① 能独立完成液液传热操作，熟悉传热工艺所需设备、仪表和管路；
② 要能正确地登录传热仿真界面并熟悉各模块的使用；
③ 要能掌握间壁式换热器的结构、换热方式和原理；
④ 严格按照操作规程进行传热操作，掌握传热系数的测量方法；
⑤ 要能根据操作实际情况来调控工艺指标。

知识点一 传热推动力

一、间壁式换热器的传热过程

1. 传热过程

热冷流体在间壁式换热器内被固体壁面隔开，它们分别在壁面的两侧流动。热量由热流体通过壁面传递到冷流体的过程为：热流体以对流传热（给热）方式将热量传给壁面一侧，壁面以导热方式将热量传到壁面的另一侧，再以对流传热（给热）方式传给冷流体。传热方向垂直于流体流动的方向。

当流体沿壁面做湍流流动时，在靠近壁面处总有一层流内层（滞流内层）存在，在层流内层和湍流主体之间有一过渡层（如图2-10所示）。在湍流主体内，由于流体质点湍动剧烈，所以在传热方向上流体的温度差极小，各处的温度基本相同，热量传递主要依靠对流进行，传导所起作用很小。在过渡层内，流体的温度发生缓慢变化，传导和对流同时起作用。在层流内层中，流体仅沿壁面平行流动，在传热方向上没有质点位移，所以热量传递主要依靠传导进行，由于流体的热导率很小，使层流内层的导热热阻很大，因此在该层内流体的温度差较大。

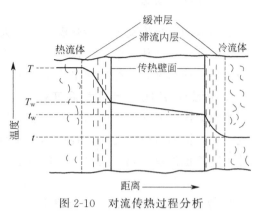

图2-10 对流传热过程分析

2. 传热面积

由于两流体的传热是通过管壁进行的，故列管式换热器的传热面积是所有管束壁面的面积，即

$$A = n\pi dL \tag{2-1}$$

式中 A——传热面积，m^2；

n——管数；

d——管径（内径或外径），m；

L——管长，m。

二、换热器内两流体的流动形式

套管换热器的每一段套管称为一程，程数可根据所需传热面积的多少而增减。在内管里流动的流体每经过一次管束称为一个管程，在内管管外流动的流体每经过一次管束称为一个壳程。

换热器内管程流体和壳程流体有不同的流动形式：

（1）并流 两种流体的流动方向相同，如图2-11(a)所示。

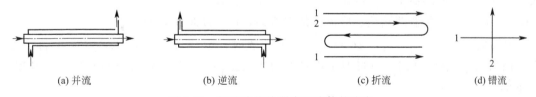

(a) 并流　　　　(b) 逆流　　　　(c) 折流　　　　(d) 错流

图2-11 间壁式换热器内两流体的流向

（2）逆流 两种流体的流动方向相反，如图2-11(b)所示。

（3）折流 两种流体其中一边的流体只沿一个方向流动，而另一边的流体则先沿一个方向流动，然后折回向相反方向流动，如此反复地流动，使两边流体间有并流与逆流的交替存在，此种情况称为简单折流，如图2-11(c)所示。若两流体均作折流，则称为复杂折流。

(4) 错流　两流体的流动方向互为垂直交叉，如图 2-11(d) 所示。

三、传热推动力

换热器的传热推动力是传热温度差。大多数情况下，换热器在传热过程中各传热截面的传热温度差是不相同的，各截面温差的平均值就是整个换热器的传热推动力，此平均值称为传热平均温度差或称传热平均推动力 Δt_m。

1. 恒温传热时的传热平均温度差

当两流体在换热过程中均只发生相变时，热流体温度 T 和冷流体温度 t 都始终保持不变，称为恒温传热。此时，各传热截面的传热温度差完全相同，并且流体的流动方向对传热温度差也没有影响。换热器的传热推动力可取任一传热截面上的温度差，即

$$\Delta t_m = T - t \tag{2-2}$$

2. 变温传热时的传热平均温度差

大多数情况下，间壁一侧或两侧的流体温度沿换热管长而变化，如图 2-12、图 2-13 所示。热流体从 T_1 被冷却到 T_2，而冷流体则从 t_1 被加热到 t_2，此类传热被称为变温传热。变温传热时，各传热截面的传热温度差各不相同，但一般均以换热器两端温度差 Δt_1 和 Δt_2 为极值。由于两流体的流向不同，对平均温度差的影响也不相同。

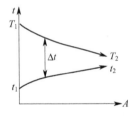

图 2-12　并流温度变化图

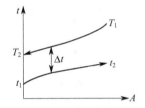

图 2-13　逆流温度变化图

(1) 并、逆流时的传热平均温度差　通过上述分析可知，平均温度差在 Δt_1 和 Δt_2 间，采用对数平均值的方法进行计算，即

$$\Delta t_m = \frac{\Delta t_1 - \Delta t_2}{\ln \dfrac{\Delta t_1}{\Delta t_2}} \tag{2-3}$$

式中　Δt_m——换热器中热、冷流体的平均温度差，K；

Δt_1、Δt_2——换热器两端热、冷流体的温度差，K。通常 $\Delta t_1 > \Delta t_2$。

并流时，$\Delta t_1 = T_1 - t_1$，$\Delta t_2 = T_2 - t_2$；逆流时，$\Delta t_1 = T_1 - t_2$，$\Delta t_2 = T_2 - t_1$。

而当 $\Delta t_1 / \Delta t_2 \leqslant 2$ 时，可近似用算术平均值 $(\Delta t_1 + \Delta t_2)/2$ 代替对数平均值，其误差不超过 4%。

【例 2-1】　在套管换热器内，热流体温度由 90℃ 冷却到 70℃，冷流体温度由 20℃ 上升到 60℃。试分别计算两流体作并流和逆流时的平均温度差。

解：逆流时　热流体温度 T　　　　90℃ → 70℃
　　　　　　冷流体温度 t　　　　60℃ ← 20℃
　　　　　　两端温度差 Δt　　　30℃　　50℃

所以 $$\Delta t_m = \frac{\Delta t_1 - \Delta t_2}{\ln \frac{\Delta t_1}{\Delta t_2}} = \frac{50-30}{\ln \frac{50}{30}} = 39.2(℃)$$

由于 50/30<2，也可近似取算术平均值，即

$$\Delta t_m = \frac{\Delta t_1 + \Delta t_2}{2} = \frac{50+30}{2} = 40(℃)$$

并流时　　热流体温度 T　　　90℃→70℃
　　　　　冷流体温度 t　　　20℃→60℃
　　　　　两端温度差 Δt　　70℃　　10℃

所以 $$\Delta t_m = \frac{\Delta t_1 - \Delta t_2}{\ln \frac{\Delta t_1}{\Delta t_2}} = \frac{70-10}{\ln \frac{70}{10}} = 30.8(℃)$$

此例说明，在同样的进出口温度下，逆流的传热推动力比并流要大。因此，生产中一般都选择逆流操作。

（2）错、折流时的传热平均温度差　在大多数换热器中，为了强化传热、加工制作方便等原因，两流体并非做简单的并流和逆流，而是比较复杂的折流或错流。通常此时传热平均温度差的求取方法是，先按逆流计算对数平均温度差 $\Delta t'_m$，再乘以校正系数 $\varphi_{\Delta t}$，即

$$\Delta t_m = \varphi_{\Delta t} \Delta t'_m \tag{2-4}$$

式中，$\varphi_{\Delta t}$ 为温度差校正系数，其大小与流体的温度变化有关，可表示为两参数 R 和 P 的函数。即

$$\varphi_{\Delta t} = f(R, P)$$

$$P = \frac{t_2 - t_1}{T_1 - t_1} = \frac{冷流体的温升}{两流体的最初温度差} \tag{2-5}$$

$$R = \frac{T_1 - T_2}{t_2 - t_1} = \frac{热流体的温降}{冷流体的温升} \tag{2-6}$$

$\varphi_{\Delta t}$ 可根据 R 和 P 两参数由图 2-14 查取。对于其他流向的 $\varphi_{\Delta t}$ 值可从有关传热手册及书籍中查到。

工程上，为了节约能量，提高传热效益，要求换热器的温差校正系数大于 0.8。

3. 不同流向传热温度差的比较及流向的选择

假定热、冷流体进出换热器的温度相同。

（1）两侧均恒温或单侧变温　此种情况下，平均温度差的大小与流向无关，即 $\Delta t_{m逆} = \Delta t_{m错,折} = \Delta t_{m并}$。

（2）两侧均变温　平均温度差逆流时最大，并流时最小，即 $\Delta t_{m逆} > \Delta t_{m错,折} > \Delta t_{m并}$。

生产中为提高传热推动力，应尽量采用逆流。例如，在换热器的热负荷和传热系数一定时，若载热体的流量一定，可减小所需传热面积，从而节省设备投资费用；若传热面积一定，则可减少加热剂或冷却剂用量，从而降低操作费用。

但出于某些其他方面的考虑时，也采用其他流向。例如，当工艺要求被加热流体的终温不高于某一定值，或被冷却流体的终温不低于某一定值时，采用并流比较容易控制；从图 2-14 可以看出，采用并流时，进口端温差较大，对加热黏性大的冷流体较为适宜，因

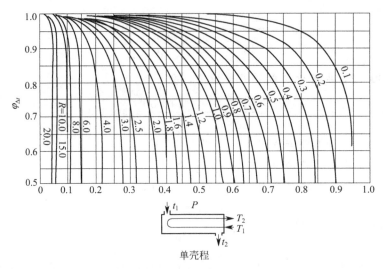

图 2-14 温度差修正系数图

为冷流体进入换热器后温度可迅速提高,黏度降低,有利于提高传热效果,改善流动状况;对热敏性物料的加热或对易结晶物料的冷却,也宜采用并流操作。采用错流或折流可以有效地降低传热热阻,降低热阻往往比提高传热推动力更为有利,所以工程上多采用错流或折流。

知识点二 导热速率

在物体内部,凡在同一瞬间、温度相同的点所组成的面,称为等温面。两相邻等温面的温度差与其垂直距离之比的极限称为温度梯度。

傅里叶定律是导热的基本定律,表明导热速率与温度梯度以及垂直于热流方向的等温面面积成正比,引入比例系数后可得导热速率方程:

$$Q = -\lambda A \frac{dt}{dx} \tag{2-7}$$

式中 Q——导热速率,J/s 或 W;

λ——比例系数,称为热导率,J/(s·m·K) 或 W/(m·K);

A——导热面积,m^2;

dt/dx——温度梯度。

式中负号表示热流方向与温度梯度方向相反,即热量总是从高温向低温传递。

1. 导热系数——热导率 λ

热导率是傅里叶定律中的比例系数,它是表征物质导热性能的一个物性参数,其值大小与物质的组成、结构、温度及压力等有关。λ 越大,导热性能越好。

物质的热导率通常由实验测定。各种物质热导率数值差别极大,一般而言,金属的热导率最大,非金属的固体次之,液体的较小,而气体的最小。各种物质热导率的大致范围如表 2-3 所示。

表 2-3 热导率的范围

金属 W/(m·K)	建筑材料 W/(m·K)	绝热材料 W/(m·K)	液体 W/(m·K)	气体 W/(m·K)
2.3~420	0.25~3	0.025~0.25	0.09~0.6	0.006~0.4

工程上常见物质的热导率可从有关手册中查得，本书附录亦有部分摘录。

与液体和固体相比，气体的热导率最小，对导热不利，但却有利于保温、绝热。工业上所使用的保温材料，如玻璃棉等，就是因为其空隙中有大量空气，所以其热导率很小，适用于保温隔热。

2. 平壁导热速率计算

设单层平壁的热导率为常数，其面积 A 与厚度 b 之比是很大的，则平壁边缘处的散热可以忽略，壁内温度只沿垂直于壁面的 x 方向发生变化，即所有等温面是垂直于 x 轴的平面，且壁面的温度不随时间变化。此平壁为一维稳态导热，导热速率 Q 和导热面积 A 均为常数。

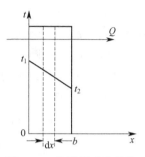

图 2-15　单层平壁的导热

从图 2-15 中看出，当 $x=0$ 时，$t=t_1$；$x=b$ 时，$t=t_2$；且 $t_1>t_2$，对导热速率方程积分得：

$$Q=\frac{\lambda}{b}A(t_1-t_2) \tag{2-8}$$

或

$$Q=\frac{t_1-t_2}{\dfrac{b}{\lambda A}}=\frac{\Delta t}{R} \tag{2-9}$$

式中　　b——平壁厚度，m；

$\Delta t=t_1-t_2$——导热推动力，K；

$R=b/(\lambda A)$——导热热阻，K/W。

工程上常常遇到多层不同材料组成的平壁，例如工业用的窑炉，其炉壁通常由耐火砖、保温砖以及普通建筑砖由里向外构成，其导热称为多层平壁导热。下面以三层平壁为例说明多层平壁导热速率的方程。

如图 2-16 所示，各层壁面的面积可视为相同，设为 A，各层壁面厚度分别为 b_1、b_2、b_3，热导率分别为 λ_1、λ_2、λ_3，假设各层间接触良好，即互相接触的两表面温度相同。各接触面的温度分别为 t_1、t_2、t_3、t_4，且 $t_1>t_2>t_3>t_4$，则在稳态导热时，通过各层的导热速率必定相等，即

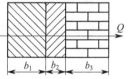

$$Q_1=Q_2=Q_3=Q \tag{2-10}$$

由等比定理可整理得：

$$Q=\frac{t_1-t_4}{\dfrac{b_1}{\lambda_1 A}+\dfrac{b_2}{\lambda_2 A}+\dfrac{b_3}{\lambda_3 A}} \tag{2-11}$$

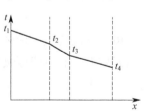

图 2-16　三层平壁的导热

从上式表明，在多层稳态导热时，某层的热阻越大，则该层两侧的温度差也越大，换言之，温度差与相应的热阻成正比；三层壁面的导热，可看成是三个热阻串联导热，导热速率等于任一分热阻的推动力与对应的分热阻之比，也等于总推动力与总热阻之比，总推动力等于各分推动力之和，总热阻等于各分热阻之和。

3. 圆筒壁导热速率计算

圆筒壁导热与平壁导热的不同之处在于圆筒壁的传热面积和热通量不再是常量，而是

随半径而变，同时温度也随半径而变，但传热速率在稳态时依然是常量。如图 2-17 所示。

对于单层圆筒壁，同样利用傅里叶定律积分可得到用圆筒壁的内、外表面积的平均值 A_m 来计算圆筒壁的导热速率方程，即

$$Q = \frac{t_1 - t_2}{\dfrac{b}{\lambda A_m}} = \frac{t_1 - t_2}{\dfrac{r_2 - r_1}{\lambda A_m}} \qquad (2\text{-}12)$$

式中　t_1、t_2——圆筒壁的内、外表面温度，且设 $t_1 > t_2$，K；

　　　r_1、r_2——圆筒壁的内、外半径，m。

A_m 可采用对数平均值（$A_2/A_1 > 2$ 时）或算术平均值（$A_2/A_1 \leqslant 2$ 时）计算。

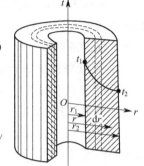

图 2-17　单层圆筒壁的导热

$$A_m = \frac{A_2 - A_1}{\ln \dfrac{A_2}{A_1}} = \frac{2\pi r_2 L - 2\pi r_1 L}{\ln \dfrac{2\pi r_2 L}{2\pi r_1 L}} = \frac{2\pi L(r_2 - r_1)}{\ln \dfrac{r_2}{r_1}} \qquad (2\text{-}13)$$

在工程上，多层圆筒壁的导热情况比较常见。例如，在高温或低温管道的外部包上一层乃至多层保温材料，以减少热损失或冷损失。多层圆筒壁的计算同多层平壁一样，利用稳态下各层的导热速率相等和等比定律可求得：

$$Q = \frac{t_1 - t_4}{\dfrac{b_1}{\lambda_1 A_{m1}} + \dfrac{b_2}{\lambda_2 A_{m2}} + \dfrac{b_3}{\lambda_3 A_{m3}}} \qquad (2\text{-}14)$$

知识点三　对流传热速率

一、对流传热速率

从间壁式换热器的传热过程分析可知，对流传热是一个复杂的传热过程，热阻主要集中在层流内层。为便于处理，假设过渡区和湍流主体的传热阻力全部叠加到层流内层的热阻中，在靠近壁面处构成一厚度为 δ 的流体膜——有效膜，假设膜内为层流流动，膜外为湍流，即把阻力全部集中在有效膜内。因此减薄有效膜的厚度是强化对流传热的重要途径。

由于对流传热与流体的流动情况、流体性质、对流状态及传热面的形状等有关，其影响因素较多，有效膜厚度难以测定，所以用 α 代替单层壁导热速率方程 $Q = \lambda A \Delta t_m / b$ 中的 λ/b，得

$$Q = \alpha A \Delta t \qquad (2\text{-}15)$$

式中　Q——对流传热速率，W；

　　　A——对流传热面积，m²；

　　　α——对流传热系数，W/(m²·K)；

　　　Δt——流体与壁面间温度差，℃。对热流体，$\Delta t = T - T_W$；对冷流体，$\Delta t = t_W - t$
（T_W、t_W 分别为热、冷流体侧的壁面温度）。

式(2-15) 称为对流传热速率方程，也称为牛顿冷却定律。

二、对流传热系数 α

对流传热系数表示在单位传热面积上,流体与壁面的温度差为1K时,单位时间以对流传热方式传递的热量。它反映了对流传热的强度,对流传热系数越大,说明对流强度越大,对流传热热阻越小。不同情况下对流传热系数的范围见表2-4。

表 2-4　α 值的范围

对流传热类型(无相变)	$\alpha/[\mathrm{W}/(\mathrm{m}^2 \cdot \mathrm{K})]$	对流传热类型(有相变)	$\alpha/[\mathrm{W}/(\mathrm{m}^2 \cdot \mathrm{K})]$
气体加热或冷却	5～100	有机蒸汽冷凝	500～2000
油加热或冷却	60～1700	水蒸气冷凝	5000～15000
水加热或冷却	200～15000	水沸腾	2500～25000

1. 影响对流传热系数的因素

对流传热系数不是物性参数,而是受诸多因素影响的一个参数,通过理论分析和实验证明,影响因素有以下几个方面:

(1) 流体的种类及相变情况　流体的状态不同如液体、气体和蒸汽,它们的对流传热系数各不相同。流体有无相变对传热有不同的影响,一般流体有相变时的对流传热系数较无相变时的大。

(2) 流体的性质　影响对流传热系数的因素有热导率、比热容、黏度和密度等。对同一种流体,这些物性又是温度的函数,有些还与压力有关,因此流体的性质也会改变。

(3) 流体的流动状态　当流体呈湍流时,随着 Re 的增大,层流内层的厚度减薄,对流传热系数增大。当流体呈层流时,流体在传热方向上无质点位移,故其对流传热系数较湍流时的小。

(4) 流体流动的原因　自然对流与强制对流的流动原因不同,其传热规律也不相同。一般强制对流的对流传热系数较自然对流的大。

(5) 传热面的形状、位置及大小　传热面的形状(如管内、管外、板、翅片等)、传热面的方位、布置(如水平或垂直放置、管束的排列方式等)及传热面的尺寸(如管径、管长、板高等)都对对流传热系数有直接的影响。

2. 对流传热的特征数关联式

通过因次分析法,将上述影响因素组合成若干无因次数群——特征数,见表2-5。

表 2-5　特征数的符号及意义

特征数名称	特征数表达式	意义
努塞尔特数	$Nu = \dfrac{\alpha l}{\lambda}$	表示对流传热系数的特征数
雷诺数	$Re = \dfrac{du\rho}{\mu}$	确定流体状态对对流传热系数影响的特征数
普兰特数	$Pr = \dfrac{c_p \mu}{\lambda}$	表示物性对对流传热系数影响的特征数
格拉斯霍夫数	$Gr = \dfrac{\beta g \Delta t l^3 \rho^2}{\mu^2}$	表示自然对流对对流传热系数影响的特征数

对于强制对流的传热过程，Nu、Re、Pr 三个特征数之间的关系，大多数为指数函数的形式，即

$$Nu = CRe^m Pr^n \tag{2-16}$$

这种特征数之间的关系式称为特征数关联式。式中 C、m、n 都是常数，都是针对各种不同情况的具体条件进行实验测定的。因特征数关联式是一种经验公式，在使用时应注意以下几个方面：

(1) 应用范围　关联式中的 Re、Pr 等特征数的数值范围，关联式不得超范围使用；

(2) 特征尺寸　Nu、Re 等特征数中的 l 应如何取定，由关联式指定，不得改变；

(3) 定性温度　各特征数中流体的物性应按什么温度确定，由关联式指定。

3. 液体无相变时的对流传热系数关联式

(1) 流体在圆形直管内作强制湍流

① 低黏度（小于 2 倍常温水的黏度）流体。

$$Nu = 0.023 Re^{0.8} Pr^n \tag{2-17}$$

或

$$\alpha = 0.023 \frac{\lambda}{d} \left(\frac{du\rho}{\mu}\right)^{0.8} \left(\frac{c_p \mu}{\lambda}\right)^n \tag{2-18}$$

式中，n 值随热流方向而异，当流体被加热时，$n=0.4$；当流体被冷却时，$n=0.3$。

应用范围：$Re > 10000$，$0.7 < Pr < 120$，管长与管径比 $L/d_i \geqslant 60$。若 $L/d_i < 60$，需将由式(2-18)算得的 α 乘以 $[1+(d_i/L)^{0.7}]$ 加以修正。

特征尺寸：Nu、Pr 特征数中的 l 取管内径 d_i。

定性温度：取为流体进、出口温度的算术平均值。

② 高黏度液体。

$$Nu = 0.027 Re^{0.8} Pr^{0.33} \varphi_w \tag{2-19}$$

式中　φ_w——黏度校正系数，当液体被加热时 $\varphi_w = 1.05$；当液体被冷却时，$\varphi_w = 0.95$。

式(2-19)的应用范围、特征尺寸和定性温度与式(2-18)相同。

【**例 2-2**】　常压空气在内径为 68mm、长度为 5m 的管内由 30℃被加热到 68℃，空气的流速为 4m/s。试求：管壁对空气的对流传热系数；空气的流速增加一倍，其他条件均不变时的对流传热系数。

解：定性温度：$t_m = \dfrac{t_1 + t_2}{2} = \dfrac{30+68}{2} = 49(℃)$

在附录中查得 49℃下空气的物性如下：

$\mu = 1.91 \times 10^{-5} \text{Pa} \cdot \text{s}, \lambda = 2.823 \times 10^{-2} \text{W/(m·K)}, \rho = 1.10 \text{kg/m}^3, Pr = 0.698$

$$Re = \frac{du\rho}{\mu} = \frac{0.068 \times 4 \times 1.04}{1.91 \times 10^{-5}} = 1.48 \times 10^4$$

$$\frac{L}{d} = \frac{5}{0.068} = 73.5$$

因气体被加热，取 $n = 0.4$，则

$$\alpha = 0.023 \frac{\lambda}{d} \left(\frac{du\rho}{\mu}\right)^{0.8} \left(\frac{c_p \mu}{\lambda}\right) = 0.023 \times \frac{2.823 \times 10^{-2}}{0.068} \times (1.48 \times 10^4)^{0.8} \times 0.698^{0.4}$$

$$= 17.9 [\text{W/(m}^2 \cdot \text{K)}]$$

空气流速增加一倍，其他条件均不变，由式(2-18)知，对流传热系数 α' 为

$$\alpha' = \alpha \left(\frac{u'}{u}\right)^{0.8} = 17.9 \times 2^{0.8} = 31.2 [W/(m^2 \cdot K)]$$

（2）流体在圆形直管内作强制过渡流　当 $Re = 2300 \sim 10000$ 时，属于过渡区，对流传热系数可先按湍流计算，然后将算得结果乘以校正系数 ϕ，即

$$\phi = 1 - \frac{6 \times 10^5}{Re^{1.8}} \tag{2-20}$$

（3）流体在弯管内作强制对流　流体在弯管内流动时，由于受惯性离心力的作用，流体的湍动程度增大，使对流传热系数值较直管内的对流传热系数 α 大，此时，弯管对流传热系数 α' 的计算可按下式计算：

$$\alpha' = \alpha \left(1 + 1.77 \frac{d}{R}\right) \tag{2-21}$$

式中　d ——管内径，m；
　　　R ——弯管轴的曲率半径，m。

（4）流体在非圆形管内作强制对流　当流体在非圆形管内作强制对流时，对流传热系数的计算仍可用上述关联式，只要将式中管内径换成当量直径即可。当量直径定义为：

$$d_e = \frac{4 \times 流体流动截面积}{被流体润湿的传热周边长度} \tag{2-22}$$

（5）流体在换热器管间流动　流体在单根圆管外垂直流过时，管子前半周与平壁类似，其边界层不断增厚，管子后半周由于边界层分离而产生旋涡，使沿圆周各点上的局部对流传热系数各不相同。当流体垂直流过由多根平行管组成的管束时，湍动增强，故各排的对流传热系数也不相同。在工业换热器计算中，要用到的是平均对流传热系数。

对于由壳体和管束等部分组成的列管式换热器，当管外装有割去 25%（直径）的圆缺形折流挡板时，可按下式计算对流传热系数：

$$Nu = 0.36 Re^{0.55} Pr^{1/3} \left(\frac{\mu}{\mu_w}\right)^{0.14} \tag{2-23}$$

或

$$\alpha = 0.36 \frac{\lambda}{d_e} \left(\frac{d_e u_0 \rho}{\mu}\right)^{0.55} \left(\frac{c_p \mu}{\lambda}\right)^{1/3} \left(\frac{\mu}{\mu_w}\right)^{0.14} \tag{2-24}$$

式中　μ_w ——壁温下的流体黏度（其他物性参数均为定性温度下的参数）；
　　　d_e ——当量直径，m。其值要依据管子的排列方式而定。

当管子正方形排列时，$d_e = \dfrac{4\left(t^2 - \dfrac{\pi}{4}d_0^2\right)}{\pi d_0}$；当管子正三角形排列时，

$d_e = \dfrac{4\left(\dfrac{\sqrt{3}}{2}t^2 - \dfrac{\pi}{4}d_0^2\right)}{\pi d_0}$。

（t 为相邻两管中心距，m；d_0 为管外径，m。）

u_0 ——壳侧流速，m/s。根据流体流过的最大面积 A $\left[A = hD\left(1 - \dfrac{d_0}{t}\right)\right]$ 计算（h 为两折流挡板间的距离，m；D 为换热器壳的内径，m）。

式(2-23)、式(2-24)的应用范围为 $Re=2\times10^3\sim1\times10^6$。

若列管换热器的管间不用折流挡板,管外流体基本上沿管束平行流动,可用管内强制对流的公式计算,但式中的特征尺寸改用管间当量直径。

4. 流体有相变时的对流传热

在对流传热过程中,流体发生相变,分为蒸汽冷凝和液体沸腾两种。

(1) 蒸汽冷凝 在换热器内,当饱和蒸汽与温度较低的壁面接触时,蒸汽将释放出潜热,并在壁面上冷凝成液体,发生在蒸汽冷凝和壁面之间的传热,称为冷凝对流传热,简称为冷凝传热。冷凝传热速率与蒸汽的冷凝方式密切相关。蒸汽冷凝方式主要有两种:膜状冷凝和滴状冷凝,如图 2-18 所示。

膜状冷凝是指冷凝液能够在润湿壁面上形成一层液膜,蒸汽冷凝放出的潜热必须通过液膜后才能传到壁面,因此冷凝液膜往往成为膜状冷凝的主要阻力。液膜在重力作用下沿壁面向下流动时,其厚度不断增加,所以壁面越高或水平放置的管子管径越大,则整个壁面的平均对流传热系数也就越小。

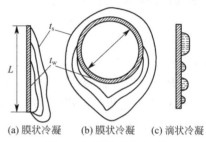

(a) 膜状冷凝　(b) 膜状冷凝　(c) 滴状冷凝

图 2-18　蒸汽冷凝方式

滴状冷凝是指冷凝液不能润湿壁面,则在壁面上杂乱无章地形成许多小液滴,壁面的大部分直接暴露在蒸汽中,由于这些部位没有液膜阻碍热流,故其对流传热系数很大,是膜状冷凝的十倍左右。

蒸汽冷凝时,往往在壁面形成液膜,其厚度及其流动状态是影响冷凝传热的关键。凡有利于减薄厚度的因素都可以提高冷凝传热系数。

当蒸汽以一定速度流动($u>10\text{m/s}$)时,会和液膜产生摩擦,若蒸汽和液膜同向流动,则摩擦将使液膜运动加速,厚度变薄,使 α 增大;若两者逆向流动,则 α 减小。当两者间的摩擦力超过液膜重力时,蒸汽会将液膜吹离壁面。此时,随着蒸汽速度的增加,会使 α 急剧增大。因此,一般情况下冷凝器的蒸汽入口应设在其上部,此时蒸汽与液膜流向相同,有利于 α 增大。

若蒸汽中含有空气或其他不凝性气体,由于气体的热导率小,气体聚集成薄膜附着在壁面后,将大大降低传热效果。研究表明,当蒸汽中含有 1% 的不凝气体时,对流传热系数将下降 60%。因此,在涉及相变的传热设备上部应安装有排除不凝性气体的阀门,操作时应定期排放不凝气体,以减少不凝气体对 α 的影响。

(2) 液体沸腾 当液体被加热到操作条件下的饱和温度时,液体内部会产生气泡的现象称为液体沸腾,发生沸腾的液体与固体壁面之间的传热称为沸腾对流传热,简称为沸腾传热。观察常压下水的沸腾曲线(表示水在沸腾时对流传热系数与传热壁面和液体的温度差之间的关系),如图 2-19 所示。

图中 AB 段——自然对流,此时传热壁面与液体的温度差较小,只有少量气泡产生,传热以自然对流为主,对流传热系数和传热速率都比较小;

图中 BC 段——核状沸腾,随着温度差的增大,液体在壁面受热后生产的气泡量增加很快,并在向上浮动中,对液体产生剧烈的扰动,因此,对流传热系数上升很快;

图中 CD 段——过渡区,当温度差增大到一定程度,气泡产生速度大于气泡脱离壁

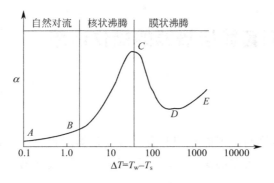

图 2-19 常压下的水的沸腾曲线

面的速度时,气泡将在传热壁面上聚集并形成一层不稳定的气膜,这时热量必须通过这层气膜才能传到液相主体中去,由于气体的热导率比液体的小得多,对流传热系数反而下降;

图中 DE 段——膜状沸腾,当温度差再增大到一定程度,产生的气泡在传热壁面形成一层稳定的气膜,壁面除了发生导热、对流传热外,辐射的传热量急剧增大,使点 D 后的传热系数进一步增大。

实际上,一般将 CDE 段称为膜状沸腾。

自测练习

一、问题思考

1. 简述间壁式换热器的传热过程。
2. 什么是传热推动力?如何确定传热推动力?
3. 换热器内流体的流向有哪几种?
4. 由不同材质组成的两层等厚平壁,联合导热,温度变化如右图所示。试判断它们的热导率的大小,并说明理由。
5. 分析对流传热过程的特点。

问题思考题 4 图示

二、工艺计算

1. 在一列管式换热器中,热流体进出口温度为 130℃ 和 65℃,冷流体进出口温度为 32℃ 和 48℃,求两流体并流和逆流时换热器的平均温度差。

2. 用一单壳程四管程的列管换热器来加热某溶液,使其从 30℃ 加热到 50℃,加热剂则从 120℃ 下降到 45℃,试求换热器的平均温度差。

3. 某燃烧炉的平壁由下列三种砖依次砌成。耐火砖:热导率 $\lambda_1 = 1.05 \text{W}/(\text{m}\cdot\text{K})$、壁厚 $b_1 = 0.23 \text{m}$;绝热砖:热导率 $\lambda_2 = 0.095 \text{W}/(\text{m}\cdot\text{K})$;普通砖:热导率 $\lambda_3 = 0.71 \text{W}/(\text{m}\cdot\text{K})$、壁厚 $b_3 = 0.24 \text{m}$。若已知耐火砖内侧温度为 860℃,耐火砖与绝热砖接触面温度为 800℃,而绝热砖与普通砖接触面温度为 135℃,试求:(1) 通过炉墙损失的热量,W/m^2;(2) 绝热砖层厚度,m;(3) 普通砖外壁温度,℃。

4. 水以 1m/s 的速度在长为 3m、管径为 $\phi 25\text{mm} \times 2.5\text{mm}$ 的管内由 25℃ 加热至 50℃,试求水与管壁之间的对流传热系数。

任务三 不同套管换热器的操作训练

水蒸气是常用的加热剂,下面利用普通套管换热器和强化套管换热器完成空气与水蒸气间的换热操作,理解换热器的操作方法,分析不同套管换热器换热性能,对强化传热有进一步的认识。

一、工艺流程

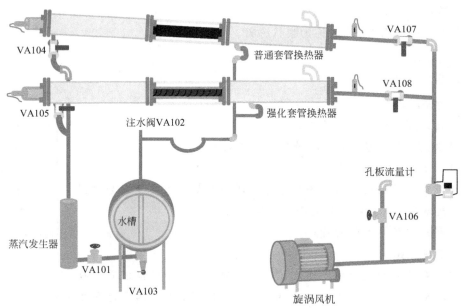

代码	名称	代码	名称
VA101	连通阀	VA105	强化套管蒸汽开关阀
VA102	注水阀	VA106	旋涡风机旁通阀
VA103	水槽泄液阀	VA107	普通套管空气开关阀
VA104	普通套管蒸汽开关阀	VA108	强化套管空气开关阀

图 2-20 气气传热流程图

本任务中的传热流程图如图 2-20 所示。装置的主体是两根平行的套管换热器,内管为紫铜材质,外管为不锈钢管,两端用不锈钢法兰固定。蒸汽发生釜为电加热釜,内有 2 根 2.5kW 螺旋形电加热器,用 200V 电压加热(可由固态调压器调节)。空气由旋涡气泵吹出,由旁路调节阀调节,经孔板流量计,由支路控制阀选择不同的支路进入换热器。管程蒸汽由加热釜发生后自然上升，经支路控制阀选择逆流进入换热器壳程，由另一端蒸汽出口自然喷出，达到逆流换热的效果。

强化传热技术能减小传热面积，以减小换热器的体积和重量，提高现有换热器的换热能力，使换热器能在较低温差下工作，并且能够减少换热器的阻力以减少换热器的动力消耗，更有效地利用能源和资金。强化传热的方法有多种，本工艺仿真模拟采用在换热器内管插入螺旋线圈的方法来强化传热。

二、操作规程

1. 普通套管换热器换热操作

① 打开注水阀 VA102，向蒸汽发生器加水，补充水量至 2/3 处后关闭注水阀 VA102。

② 全开空气流量旁路阀 VA106，打开普通套管空气开关阀 VA107，确保空气进料支路畅通。

③ 打开连通阀 VA101，使水槽与蒸汽发生器相通，打开普通套管蒸汽开关阀 VA104，确保蒸汽管路畅通。

④ 打开电源总开关，启动蒸汽发生器开关，加热蒸汽。

⑤ 等待若干秒，待水蒸气进入套管换热器外管，当蒸汽排出口有恒量蒸汽排出时，标志实验可以开始。

⑥ 启动旋涡风机开关。

⑦ 通过调节旋涡风机旁路阀 VA106 的开度，调节流量所需值，待数值稳定后，到"实验数据一"面板点击"普通套管数据记录"按钮，记录实验数据至"实验报表"。

⑧ 按照阀门 VA106 开度由最大到最小的顺序，重复步骤⑦的操作，记录 5～6 组实验数据。

2. 强化套管换热器换热操作

① 在上述操作的基础上，缓慢开启强化管道蒸汽开关阀 VA105，再关闭普通套管蒸汽开关阀 VA104，使强化管路蒸汽畅通，待蒸汽排出口有恒量蒸汽排出，标志强化套管换热可以开始。

② 打开强化套管换热器空气进料阀门 VA108，再关闭普通套管空气进料阀门 VA107，使强化管路空气畅通。

③ 调节旋涡风机旁通阀 VA106 的开度，调节流量至所需值，待数值稳定后，到"实验数据二"面板点击"强化套管数据记录"按钮，记录实验数据至"实验报表"。

④ 将旋涡风机旁通阀 VA106 开至最大，按照阀门 VA106 开度由大到小的顺序，重复步骤③的操作，记录 5～6 组数据。

⑤ 接通旋涡风机开关。

⑥ 关闭蒸汽发生器加热电源，待蒸气放空口没有蒸汽逸出，将旋涡风机旁通阀 VA106 开至全开，并关闭旋涡气泵开关，关闭总电源开关。

任务评价

① 从换热仿真工艺流程熟悉该传热工艺所需设备、仪表和管路。

② 能正确地完成换热器的切换。
③ 能掌握间壁式换热器的结构、换热方式和原理。
④ 严格按照操作规程进行换热操作。
⑤ 能根据操作实际情况调控工艺指标。

知识点一　传热速率与热负荷

一、传热速率

在传热过程中，热量传递的快慢用传热速率来表示。传热速率是指单位时间内通过传热面传递的热量，用 Q 表示，其单位为 W。热通量是指单位传热面积单位时间内传递的热量，用 q 表示，其单位为 W/m^2。传热速率可表示为：

$$传热速率 = \frac{传热推动力（温度差）}{传热阻力（热阻）} = \frac{\Delta t}{R}$$

间壁式换热器的传热速率与换热器的传热面积、传热推动力成正比，引入比例系数后可得总传热速率方程：

$$Q = KA\Delta t_m \tag{2-25}$$

或

$$Q = \frac{\Delta t_m}{\frac{1}{KA}} = \frac{\Delta t_m}{R} \tag{2-26}$$

式中　Q——传热速率，W；
　　　A——传热面积，m^2；
　　　K——比例系数，称为总传热系数，$W/(m^2 \cdot K)$。K 值越大，在相同的温度差条件下，所传递的热量越多；
　　　Δt_m——换热器的传热推动力，或称冷、热流体的传热平均温度差，K；
　　　R——换热器的总热阻，K/W。

二、热负荷

1. 传热速率与热负荷的关系

化工生产中为了达到一定的生产目的，将热、冷流体在换热器内进行换热。要求换热器单位时间传递的热量称为换热器的热负荷，它是由生产工艺条件决定的，是换热器的生产任务，与换热器结构无关。而传热速率是换热器单位时间能够传递的热量，是换热器的生产能力，主要由换热器自身的性能决定。

为保证换热器完成传热任务，换热器的传热速率应大于等于其热负荷。

在换热器的选型或设计中，计算所需传热面积时，需先知道传热速率，但当换热器还未选定或设计出来之前，传热速率是无法确定的，而其热负荷则可由生产任务求得。所以在换热器的选型或设计中，一般先用热负荷代替传热速率，求得换热面积后，再考虑一定的安全裕量。

2. 换热器的热量衡算

根据能量守恒定律,在两种流体之间进行稳定传热时,以单位时间为基准,换热器中热流体放出的热量 Q_h 等于冷流体吸收的热量 Q_c 加上散失到空气中的热量 Q_L(即热损失),单位为 kJ/h 或 kW,即

$$Q_h = Q_c + Q_L \tag{2-27}$$

上式称为传热过程的热量衡算方程式。热量衡算用于确定加热剂或冷却剂的用量或确定一端的温度。当换热器保温性能良好时,热损失可忽略不计,则上式可变为:

$$Q_h = Q_c \tag{2-28}$$

此时的热负荷取 Q_h 或 Q_c 均可。

当换热器的热损失不能忽略时,热负荷的选取要根据具体情况而定。例如套管换热器,在热流体走管程、冷流体走壳程时,经过传热面传递的热量为热流体放出的热量,因此,热负荷取 Q_h;而在冷流体走管程、热流体走壳程时,经过传热面传递的热量为冷流体吸收的热量,因此,热负荷应取 Q_c。总之,哪种流体走管程,就应取该流体的传热量为换热器的热负荷。

3. 载热体传热量的计算

载热体传热量 Q_h 和 Q_c 可以根据以下三种方法,从载热体的流量、比热容、温度变化或潜热以及焓值计算。如图 2-21 所示。

(1) 显热法 流体在相态不变的情况下,因温度的变化而放出或吸收的热量称为显热。

若流体在换热过程中没有相变化,且流体的比热容可视为常数或可取为流体进出口平均温度(此温度称为定性温度)下的比热容时,其传热量可按下式计算:

$$Q_h = W_h c_{ph}(T_1 - T_2) \tag{2-29a}$$
$$Q_c = W_c c_{pc}(t_2 - t_1) \tag{2-29b}$$

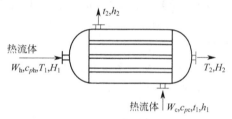

图 2-21 传热量的计算示意图

式中 W_h、W_c——热、冷流体的质量流量,kg/s;

c_{ph}、c_{pc}——热、冷流体的比热容,kJ/(kg·K);

T_1、T_2——热流体的进出口温度,K;

t_1、t_2——冷流体的进出口温度,K。

(2) 潜热法 流体在温度不变、相态发生变化的过程中吸收或放出的热量称为潜热。

若流体在换热过程中仅仅发生相变化(饱和蒸汽变为饱和液体或反之),而没有温度变化,其传热量可按下式计算:

$$Q_h = W_h r_h \tag{2-30a}$$
$$Q_c = W_c r_c \tag{2-30b}$$

式中,r_h、r_c 为热、冷流体的汽化潜热,kJ/kg。

若流体在换热过程中既有相变化又有温度变化,则可把上述两种方法联合起来求取其传热量。如饱和蒸汽冷凝后,冷凝液出口温度 T_2 低于饱和温度 T_s(或称冷凝温度)时,其传热量可按下式计算:

$$Q_h = W_h r_h + W_h c_{ph}(T_s - T_2) \tag{2-31}$$

(3) 焓差法 在等压过程中，物质吸收或放出的热量等于其焓变。若能够得知流体进、出状态时的焓，则不需要考虑流体的换热过程中是否发生相变，其传热量均可按下式计算：

$$Q_h = W_h(I_{h1} - I_{h2}) \tag{2-32a}$$

$$Q_c = W_c(I_{c2} - I_{c1}) \tag{2-32b}$$

式中 I_{h1}、I_{h2}——热流体进出状态时的焓，kJ/kg；
I_{c1}、I_{c2}——冷流体进出状态时的焓，kJ/kg。

需要注意的是，当流体为几个组分的混合物时，很难直接查到其比热容、汽化潜热和焓。此时，工程上常常采用加合法近似计算，即

$$B_m = \sum_{i=1}^{n}(B_i x_i) \tag{2-33}$$

式中 B_m——混合物中的 c_{pm} 或 r_m 或 I_m；
B_i——混合物中 i 组分的 c_p 或 r 或 I；
x_i——混合物中 i 组分的分数，c_p 或 r 或 I 如果是以 kg 计时用质量分数，若是以 kmol 计则用摩尔分数。

【例 2-3】 将 0.417kg/s、80℃的硝基苯，通过一换热器冷却到 40℃，冷却水初温为 30℃，出口温度不超过 35℃。如热损失可忽略，试求该换热器的热负荷及冷却水用量。

解：(1) 从附录查得硝基苯和水的比热容分别为 1.6kJ/(kg·K) 和 4.187kJ/(kg·K)，由式(2-27a) 得：

$$Q_h = W_h c_{ph}(T_1 - T_2) = 0.417 \times 1.6 \times (80-40) = 26.7(\text{kW})$$

(2) 热损失 Q_L 可忽略，冷却水用量可按稳态传热过程中 $Q = Q_h = Q_c$ 计算。

$$Q = W_h c_{ph}(T_1 - T_2) = W_c c_{pc}(t_2 - t_1)$$

即
$$26.7 = W_c \times 4.187 \times (35-30)$$

$$W_c = 1.275 \text{kg/s} = 4590 \text{kg/h}$$

知识点二 总传热系数

由传热速率方程可得总传热系数 $K = Q/(A\Delta t_m)$，总传热系数在数值上等于单位传热面积、热流体与冷流体温度差为 1K 时换热器的传热速率。总传热系数是评价换热器传热性能的重要参数，也是对传热设备进行工艺计算的依据。影响 K 值的因素很多，主要有换热器的类型、流体的种类和性质以及操作条件等，在换热器的工艺计算中，K 值的来源主要有以下三个方面。

1. 取经验值

表 2-6 列出了列管换热器传热系数的大致范围。

表 2-6　列管换热器中 K 值的大致范围

热流体	冷流体	传热系数 $K/[\text{W}/(\text{m}^2\cdot\text{K})]$	热流体	冷流体	传热系数 $K/[\text{W}/(\text{m}^2\cdot\text{K})]$
水	水	850～1700	低沸点烃类蒸汽冷凝(常压)	水	455～1140
轻油	水	340～910	高沸点烃类蒸汽冷凝(减压)	水	60～170
重油	水	60～280	水蒸气冷凝	水沸腾	2000～4250
气体	水	17～280	水蒸气冷凝	轻油沸腾	455～1020
水蒸气冷凝	水	1420～4250	水蒸气冷凝	重油沸腾	140～425
水蒸气冷凝	气体	30～300			

2. 现场测定

对已有的换热器，可测定有关数据，如设备的尺寸、流体的流量和进出口温度等，利用总传热系数公式进行计算。这样得到的 K 值可靠性较高，但是其使用范围受到限制，只有与所测情况相一致的场合（包括设备的类型、尺寸、流体性质、流动状况等）才准确。但若使用情况与测定情况相似，所测 K 值仍有一定参考价值。

【例 2-4】　在一套管换热器中，苯在管内流动，流量为 3000kg/h，进出口温度分别为 80℃和 30℃，在平均温度下，苯的比热容可取 1.9kJ/(kg·K)。水在环隙中流动，进出口温度分别为 15℃和 30℃。逆流操作，换热器的传热面积为 2m^2，热损可以忽略不计。试求换热器的传热系数。

解：换热器的传热量为

$$Q = W_h c_{ph}(T_1 - T_2) = 3000 \div 3600 \times 1.9 \times (80-30) = 79.2(\text{kW})$$

平均温度差为

$$\Delta t_m = \frac{\Delta t_1 - \Delta t_2}{\ln\dfrac{\Delta t_1}{\Delta t_2}} = \frac{(80-30)-(30-15)}{\ln\dfrac{80-30}{30-15}} = 29(℃)$$

所以，传热系数为

$$K = \frac{Q}{A\Delta t_m} = \frac{79.2}{2\times 29} = 1.36[\text{kW}/(\text{m}^2\cdot\text{K})]$$

3. 公式计算

总传热系数 K 的计算公式可利用串联热阻叠加原理导出。假设热流体走管程、冷流体走壳程，通过间壁式换热器传热过程的分析可知，热流体放出的热量 Q_i 传递到换热管内壁，热量再从换热管内壁导热至换热管外壁 Q_b，最后热量从换热管外壁传递给冷流体 Q_o。在稳态传热过程中，有

$$Q = Q_i = Q_b = Q_o$$

则

$$Q = \frac{\Delta t_m}{\dfrac{1}{KA}} = \frac{(T-T_W)_m}{\dfrac{1}{\alpha_i A_i}} = \frac{(T_W - t_W)_m}{\dfrac{b}{\lambda A_m}} = \frac{(t_W - t)_m}{\dfrac{1}{\alpha_o A_o}} \tag{2-34}$$

由等比定律可得：

$$Q = \frac{\Delta t_m}{\dfrac{1}{KA}} = \frac{(T-T_W)_m + (T_W - t_W)_m + (t_W - t)_m}{\dfrac{1}{\alpha_i A_i} + \dfrac{b}{\lambda A_m} + \dfrac{1}{\alpha_o A_o}} \tag{2-35}$$

从上式可看出

$$\frac{1}{KA}=\frac{1}{\alpha_i A_i}+\frac{b}{\lambda A_m}+\frac{1}{\alpha_o A_o} \tag{2-36}$$

式(2-36)即为计算 K 值的基本公式。计算时,等式左边的传热面积 A 可选传热面的外表面积 A_o 或内表面积 A_i 或平均表面积 A_m(对于圆管而言,$A=\pi d^2/4$)。但传热系数 K 必须与所选传热面积相对应,分别表示为 K_o 或 K_i 或 K_m。

即

$$\frac{1}{K_o}=\frac{d_o}{\alpha_i d_i}+\frac{bd_o}{\lambda d_m}+\frac{1}{\alpha_o} \tag{2-37a}$$

$$\frac{1}{K_i}=\frac{1}{\alpha_o}+\frac{bd_i}{\lambda d_m}+\frac{d_i}{\alpha_o d_o} \tag{2-37b}$$

$$\frac{1}{K_m}=\frac{d_m}{\alpha_i d_i}+\frac{b}{\lambda}+\frac{d_m}{\alpha_o d_o} \tag{2-37c}$$

一般工程上,大多以外表面积为基准,除了特别说明外,手册中所列 K 值都是基于外表面积的传热系数,换热器标准系列中的传热面积也是指外表面积。故 K 值计算通式为:

$$\frac{1}{K}=\frac{d_o}{\alpha_i d_i}+\frac{bd_o}{\lambda d_m}+\frac{1}{\alpha_o} \tag{2-38a}$$

$$K=\frac{1}{\dfrac{d_o}{\alpha_i d_i}+\dfrac{bd_o}{\lambda d_m}+\dfrac{1}{\alpha_o}} \tag{2-38b}$$

换热器在使用过程中,传热壁面常有污垢形成,对传热产生附加热阻,称为污垢热阻。通常,污垢热阻比传热壁面的热阻大得多,因而在传热计算中应考虑污垢热阻的影响。影响污垢热阻的因素很多,主要有流体的性质、传热壁面的材料、操作条件、清洗周期等。由于污垢热阻的厚度及热导率难以准确地估计,因此通常选用经验值,见下表2-7。

表 2-7 常见流体的污垢热阻 R_S

流体	R_S /[m²·K/kW]	流体	R_S /[m²·K/kW]	流体	R_S /[m²·K/kW]
水(>50℃)		气体		液体	
蒸馏水	0.09	空气	0.26~0.53	盐水	0.172
海水	0.09	溶剂蒸汽	0.172	有机物	0.172
清洁的河水	0.21	蒸汽		熔盐	0.086
未处理的凉水塔用水	0.58	优质不含油	0.052	植物油	0.52
已处理的凉水塔用水	0.26	劣质不含油	0.09	燃料油	0.172~0.52
已处理的锅炉用水	0.58	往复机排出	0.176	重油	0.86

设管内、外壁面的污垢热阻分别为 R_{si}、R_{so},根据串联热阻叠加原理,式(2-38a)变为:

$$\frac{1}{K}=\frac{d_o}{\alpha_i d_i}+R_{si}+\frac{bd_o}{\lambda d_m}+R_{so}+\frac{1}{\alpha_o} \tag{2-39}$$

若传热壁面为平壁或薄管壁时,A_o、A_i、A_m 相等或近似相等,则式(2-39)可简化为:

$$\frac{1}{K}=\frac{1}{\alpha_i}+R_{si}+\frac{b}{\lambda}+R_{so}+\frac{1}{\alpha_o} \tag{2-40}$$

一、问题思考

1. 什么是传热速率和热负荷？两者的关系如何？热负荷如何确定和计算？
2. 分析热阻叠加原理在传热计算中的作用。
3. 如何避免或降低污垢热阻？

二、工艺计算

1. 求下列情况下载热体的传热量：（1）1500kg/h 的硝基苯从 80℃ 冷却到 20℃；（2）50kg/h、400kPa 的饱和蒸汽冷凝后又冷却到 60℃。

2. 在换热器中欲将 2000kg/h 的乙烯气体从 100℃ 冷却到 50℃，冷却水进口温度为 30℃，进出口温度差控制在 8℃ 以内，试求该过程冷却水的消耗量。

3. 用一列管式换热器来加热某溶液，加热剂为热水。拟定水走管程，溶液走壳程。已知溶液的平均比热容为 3.05kJ/(kg·K)，进出口温度分别为 35℃ 和 60℃，其流量为 600kg/h；水的进出口温度分别为 90℃ 和 70℃。若热损为热流体放出热量的 5%，试求热水的消耗量和该换热器的热负荷。

4. 在一釜式列管换热器中，用 280kPa 的饱和水蒸气加热并汽化某液体（水蒸气仅放出冷凝潜热）。液体的比热容为 4.0kJ/(kg·K)，进口温度为 50℃，其沸点为 88℃，汽化潜热为 2200kJ/kg，液体的流量为 1000kg/h。忽略热损，求加热蒸汽消耗量。

5. 接触法硫酸生产中用氧化后的高温 SO_3 混合气（走管程）预热原料气（SO_2 及空气混合物）。已知：列管换热器的传热面积为 90m^2，原料气进口温度为 300℃，出口温度为 430℃，SO_3 混合气进口温度为 560℃，两种流体的流量均为 10000kg/h，热损失为原料气所得热量的 6%，设两种气体的比热容均为 1.05kJ/(kg·K)，且两流体可近似作为逆流处理，求：（1）SO_3 混合气的出口温度；（2）传热系数。

6. 在某列管换热器中，管子为 φ25mm×2.5mm 的钢管，管内外流体的对流传热系数分别为 200W/(m^2·K) 和 2500W/(m^2·K)，不计污垢热阻，试求：（1）此时的传热系数；（2）将 α_i 提高一倍时（其他条件不变）的传热系数；（3）将 α_o 提高一倍时（其他条件不变）的传热系数。

任务四 传热工艺系统的调控

任务引入

换热生产工艺指标的调控是维持生产稳定操作的关键，下面以 92℃ 冷物流被热物流加热至 145℃ 为例，完成换热操作。在操作过程中体会操作的原理、方法及相关工艺参数对传热的影响。

任务实施

一、工艺流程

1. 工艺说明

来自界外的92℃冷物流（沸点198.25℃）由泵P101A/B送至列管式换热器E101的壳程，被流经管程的热物流加热至145℃，并有20%被汽化。冷物流流量由流量控制器FIC101控制，正常流量为12000kg/h。来自另一设备的225℃热物流经泵P102A/B送至换热器E101与注进壳程的冷物流进行热交换，热物流出口温度由TIC101控制（177℃）。列管式换热器的DCS图和流程图见图2-22和图2-23。

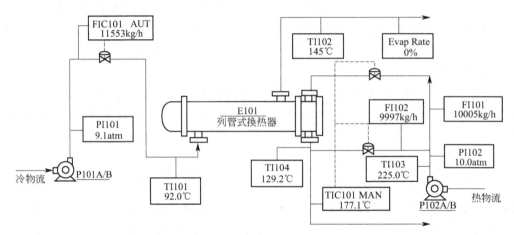

图2-22 列管式换热器DCS图

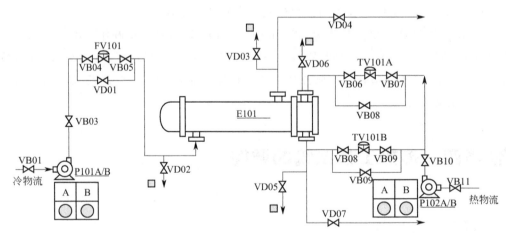

图2-23 列管式换热器流程图

2. 仪表说明

本操作涉及的仪表见表2-8。

表 2-8　相关仪表

位号	说明	类型	正常值	量程上限	量程下限	工程单位	高报值	低报值	高高报值	低低报值
FIC101	冷流入口流量控制	PID	12000	20000	0	kg/h	17000	3000	19000	1000
TIC101	热流入口温度控制	PID	177	300	0	℃	255	45	285	15
PI101	冷流入口压力显示	AI	9.0	27000	0	atm	10	3	15	1
TI101	冷流入口温度显示	AI	92	200	0	℃	170	30	190	10
PI102	热流入口压力显示	AI	10.0	50	0	atm	12	3	15	1
TI102	冷流出口温度显示	AI	145.0	300	0	℃	17	3	19	1
TI103	热流入口温度显示	AI	225	400	0	℃				
TI104	热流出口温度显示	AI	129	300	0	℃				
FI101	流经换热器流量	AI	10000	20000	0	kg/h				
FI102	未流经换热器流量	AI	10000	20000	0	kg/h				

注：1atm=101.325kPa。

二、操作规程

1. 正常运行

① 冷物流流量为 12000kg/h，出口温度为 145℃，汽化率 20%。

② 热物流流量为 10000kg/h，出口温度为 177℃。

2. 开车操作

(1) 启动冷物流进料泵 P101A

① 开换热器 E101 壳程排气阀 VD03（开度为 50%），开 P101A 泵的前阀 VB01，启动泵 P101A。

② 当进料压力指示表 PI101 指示达 4.5atm 以上后，打开 P101A 泵的出口阀 VB03。

(2) 冷物流进料

① 打开 FIC101 的前后阀 VB04、VB05，手动逐渐开大调节阀 FV101（打开 FIC101）。

② 观察壳程排气阀 VD03 的出口，当有液体溢出时（VD03 旁边标志变绿），标志着壳程已无不凝性气体，关闭壳程排气阀 VD03，壳程排气完毕。

③ 打开冷物流出口阀 VD04，将其开度置为 50%。手动调节 FV101，使其指示值达到 12000kg/h，且较稳定时 FIC101 投自动，设定为 12000kg/h。

(3) 启动热物流入口泵 P102A

① 开 E101 管程放空阀 VD06（开度为 50%），开 P102A 泵的前阀 VB11，启动 P102A 泵。

② 当热物流进料压力表 PI102 指示大于 10atm 时，全开 P102 泵的出口阀 VB10。

(4) 热物流进料

① 全开 TV101A 的前后阀 VB06、VB07，TV101B 的前、后阀 VB08 和 VB09。

② 打开调节阀 TV101A 给 E101 管程注液，观察 E101 管程排气阀 VD06 的出口，当有液体溢出时（VD06 旁边标志变绿），标志着管程已无不凝性气体，此时关管程排气阀 VD06，E101 管程排气完毕。

③ 打开 E101 热物流出口阀 VD07，将其开度置为 50%，手动调节管程温度控制阀 TIC101，使其出口温度在（177±2）℃，且较稳定后 TIC101 投自动，设定值在 177℃。

3. 停车操作

（1）停热物流进料泵 P102A　关闭 P102 泵的出口阀 VB10，停泵 P102A。待 PI102 指示小于 0.1atm 时，关闭 P102 泵入口阀 VB11。

（2）停热物流进料

① TIC101 置手动后关闭 TV101A，关闭其前后阀 VB06 和 VB07。

② 关闭 TV101B 的前后阀 VB08、VB09，关闭 E101 热物流出口阀 VD07。

（3）停冷物流进料泵 P101A　关闭 P101 泵的出口阀 VB03，停 P101A 泵。待 PI101 指示小于 0.1atm 时，关闭 P101 泵入口阀 VB01。

（4）停冷物流进料

① FIC101 置手动后关闭 FIC101 的前后阀 VB04 和 VB05，关闭 FV101。

② 关闭 E101 冷物流出口阀 VD04。

（5）E101 管程泄液　打开管程泄液阀 VD05，观察管程泄液阀 VD05 的出口，当不再有液体泄出时，关闭泄液阀 VD05。

（6）E101 壳程泄液　打开壳程泄液阀 VD02，观察壳程泄液阀 VD02 的出口，当不再有液体泄出时，关闭泄液阀 VD02。

4. 常见事故的判断与处理

本操作中常见事故的判断与处理见表 2-9。

表 2-9　常见事故的判断与处理

事故名称	现象	处理
FIC101 阀卡	(1) FIC101 流量减小 (2) P101 泵出口压力升高 (3) 冷物流出口温度升高	(1) 逐渐打开 FIC101 的旁路阀 (VD01)，调节阀的开度，使其达到正常值 12000kg/h (2) 置 FIC101 为手动，关闭 FIC101 (3) 关闭 FIC101 前后阀 VB04、VB05
P101A 泵坏	(1) P101 泵出口压力急骤下降 (2) FIC101 流量急骤减小 (3) 冷物流出口温度升高，汽化率增大	(1) FIC101 切换到手动，手动关闭 FV101 (2) 关闭 P101A 泵，开启 P101B 泵 (3) 手动调节 FV101，使得流量控制在 12000kg/h (4) 当冷物流稳定到 12000kg/h 后，FIC101 切换到自动，设定值为 12000kg/h
P102A 泵坏	(1) P102 泵出口压力急骤下降 (2) 冷物流出口温度下降，汽化率降低	(1) TIC 切换到手动，手动关闭 TV101A (2) 关闭 P102A 泵，开启 P102B 泵 (3) 手动调节 TV101A，使得热物流出口温度控制在 177℃ 当稳定后将 TIC101 切换到自动，设定值为 177℃
TV101A 阀卡	(1) 热物流经换热器换热后的温度降低 (2) 冷物流出口温度降低	(1) 判断 TV101A 卡住后，打开 TV101A 的旁路阀 VD08 (2) 关闭 TV101A 前后阀 VB06、VB07 (3) 调节 TV101A 的旁路阀 VD08，使热物流流量稳定到正常值
部分管堵	(1) 热物流流量减小 (2) 冷物流出口温度降低，汽化率降低 (3) 热物流 P102 泵出口压力略升高	停车拆换热器清洗
换热器结垢严重	热物流出口温度高	停车拆换热器清洗

任务评价

① 根据传热单元仿真工艺流程熟悉该工艺所需设备、仪表和管路。
② 能正确地完成传热单元仿真系统的开停车操作。
③ 在传热单元操作中能判断和处理常见的事故。
④ 严格按照操作规程进行换热操作。
⑤ 能根据操作实际情况调控工艺指标。

知识链接

知识点一 传热计算

热量衡算式、传热基本方程等都是解决传热问题的主要公式，了解方程中各参数的单位、意义和求取方法，对分析和解决工程传热实际问题大有裨益。

【例2-5】 某车间需要安装一台换热器，将流量为 $30m^3/h$、浓度为 10% 的 NaOH 水溶液由 $20℃$ 预热到 $60℃$。加热剂为 $127℃$ 的饱和蒸汽，蒸汽走壳程，NaOH 水溶液走管程。该车间现库存一台两管程列管式换热器，其规格为 $\phi 25mm \times 2mm$，长度为 $3m$，总管数为 72 根。库存的换热器能否满足传热任务？操作条件下，蒸汽冷凝膜系数 $\alpha_o = 1 \times 10^4 W/(m^2 \cdot K)$，污垢热阻总和 $\sum R_s = 0.0003 \ (m^2 \cdot K)/W$，钢的热导率 $\lambda = 46.5 W/(m \cdot K)$，NaOH 溶液的物性参数为 $\rho = 1100 kg/m^3$，$\lambda = 0.58 W/(m \cdot K)$，$c_p = 3.77 kJ/(kg \cdot K)$，$\mu = 1.5 mPa \cdot s$。

解：对库存换热器进行传热能力核算

$$Q = KA\Delta t_m$$

其中

$$A = n\pi dL = 72 \times 3.14 \times 0.025 \times 3 = 17.0 (m^2)$$

$$\Delta t_m = \frac{(T-t_1)-(T-t_2)}{\ln \frac{T-t_1}{T-t_2}} = \frac{t_2 - t_1}{\ln \frac{T-t_1}{T-t_2}} = \frac{60-20}{\ln \frac{127-20}{127-60}} = 85.4(℃)$$

求管内 NaOH 水溶液一侧的 α_i：

$$u = \frac{30}{3600 \times 3.14/4 \times 0.021^2 \times 72/2} = 0.67 (m/s)$$

$$Re = \frac{du\rho}{\mu} = \frac{0.021 \times 0.67 \times 1100}{1.5 \times 10^{-3}} = 10318 > 10^4$$

$$Pr = \frac{c_p \mu}{\lambda} = \frac{3.77 \times 10^3 \times 1.5 \times 10^{-3}}{0.58} = 9.75$$

$$\frac{L}{d_i} = \frac{3}{0.021} = 143 > 60$$

$$\alpha_i = 0.023 \frac{\lambda}{d} Re^{0.8} Pr^{0.4} = 0.023 \times \frac{0.58}{0.021} \times 10318^{0.8} \times 9.75^{0.4}$$

$$= 2566 [W/(m^2 \cdot K)]$$

换热器的传热系数

$$\frac{1}{K} = \frac{1}{\alpha_o} + \frac{d_o}{\alpha_i d_i} + \frac{b d_o}{\lambda d_m} + \sum R_s$$
$$= \frac{1}{10000} + \frac{0.025}{2566 \times 0.021} + \frac{0.002 \times 0.025}{46.5 \times 0.023} + 0.0003 = 0.000911$$
$$K = 1098 \text{W}/(\text{m}^2 \cdot \text{K})$$

换热器的传热速率

$$Q = KA\Delta t_m = 1098 \times 17.0 \times 85.4 = 1594 (\text{kW})$$

该换热器的热负荷

$$Q_c = W_c c_{pc}(t_2 - t_1) = 30 \times 1100 \times 3.77 \times (60-20)/3600 = 1382(\text{kW})$$

因为 $Q > Q_c$，所以库存的换热器能够完成传热任务。

知识点二 其他常用换热设备

一、板式换热器

1. 夹套式换热器

如图 2-24 所示，夹套式换热器是由一个装在容器外部的夹套构成，容器内的物料和夹套内的加热剂或冷却剂隔着器壁进行换热。夹套内的加热剂和冷却剂一般只能使用不易结垢的水蒸气、冷却水和氨等。夹套内通蒸汽时，应从上部进入，冷凝水从底部排出；夹套内通液体载热体时，应从底部进入，从上部排出。通常为了提高其传热性能，可在容器内安装搅拌器，使器内流体作强制对流；为了弥补传热面的不足，还可以安装蛇管等。

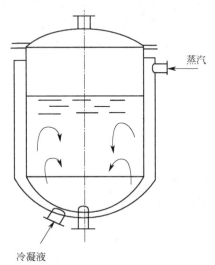

图 2-24 夹套式换热器

2. 平板式换热器

平板式换热器简称板式换热器，如图 2-25 所示。平板式换热器是由若干块长方形波纹金属板叠加排列组成，两相邻板的边缘衬有垫片，压紧后板间形成流体通道。板上有四个角孔，借助垫片的配合，使两个对角方向的孔与板面一侧的流道相通，另两个孔则与板面另一侧的流道相通，这样使两流体分别在同一块板的两侧流过，通过板面进行换热。

流体的流量、物理性质、压力降和温度差决定了板片的数量和尺寸。波纹板不仅提高了湍流程度，并且形成许多支承点，足以承受介质间的压力差。常见的波纹形状有水平波纹、人字波纹和圆弧形波纹等，如图 2-26 所示。

3. 螺旋板式换热器

螺旋板式换热器如图 2-27 所示。它是由焊在中心隔板上的两块金属薄板卷制而成的，两薄板之间形成螺旋形通道，两板之间焊有一定数量的定距撑以维持通道间距，两端用盖板焊死。两流体分别在两通道内流动，隔着薄板进行换热。其中一种流体由外层的一个通道流入，顺着螺旋通道流向中心，最后由中心的接管流出；另一种流体则由中心的另一个通道流入，沿螺旋通道反方向向外流动，最后由外层接管流出。两流体在换热器内作逆流流动。

图 2-25　平板式换热器

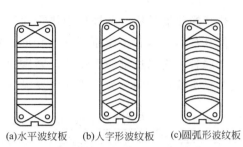

(a)水平波纹板　　(b)人字形波纹板　　(c)圆弧形波纹板

图 2-26　常见的波纹板

4. 板翅式换热器

板翅式换热器为单元体叠加结构，其基本单元体由翅片、隔板及封头组成，如图 2-28 所示。翅片上下放置隔板，两侧边缘由封条密封，并用钎焊焊牢，即构成一个翅片单元体。根据工艺的需要，将一定数量的单元体组合起来，并进行适当排列，然后焊在带有进出口的集流箱上，便可构成具有逆流、错流和错逆流等多种形式的换热器。

图 2-27　螺旋板式换热器

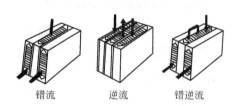

错流　　　逆流　　　错逆流

图 2-28　板翅式换热器

各类板式换热器的优缺点见表 2-10。

表 2-10　各类板式换热器的优缺点

类型	优点	缺点
夹套式换热器	结构简单，容易制造，可与反应器或容器构成一个整体	传热面积小，器内流体处于自然对流状态，传热效率低，夹套内部清洗困难
平板式换热器	结构紧凑，单位体积设备提供的传热面积大；组装灵活，可随时增减板数；板面波纹使流体湍动程度增强，从而具有较高的传热效率；装拆方便，有利于清洗和维修	处理量小；受垫片材料性能的限制，操作压力和温度不能过高。此类换热器适用于需要经常清洗、工作环境要求十分紧凑、操作压力在 2.5MPa 以下、温度在 -35～200℃ 的场合
螺旋板式换热器	结构紧凑，单位体积设备提供的传热面积大，约为列管换热器的 3 倍；流体在换热器内作严格的逆流流动，可在较小的温差下操作，能充分利用低温能源；由于流向不断改变，且允许选用较高流速，故传热系数大，约为列管换热器的 1～2 倍	操作压强和温度不能太高，压力一般在 2MPa 以下，温度不超过 400℃
板翅式换热器	结构紧凑，单位体积设备具有的传热面积大；一般用铝合金制造，轻巧牢固；由于翅片促进了流体的湍动，其传热系数提高；由于所用铝合金材料，在低温和超低温下仍具有较好的导热性和抗拉强度，故可在 -273～200℃ 范围内使用；同时因翅片对隔板有支撑作用，其允许操作压力比较高，可达 5MPa	易堵塞，流动阻力大，清洗检修困难，故要求介质洁净，同时对铝不腐蚀

二、热管换热器

热管换热器是用一种被称为热管的新型换热元件组合而成的换热装置。热管的种类很多，但其基本结构和工作原理基本相同。以吸液芯热管为例，如图 2-29 所示，在一根密闭的金属管内充以适量的工作液，紧靠管子内壁处装有金属丝网或纤维等多空物质，称为吸液芯。全管沿轴向分为三段：蒸发段（又称为热端）、绝热段（又称蒸汽输送段）和冷凝段（又称冷端）。当热流体从管外流过时，热量通过管壁传给工作液，使其汽化，蒸汽沿管子的轴向流动，在冷端向冷流体放出潜热而凝结，冷凝液在吸液芯内流回热端，再从热流体吸收热量而汽化。如此反复循环，热量便不断地从热流体传给冷流体。

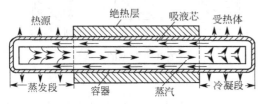

图 2-29　热管结构示意图

热管按冷凝液循环方式不同分为吸液芯热管、重力热管和离心热管三种。吸液芯热管的冷凝液依靠毛细管力回到热端，重力热管的冷凝液靠重力流回热端，离心热管的冷凝液依靠离心力流回热端。

热管按工作液的工作温度范围分为四种，见表 2-11。

表 2-11　热管的工作范围

热管种类	工作温度范围	工作液
深冷热管	200K 以下	氮、氢、氖、甲烷、乙烷等
低温热管	200～550K	氟利昂、氨、丙酮、乙醇、水等
中温热管	550～750K	银、铯、水等
高温热管	750K 以上	钾、钠、锂、银等

目前使用的热管换热器多为箱式结构，把一组热管组合成一个箱形，中间用隔板分为热、冷两个流体通道，一般热管外壁上装有翅片，以强化传热效果。

热管换热器的传热特点是热量传递分汽化、蒸汽流动和冷凝三步进行，由于汽化和冷凝的对流强度都很大，蒸汽的流动阻力又较小，因此热管的传热热阻很小，即使在两端温度差很小的情况下，也能传递很大的热流量。因此，它特别适用于低温差传热的场合。热管换热器具有传热能力大，结构简单、工作可靠等优点，应用前景广阔。

任务五　间壁式换热器换热性能的测定

任务引入

间壁式换热器是化工生产工艺中常用的换热器，不同的间壁式换热器的结构、特点及换热性能均不同，下面通过列管换热器、套管式换热器（普通管和强化管两种）和螺旋板式换热器的换热操作，对比其换热性能，分析原因，加深对传热原理和操作方法的理解。

一、工艺流程

本套装置的工艺流程见图 2-30。

空气由旋涡气泵提供,经过换热器加热之后放空。水蒸气由蒸汽发生器提供,在蒸汽分配器内缓冲之后进入换热器,与空气换热之后冷凝成液体,通过疏水器阀组排污。

热流体以汽化潜热的方式将热量传递给换热器壁,之后热量以热传导方式由器壁的外侧传递至内侧,传递至内侧的热量又以对流方式传递给冷流体。操作稳定之后,在整个换热器中,在单位时间内,热流体放出的热量等于冷流体吸收的热量(热损失不计的前提下)。

1. 各项工艺操作指标

(1)操作压力 蒸汽发生器压力≤0.3MPa;蒸汽分配器压力≤0.2MPa;换热器蒸汽压力 0~30kPa;压缩空气压力 0.15~0.3MPa。

(2)流量控制 进入换热器的空气流量为 0~100m³/h。

(3)温度控制 空气出口温度≤90℃;电机温升≤65℃。

2. 物耗能耗指标

物质消耗为:水。

能量消耗为:蒸汽发生器耗电、旋涡气泵耗电。

3. 主要技术参数

主要技术参数见表 2-12。

表 2-12 主要技术参数

序号	代码	设备名称	主要技术参数
1	VA133	疏水阀Ⅰ	CS19H-16K
2	VA134	疏水阀Ⅱ	CS19H-16K
3	E101	套管式换热器Ⅰ	$A=0.24m^2$
4	E102	强化套管式换热器	$A=0.24m^2$
5	E103	套管式换热器Ⅱ	$A=0.24m^2$
6	E104	列管式换热器	$A=1.5m^2$
7	E105	螺旋板式换热器	$A=1m^2$
8	F101	孔板流量计Ⅰ	$\phi70\sim\phi17$
9	F102	孔板流量计Ⅱ	$\phi70\sim\phi17$
10	P101	风机Ⅰ	YS-7112,550W
11	P102	风机Ⅱ	YS-7112,550W
12	R101	蒸汽发生器	LDR12-0.45-Z
13	V101	分汽包	$\phi160$-450
14	PI101	套管换热器Ⅰ压力	0~500kPa
15	PDI102	孔板流量计Ⅱ压差	0~20kPa
16	PIC102	分汽包压差	
17	PDIC101	孔板流量计Ⅰ压差	0~20kPa

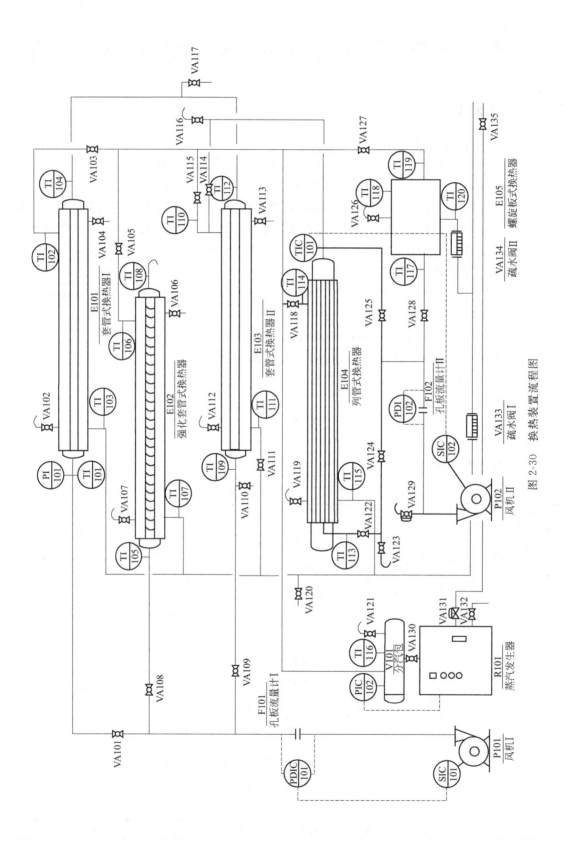

图 2-30 换热装置流程图

4. 主要阀门

主要阀门名称及作用见表 2-13。

表 2-13　主要阀门名称及作用

序号	代码	阀门名称及作用	技术参数
1	VA101	套管式换热器Ⅰ E101 冷空气进口阀	DN40 球阀
2	VA102	套管式换热器Ⅰ E101 放空阀	DN15 球阀
3	VA103	套管式换热器Ⅰ E101 热蒸汽进口阀	DN25 球阀
4	VA104	套管式换热器Ⅰ E101 冷凝水排出阀	DN25 球阀
5	VA105	强化管换热器 E102 热蒸汽进口阀	
6	VA106	强化管换热器 E102 冷凝水排出阀	
7	VA107	强化管换热器 E102 放空阀	DN15 球阀
8	VA108	强化管换热器 E102 冷空气进口阀	DN40 球阀
9	VA109	套管式换热器Ⅱ E103 冷空气进口阀	
10	VA110	套管式换热器Ⅱ E103 冷空气出口阀（E101 和 E103 串联）	
11	VA111	套管式换热器Ⅱ E103 热蒸汽出口阀	DN25 球阀
12	VA112	套管式换热器Ⅱ E103 放空阀	DN15 球阀
13	VA113	套管式换热器Ⅱ E103 冷凝水排出阀	DN25 球阀
14	VA114	套管式换热器Ⅱ E103 蒸汽排出阀	
15	VA115	套管式换热器Ⅱ E103 热蒸汽进口阀	
16	VA116	列管式换热器 E104 冷空气出口阀	DN40 球阀
17	VA117	套管式换热器 E101、E103 冷空气出口阀	
18	VA118	列管式换热器 E104 热蒸汽入口阀	DN25 球阀
19	VA119	列管式换热器 E104 放空阀	DN15 球阀
20	VA120	蒸汽管道排放阀	DN25 球阀
21	VA121	分汽包 V101 放空阀	DN15 球阀
22	VA122	列管式换热器 E104 冷空气出口阀（入口阀）	
23	VA123	列管式换热器 E104 冷空气出口阀	DN40 球阀
24	VA124	列管式换热器 E104 冷空气入口阀	
25	VA125	列管式换热器 E104 冷空气入口阀	
26	VA126	螺旋板式换热器 E105 放空阀	
27	VA127	螺旋板式换热器 E105 热蒸汽进口阀	DN25 球阀
28	VA128	螺旋板式换热器 E105 冷空气进口阀	DN40 球阀
29	VA129	风机 P102 旁路调节阀	DN40 闸阀
30	VA130	蒸汽发生器 R101 出汽阀	DN25 球阀
31	VA131	蒸汽发生器 R101 进水阀	DN15 球阀
32	VA132	蒸汽发生器 R101 排水阀	DN15 球阀
33	VA133	疏水阀Ⅰ	DN25 疏水阀
34	VA134	疏水阀Ⅱ	DN25 疏水阀
35	VA135	冷水总阀	DN15 球阀

5. 仪表检控参数

仪表检控参数见表 2-14。

表 2-14 仪表检控参数

序号	表号	测量参数	仪表位号	参数	显示仪表	执行机构
1	B1	列管式换热器 E104 冷空出口温度	TIC101	Pt100 热电阻 −200～400℃	AI519	变频器Ⅱ
2	B2	孔板流量计Ⅰ F101 压差	PDIC101	压差传感器 0～20kPa	AI519	变频器Ⅰ
3	B3	螺旋板式换热器 E105 冷空气进口、出口温度	TI117 TI118	Pt100 热电阻 −200～400℃	AI702	
4	B4	强化管换热器 E102 冷空气出口温度、热蒸汽进口温度	TI108 TI106			
5	B5	套管换热器Ⅱ E103 热蒸汽进口、出口温度	TI110 TI111			
6	B6	套管换热器Ⅰ E101、Ⅱ E103 冷空气出口温度	TI104 TI112			
7	B7	列管式换热器 E104 冷空气进口温度、分汽包内温度	TI113 TI116			
8	B8	螺旋板式换热器 E105 热蒸汽进口、出口温度	TI119 TI120			
9	B9	强化管换热器 E102 热蒸汽出口温度、冷空气进口温度	TI107 TI105			
10	B10	套管换热器Ⅰ E101 热蒸汽进口、出口温度	TI102 TI103			
11	B11	列管式换热器 E104 热蒸汽进口、出口温度	TI114 TI115			
12	B12	套管换热器Ⅰ E101、Ⅱ E103 冷空气进口温度	TI109 TI101			
13	B13	分汽包内压力	PIC102	0～0.25MPa 压力传感器 0～500kPa	就地 AI501	
14	B14	套管换热器Ⅰ E101 进口压力	PI101	压力传感器 0～500kPa	AI702	
		孔板流量计Ⅱ F102 压差	PDI102	压差传感器 0～20kPa		
15	B15	水表				
16	B16	电表				
17	S1	风机Ⅰ变频器	P101	0～50Hz		
18	S2	风机Ⅱ变频器	P102	0～50Hz		

二、操作规程

1. 开车前的检查

① 首先检查管路、换热器、仪表、流体输送设备、蒸汽发生器是否完好，检查阀门能否开关。

② 打开设备总电源开关，仪表全亮并且数字无任何闪动表示仪表正常。

③ 任意打开一种换热器的空气进出口阀门启动相应的旋涡气泵，如果出口有风冒出则说明气泵运转正常。

④ 打开水的总阀开关和蒸汽发生器进水阀 VA131 开关，打开蒸汽发生器电源开关（蒸汽发生器面板上）后，检查蒸汽发生器侧面液位计中液体的位置，如果液位计液面较

低，会听见水泵进水的声音。

⑤ 打开阀门 VA130、VA105，打开蒸汽发生器加热开关，过一段时间后发现 VA133 疏水阀Ⅰ下方有蒸汽冒出，这说明蒸汽发生器可以正常工作（如果蒸汽发生器液面过低，也没有听见水泵进水的声音，有可能是进水泵发生汽蚀，请打开蒸汽发生器侧门，打开水泵的放空螺栓放掉水泵的气体至有水冒出）。

2. 流程设置

（1）套管换热器Ⅰ E101 的流程

冷流体：冷空气由风机Ⅰ P101→孔板流量计Ⅰ F101→阀门 VA101→套管式换热器Ⅰ E101（管程）→阀门 VA117 排出。

热流体：自来水总阀 VA135→阀门 VA131→蒸汽发生器 R101（加热产生蒸汽）→阀门 VA130→分汽包 V101（PIC102 控制一定压力）→阀门 VA103→套管式换热器Ⅰ E101（壳程）→阀 VA133 排出。

（2）强化套管式换热器 E102 的流程

冷流体：冷空气由风机Ⅰ P101→孔板流量计Ⅰ F101→阀门 VA108→强化管换热器 E102（管程）排出。

热流体：自来水总阀 VA135→阀门 VA131→蒸汽发生器 R101（加热产生蒸汽）→阀门 VA130→分汽包 V101→阀门 VA105 进入强化套管式换热器 E102（壳程）→疏水阀 VA133 排出。

（3）套管换热器 E103 的流程

冷流体：冷空气由风机Ⅰ P101→孔板流量计Ⅰ F101→阀门 VA109→套管式换热器Ⅱ E103（管程）→阀门 VA117 排出。

热流体：自来水总阀 VA135→阀门 VA131→蒸汽发生器 R101（加热产生蒸汽）→阀门 VA130→分汽包 V101→阀门 VA115→套管式换热器Ⅱ E103（壳程）→阀门 VA111→疏水阀 VA133 排出。

（4）换热器 E101、E103 的串联流程

冷流体：冷空气由风机Ⅰ P101→孔板流量计Ⅰ F101→阀门 VA101→套管式换热器 E101、E103（管程）→阀门 VA110 排出。

热流体：自来水总阀 VA135→阀门 VA131→蒸汽发生器 R101（加热产生蒸汽）→阀门 VA130→分汽包 V101→阀门 VA103、VA115→套管式换热器 E101、E103（壳程）→阀 VA111、VA133 排出。

（5）换热器 E101、E103 的并联流程

冷流体：冷空气由风机Ⅰ P101→孔板流量计Ⅰ F101→阀门 VA101、VA109→套管换热器 E101、E103（管程）→阀门 VA117 排出。

热流体：自来水总阀 VA135→阀门 VA131→蒸汽发生器 R101（加热产生蒸汽）→阀门 VA130→分汽包 V101→阀门 VA103、VA115→套管换热器 E101、E103（壳程）→阀 VA111、VA133 排出。

（6）列管换热器 E104 的逆流流程

冷流体：冷空气由风机Ⅱ P102→孔板流量计Ⅱ F102→阀门 VA124、VA122→列管换热器 E104（管程）→阀门 VA116 排出。

热流体：自来水总阀 VA135→阀门 VA131→蒸汽发生器 R101（加热产生蒸汽）→阀门 VA130→分汽包 V101→阀门 VA118→列管换热器 E104（壳程）→疏水阀 VA133 排出。

（7）列管换热器 E104 的并流流程

冷流体：冷空气由风机Ⅱ P102→孔板流量计Ⅱ F102→阀门 VA125→列管换热器 E104（管程）→阀 VA122、VA123 排出。

热流体：自来水总阀 VA135→阀门 VA131→蒸汽发生器 R101→阀门 VA130→分汽包 V101→阀门 VA118→列管换热器 E104（壳程）→疏水阀 VA133 排出。

（8）螺旋板式换热器 E105 的流程

冷流体：冷空气由风机Ⅱ P102→孔板流量计Ⅱ F102→阀门 VA128→螺旋板式换热器 E105→阀门 VA126 排出。

热流体：自来水总阀 VA135→阀门 VA131→蒸汽发生器 R101→阀门 VA130→分汽包 V101→阀门 VA127→螺旋板式换热器 E105→疏水阀 VA134 排出。

3. 换热器的换热操作

① 选择换热器，合理设置换热工艺流程，确保冷、热两种流体的通路是通的。

② 依次打开总电源开关、蒸汽发生器电源开关、蒸汽发生器加热开关（两个开关一起开是 12kW），待疏水阀 VA133 或 VA134 下方有蒸汽冒出，即可打开风机出口阀门，启动风机（注意：启动旋涡气泵时出口阀门应全开，并采用旁路调节流量，避免泵在很小的流量下运转，风机被烧坏）。

③ 慢慢旋开换热器的放空阀，放出一点蒸汽（注：见到蒸汽即可，小心烫伤）。

④ 调节管路空气流量，在仪表或电脑程序界面上输入一定的压差（一般压差从小到大调节，压差是通过压差传感器测量的），等稳定六七分钟以后记录压差和冷热两流体的进出口温度，然后改变风机的压差，稳定后分别记录数据。

4. 列管换热器常见故障分析与处理

列管换热器常见故障分析与处理见表 2-15。

表 2-15 列管换热器常见故障分析与处理

故障名称	产生原因	处理方法
传热效率下降	列管结垢和堵塞	清洗管子
	壳体内不凝气或冷凝液增多	排放不凝气或冷凝液
	管路或阀门有堵塞	检查清洗
发生振动	壳程介质流速太快	调节进气量
	管路振动所引起	加固管路
	管束与折流板结构不合理	改进设计
	机座刚度较小	适当加固
管板与壳体连接处发生裂纹	焊接质量不好	清洗补焊
	外壳倾斜,连接管线拉力或推动力	重新调整找正
	腐蚀严重,外壳壁厚减薄	鉴定后修补
管束和胀口渗透	管子被折流板磨破	用管堵堵死或换管
	壳体和管束温差过大	补胀或焊接
	管口腐蚀或胀接质量差	换新管或补胀

5. 停车

① 停止蒸汽发生器的加热开关。

② 打开蒸汽发生器上分压包的放空阀门，放掉蒸汽发生器内的压力（避免蒸汽管路残存饱和蒸气压经过冷却后产生负压，从而把蒸汽发生器水箱内的水抽到分压包内）。

③ 等蒸汽发生器内的压力降到零以后，停止风机开关、关闭阀门、关闭总电源开关。

① 根据现场装置识读工艺流程图。
② 要能熟练完成传热装置的开停车操作。
③ 能根据生产任务要求合理选择相应换热器并完成换热操作。
④ 能准确地调控传热工艺的工艺指标并对事故进行判断和处理。
⑤ 能正确地对换热器进行相应的工艺计算。

知识点一　强化与削弱传热

一、强化传热

强化传热是指设法提高换热器的传热速率。从传热速率基本方程 $Q = KA\Delta t_m$ 可看出，增大传热面积 A、提高传热推动力 Δt_m 及传热系数 K 都可以达到强化传热的目的，故强化传热途径可从以下三方面来讨论。

1. 增大传热面积

增大传热面积，可以提高换热器的传热速率，但不能仅仅依靠增大设备尺寸来实现，因为这样会使设备的体积增大，金属耗用量增加，设备费用相应增加。实践证明，从改进设备的结构入手，增加单位体积的传热面积，可以使设备更加紧凑，结构更加合理。目前出现的一些新型换热器，如螺旋板式、平板式换热器等，其单位体积的传热面积便大大超过了列管式换热器。在管式换热器中减少管子直径，也可增加单位体积的传热面积。同时还研究出了多种高效能传热面并成功应用于实际生产，如带翅片或异型表面的传热管，便是工程上在列管换热器中经常用到的高效能传热管，它们不仅使传热表面有所增加，而且强化了流体的湍流程度，提高对流传热系数，使传热速率显著提高。但同时由于流道的变化，往往会使流动阻力有所增加，故设计或选用时应综合比较、全面考虑。

2. 提高传热推动力

增大传热平均温度差，可提高换热器的传热速率。传热平均温差的大小取决于两流体的温度大小及流动形式。一般来说，物料的温度由工艺条件所决定，不能随意变动，而加热剂或冷却剂的温度，可以通过选择不同介质和流量加以改变。例如：用饱和水蒸气作为加热剂时，增加蒸汽压力可以提高其温度；在水冷器中增大冷却水流量或以冷冻盐水代替普通冷却剂，可降低冷却剂的温度。但需要注意的是，改变加热剂或冷却剂的温度，必须考虑到技术上的可行性和经济上的合理性。另外，采用逆流操作或增加壳程数，均可得到较大的平均传热温度差。

3. 提高传热系数

增大传热系数可以有效地提高换热器的传热速率，增大传热系数实际上就是降低换热器的总热阻。要降低总热阻，减小各项分热阻中的任何一项即可。但不同情况下，各项分热阻所占比例不同，故应具体问题具体分析，设法减小所占比例大的分热阻。一般来说，在金属换热器中，壁面较薄且热导率高，不会成为主要热阻；污垢热阻是一个可变因素，在换热器刚投入使用时，污垢热阻很小，可不予考虑，但随着使用时间的加长，污垢逐渐增加，便可成为阻碍传热的主要因素；对流传热的热阻经常是传热过程的主要矛盾，必须重点考虑。

具体途径和措施有以下几种：

(1) 降低对流传热热阻　当壁面热阻和污垢热阻小到可以忽略时，式(2-40) 可简化为

$$\frac{1}{K}=\frac{1}{\alpha_i}+\frac{1}{\alpha_o}$$

若 $\alpha_i \gg \alpha_o$，则 $K \approx \alpha_o$，此时欲提高 K 值，关键在于提高管外侧的对流传热系数；若 $\alpha_o \gg \alpha_i$，则 $K \approx \alpha_i$，此时欲提高 K 值，关键在于提高管内侧的对流传热系数。总之，当两 α 相差很大时，欲提高 K 值应采取措施提高 α 小的那一侧的对流传热系数。

若 α_i 与 α_o 较为接近，此时必须同时提高两侧的对流传热系数，才能提高 K 值。

① 无相变时的对流传热。增大流速和减小管径都能增大对流传热系数，但以增大流速更为有效。此外，不断改变流体的流动方向，也能使 α 得到提高。

目前，在列管换热器中，为提高 α 通常采取如下具体措施：在管程中，采用多程结构，可使流速成倍增加，流动方向不断改变，从而大大提高了 α，但当程数增加时，流动阻力会随之增大，故需全面考量；在壳程中，也可采用多程，即装设纵向隔板，但限于制造、安装及维修上的困难，工程上一般不采用多程结构，而广泛采用折流挡板，这样不仅可以局部提高流体在壳程内的流速，而且迫使流体多次改变流向，从而强化了对流传热。还可通过内置螺旋条、扭曲带、网栅等湍流促进器以促进湍流。湍流促进器一般可使管式换热器的传热系数增加，但流体的压力降随之增大，且换热器拆洗困难，采用时需具体分析，全面考量。

② 有相变时的对流传热（冷凝传热）。除了及时排除不凝性气体和冷凝液外，还可以采取一些其他措施，例如在管壁上开一些纵向沟槽或装金属网，以阻止液膜的形成。对于沸腾传热，实践证明：设法使表面粗糙化，或在液体中加入如乙醇、丙酮等添加剂，均能有效地提高对流传热系数。

(2) 降低污垢热阻　换热器运行中，往往会因流体介质的腐蚀、冲刷及流体所夹带的固体颗粒的沉积，在换热器传热表面上形成污垢或积污，甚至堵塞，从而降低换热器的传热能力。因此必须设法减缓污垢的形成，并及时清除污垢。

减小污垢热阻的具体措施有：提高流体的流速和扰动，以减弱垢层的沉积；加强水质处理，尽量采用软化水；加入阻垢剂，防止和减缓垢层形成；定期采用机械、高压水或化学的方法清除污垢。

机械清洗最简单的是用刮刀、旋转式钢丝刷除去坚硬的垢层、结焦或其他沉积物。高压水（压力10～20MPa）冲洗法多用于结焦严重的管束的清洗。化学清洗是利用清洗剂

（盐酸）与垢层起化学反应的方法来除去积垢，适用于形状较为复杂的构件的清洗，如U形管的清洗、管子之间的清洗。化学清洗法的缺点是对金属有轻微的腐蚀损伤作用。

二、削弱传热

削弱传热，就是设法减少热量传递，主要用于隔热。在化工生产中，只要设备（或管道）与环境（周围空气）存在温度差，就会有热损失（或冷损失）出现。利用热导率很低、导热热阻很大的保温隔热材料对高温和低温设备进行保温隔热，以减少设备与环境间的热交换，从而减少热损失。常见的保温隔热材料见表2-16。

表 2-16 常见的保温隔热材料

材料名称	主要成分	密度/(kg/m³)	热导率/[W/(m·K)]	特性
碳酸镁石棉	85%石棉纤维,15%碳酸镁	180	0.09～0.12(50℃)	保温用涂料材料,耐温300℃
碳酸镁砖		380～360	0.07～0.12(50℃)	泡花碱黏结剂,耐温300℃
碳酸镁管		280～360	0.07～0.12(50℃)	泡花碱黏结剂,耐温300℃
硅藻土材料	$SiO_2 \cdot Al_2O_3 \cdot Fe_2O_3$	280～450	<0.23	耐温800℃
泡沫混凝土		300～570	<0.23	大规模保温填料,耐温250～300℃
矿渣棉	高炉渣制成棉	200～300	<0.08	大面积保温填料,耐温700℃
膨胀蛭石	镁铝铁含水硅酸盐	60～250	<0.07	耐温<1000℃
蛭石水泥管		430～500	0.09～0.14	耐温<800℃
蛭石水泥板		430～500	0.09～0.14	耐温<800℃
沥青蛭石管		350～400	0.08～0.1	保冷材料
超细玻璃棉		18～30	0.032	
软木	常绿树木栓层制成	120～200	0.035～0.058	保冷材料

三、传热过程的节能

传热过程的节能措施主要有：
① 对能源实行定额管理与综合调配制度，严格控制消耗，做到层层计量，层层回收。
② 对热量进行有效能分级，多次、逐级综合利用。
③ 充分回收工艺过程的化学反应热和废热，提高热利用率。
④ 加强管理，改善设备运行状况，强化换热器的传热，杜绝跑、冒、滴、漏现象的发生。
⑤ 对设备及管道进行保温，提高保温效果，减少热损失。
⑥ 加强设备维护，定期对换热设备进行清洗、检修，去除污垢、杂质，保持疏水器处于良好运行状态。
⑦ 采用新型高效换热元件和换热技术，如使用钛制板式换热器和热管技术等。

知识点二 列管换热器的日常维护与保养

一、列管换热器的日常维护和监测

列管换热器的日常维护和监测应观察和调整好以下工艺指标：
（1）温度 温度是换热器运行中的主要控制指标，可从在线仪表测定、显示、检查介质的进出口温度，依此分析、判断介质流量大小及换热效果的好坏，以及是否存在泄漏。由工作介质进出口温度的变化可决定是否对换热器进行检查和清洗。

（2）压力　通过对换热器的压力及进出口压差进行测定和检验，可以判断列管的结垢、堵塞程度及泄漏等情况。若列管结垢严重，则阻力将增大，若堵塞则会引起节流及泄漏。对于有高压流体的换热器，如果列管泄漏，高压流体一定向低压流体泄漏，造成低压侧压力很快上升，甚至超压，并损坏低压设备或设备的低压部分，所以必须解体检修或堵管。

（3）泄漏　换热器的泄漏分为内漏和外漏。外漏的检查比较容易，轻微的外漏可以用肥皂水或发泡剂来检验，对于有气味的酸、碱等气体可凭视觉和嗅觉等感觉直接发现，有保温的设备则会引起保温层的剥落；内漏的检查，可以从介质的温度、压力、流量的异常，设备的声音及振动等其他异常现象发现。

（4）振动　换热器内的流体流速一般较高，流体的脉动及横向流动都会诱导换热管的振动，或者整个设备的振动，特别是在隔板处，管子的振动频率较高，容易把管子切断，造成断管泄漏，遇到这种情况必须停机解体检查、检修。

（5）保温（保冷）　经常检查保温层是否完好，通常用眼直接观察就可发现保温层的剥落、变质及霉烂等损坏情况，及时进行修补处理。

二、列管换热器的保养

在使用过程中，为了保护换热器，延长其使用寿命，应该采取的保养措施有：

① 保持主体设备外部整洁，及时进行修补处理。
② 保持压力表、温度计、安全阀和液位计等附件齐全、灵敏、准确。
③ 发现法兰口和阀门有泄漏时，应抓紧处理。
④ 开停换热器时，不应将蒸汽阀门和被加热介质阀门开得太猛，否则容易造成外壳与列管伸缩不一，产生热应力，使局部焊缝开裂或管子胀口松弛。
⑤ 尽量减少换热器的开停次数，停止时应将内部水和液体放净，防止冻裂和腐蚀。
⑥ 定期测量换热器的壁厚，应两年一次。

三、安全生产

用高压蒸汽加热时，对设备耐压要求高，须严防泄漏或蒸汽与物料混合，避免造成事故。使用热载体加热时，要防止热载体循环系统堵塞，热载体喷出，酿成事故。使用电加热时，电气设备要符合防爆要求。直接火加热危险性最大，温度不易控制，可能造成局部过热烧坏设备，引起易燃物质的分解爆炸。当加热温度接近或超过物料的自燃点时，应采用惰性气体保护。若加热温度接近物料分解温度，此生产工艺称为危险工艺，必须设法改进工艺条件，如负压或加压操作。

换热器安全装置的主要检查内容有：压力表的取压管有无泄漏和堵塞现象；旋转手柄是否处在全开位置；弹簧式安全阀的弹簧是否有锈蚀；安全装置和计量器是否在规定的使用期限内，其精度是否符合要求。如安全阀的定期校验每年至少一次；爆破片应定期更换，一般爆破片应在2～3年更换一次，在苛刻条件下使用的爆破片应每年更换一次；对于超压未破的爆破片应立即更换；压力表的校验和维护应符合国家计量部门的规定。压力表的精度对低压换热器应不低于2.5级，对中压以上的换热器应不低于1.5级。

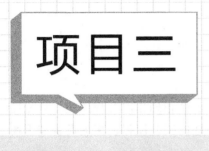

项目三 蒸馏

在化工生产中多数的物料为液体混合物，为得到高纯度的物料或回收有用组分，就必须进行分离和精制。例如，石油分离为汽油、煤油、柴油及重油等；从粮食、薯类的发酵物中制得乙醇；将液态空气分离得到氧和氮等。这些都是互溶、均质液相混合物，称为均相混合物，蒸馏是常用的分离液相均相混合物的化工单元操作。

教学目标

【知识目标】
① 熟悉蒸馏操作的分类、工艺流程及其在化工行业中的应用。
② 掌握溶液的气-液相平衡关系。
③ 掌握精馏的工艺计算、回流比的选择及影响。
④ 掌握精馏设备的结构、特点和流体力学性能。
⑤ 掌握精馏操作方法、故障判断与分析方法。

【技能目标】
① 能正确完成精馏操作。
② 能正确使用精馏塔完成操作任务。
③ 能分析精馏操作过程中的影响因素，并能运用所学知识解决实际生产问题。
④ 能正确查阅和使用常用的工程计算图表、手册、资料等，且能进行必要的工艺计算。
⑤ 能正确判断精馏操作过程中的事故并及时处理。

【素质目标】
① 形成安全生产、环保节能、讲究卫生的职业意识。

② 树立工程技术观念，培养理论联系实际的能力。
③ 培养敬业爱岗、服从安排、吃苦耐劳、严格遵守操作规程的职业道德。
④ 培养团结协作、积极进取的团队合作精神。

任务一　蒸馏工艺的认识

蒸馏是利用液体混合物中各组分挥发性的差异实现分离液相均相混合物的化工单元操作。要利用蒸馏达到分离混合物的工作任务，须先了解蒸馏的工艺流程、相关设备和平衡关系。

一、了解蒸馏在化工生产中的应用

蒸馏操作是最早实现工业化的典型单元操作，具有以下特点：
① 通过蒸馏分离可以直接获得所需要的产品，而吸收和萃取等分离方法由于有外加溶剂，需进一步使所提取的组分与外加组分分离，故蒸馏操作流程通常较为简单。
② 蒸馏适用于各种浓度混合物的分离，而吸收和萃取等操作，只有当被提取组分浓度较低时才比较经济。
③ 蒸馏分离的适用范围广，不仅可分离液体混合物，还可用于气态或固态混合物的分离。例如，将空气加压液化再用精馏方法分离获得氧、氮等产品；脂肪酸的混合物，可加热使其熔化，并在减压下建立气-液两相系统，用蒸馏方法进行分离。
④ 蒸馏操作是通过对混合液加热建立气-液两相体系的，所得到的气相还需要再冷凝液化，因而蒸馏操作耗能较大，节能是要考虑的一个问题。

蒸馏操作过程中，在一定的外界压力下，混合物中沸点低的组分容易挥发（挥发能力强的组分）称为易挥发组分或轻组分；而沸点高的组分难挥发（挥发能力弱的组分）称为难挥发组分或重组分。

二、了解蒸馏过程的分类

1. 按操作压力分

按操作压力不同，蒸馏可分为常压蒸馏、减压蒸馏和加压蒸馏三类。
（1）常压蒸馏　常压蒸馏是指在大气压下操作的蒸馏过程，若被分离的混合液在常压下各组分的挥发性差异较大，并且气相冷凝、冷却可用一般的冷却水，液相加热汽化可用水蒸气，这时应采用常压操作。
（2）减压蒸馏　减压蒸馏是指在低于一个大气压下操作的蒸馏过程，对真空度高的减压蒸馏（塔顶绝对压力低于 40kPa）亦称为真空蒸馏。减压蒸馏常用于以下两个场合：一是常压下物料的沸点过高（一般高于 150℃），加热温度超出一般水蒸气加热的范围，减压蒸馏可使沸点降低，以避免使用高温载热体；二是蒸馏热敏性物料，组分在操作温度下容易发生氧化、分解和聚合等现象时，必须采用减压蒸馏降低其沸点。

（3）加压蒸馏　加压蒸馏是指塔顶压力高于大气压下操作的蒸馏过程，通常用于以下场合：一是混合物在常压下为气体，通过加压与冷冻将其液化后再进行蒸馏；二是常压下虽是混合液体，但其沸点较低（一般低于 30℃），蒸气用一般冷却水难以充分冷凝，需用冷冻盐水或其他较昂贵的制冷剂，费用将大大提高。

工业蒸馏过程中需要合理地选择操作压强，通常主要根据物料性质、原料组成、对产品纯度的要求、设备材料的来源、冷源和热量的来源、能量综合利用水平等具体情况，因地制宜地选择合理的操作条件。

2. 按蒸馏原理分

按蒸馏原理不同，可分为以下四类。

（1）简单蒸馏　简单蒸馏又称为微分蒸馏（如图 3-1 所示）。操作时将原料液一次加入蒸馏釜中，在恒压下加热使之部分汽化，产生的蒸气进入冷凝器中冷凝，随着过程的进行，不断地将蒸气移走，釜液中易挥发组分含量不断降低，馏出液的浓度也逐渐降低，故需分罐贮存不同组成范围的馏出液。当釜液组成达到规定值时，即停止蒸馏操作，釜液一次排出。此蒸馏过程是间歇操作，适用于相对挥发度相差较大，分离程度要求不高的互溶混合物的粗略分离，例如石油的粗馏。

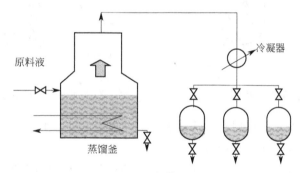

图 3-1　简单蒸馏流程图

（2）平衡蒸馏　平衡蒸馏又称闪蒸（如图 3-2 所示），是将原料液连续地加入加热器预热至要求的温度，经减压阀减压至预定压力进入分离器。在分离器内，由于压力的降低使过热液体在减压情况下大量自蒸发，这时部分料液汽化，气相中含易挥发组分多，上升至塔顶冷凝器全部冷凝成塔顶产品，而未汽化的液相中难挥发组分浓度增加，下降至塔底，成为底部产品。这种蒸馏方式可连续进料，连续移出蒸气和液相，是一个连续的稳定过程，所以可得到稳定浓度的气相和液相。所形成的气液两相可认为达到平衡，所以称为平衡蒸馏，用于分离要求不高或易于分离的物系。

（3）精馏　精馏是按照均相液相混合物各组分挥发度的不同，同时进行气相多次部分冷凝和液相多次部分汽化而将混合液加以分离的，分离后可获得纯度高的易挥发组分和难挥发组分。精馏广泛用于化工生产的各种场合。

典型的连续精馏过程流程如图 3-3 所示。工业生产中的精馏操作是在精馏塔内进行的，塔内通常有一些塔板或充填一定高度的填料，塔板上的液层或填料的湿表面都是气液两相进行热量交换和质量交换的场所。同时塔底蒸气回流和塔顶液相回流是精馏过程连续进行的必要条件，因此通常在精馏塔塔底装有再沸器、塔顶装有冷凝器。再沸器将塔底液流的一部分汽化后产生的气流沿塔上升，与下降的液流接触进行传质和传热，使气相中易挥发组分含量逐板增高，直至塔顶达到分离要求。塔顶冷凝器可使上升气流冷凝成液体，部分作为塔顶产品，余下部分返回塔内，称为回流。回流液在塔内下降的过程中逐板与气流接触进行传热和传质，液相中难挥发组分含量逐板提高，直至塔底达到分离要求。

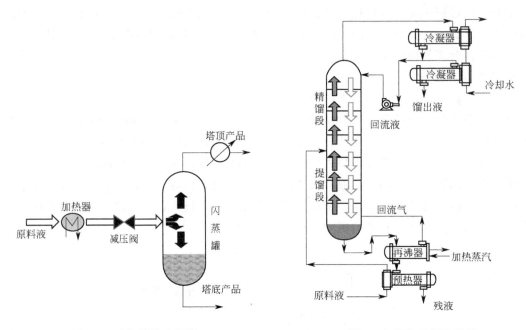

图 3-2　平衡蒸馏流程图　　　　图 3-3　精馏过程流程图

通常，将原料液进入的那层板称为进料板，进料板以上的塔段称为精馏段，进料板以下的塔段（包括进料板）称为提馏段。

（4）特殊精馏　对于普通精馏无法分离或分离时操作费用和设备投资很大，经济上不合算时宜采用特殊精馏（包括恒沸精馏和萃取精馏）。

此外，按组分数目不同，可分为双组分蒸馏、多组分蒸馏。按操作方式不同，可分为连续蒸馏和间歇蒸馏。连续蒸馏是大规模的工业生产中常用的操作；间歇蒸馏可用于小规模生产或某些特殊要求的场合或实验研究时采用。

知识点　蒸馏的气液相平衡

一、理想物系的气液相平衡

理想物系中液相为理想溶液，遵循拉乌尔定律，即在一定温度下气液两相平衡时溶液

上方蒸气中任一组分的分压,等于此纯组分在该温度下饱和蒸气压乘以其在溶液中的摩尔分数。对于双组分物系,即可写出

$$p_A = p_A^\circ x_A \tag{3-1}$$

$$p_B = p_B^\circ x_B = p_B^\circ (1-x_A) \tag{3-2}$$

式中 p_A、p_B——溶液上方 A、B 两组分的蒸气压,kPa;

p_A°、p_B°——在溶液温度下纯组分 A、B 的饱和蒸气压,kPa;

x_A、x_B——液相中 A、B 两组分的摩尔分数。

理想物系中气相为理想气体,遵循道尔顿分压定律(总压 p 等于各组分分压之和),即

$$p = p_A + p_B \tag{3-3}$$

则将式(3-1)、式(3-2)代入式(3-3)可得到理想溶液的气液相平衡方程——泡点方程式:

$$x_A = \frac{p - p_B^\circ}{p_A^\circ - p_B^\circ} \tag{3-4}$$

物系的压力与温度相关,因此该式表示平衡物系的温度和液相组成的关系。在一定压力下,液体混合物开始沸腾产生第一个气泡的温度,称为泡点温度(简称泡点)。

当物系的总压不太高(一般不高于5atm,即506.625kPa)时,平衡气相可视为理想气体,气相组成可用下式表示:

$$y_A = \frac{p_A}{p} = \frac{p_A^\circ x_A}{p} \tag{3-5}$$

式(3-5)称为理想溶液的气液相平衡方程,又称为露点方程,表示平衡物系的温度和气相组成的关系。在一定的压力下,混合蒸气冷凝时出现第一个液滴时的温度,称为露点温度(简称露点)。

在一定压力下,已知溶液沸点,可根据纯组分的饱和蒸气压直接计算出液相组成,通过露点方程又可由液相组成求出气相组成。

【例 3-1】 求某双组分理想溶液在101.3kPa下的气液相平衡组成。已知溶液沸点为90℃,A组分的饱和蒸气压为135.5kPa,B组分的饱和蒸气压为54.0kPa。

解:液相组成为

$$x_A = \frac{p - p_B^\circ}{p_A^\circ - p_B^\circ} = \frac{101.3 - 54.0}{135.5 - 54.0} = 0.58$$

$$x_B = 1 - x_A = 1 - 0.58 = 0.42$$

气相组成为

$$y_A = \frac{p_A}{p} = \frac{p_A^\circ x_A}{p} = \frac{135.5 \times 0.58}{101.3} = 0.78$$

$$y_B = 1 - y_A = 1 - 0.78 = 0.22$$

二、挥发度及相对挥发度

1. 挥发度 v

挥发度表示某种液体挥发的难易程度,通常用来表示某种纯物质在一定温度下蒸气压的大小。对于纯组分,挥发度通常用它的饱和蒸气压来表示,而溶液中各组分的蒸气压因

组分间的相互影响要比纯态时低，故可用它在一定温度下的蒸气分压和与之平衡的液相中的摩尔分数之比来表示。

A 组分的挥发度为
$$\nu_A = \frac{p_A}{x_A} \tag{3-6}$$

对于理想溶液符合拉乌尔定律，则 $\nu_A = p_A^\circ$。

2. 相对挥发度 α

相对挥发度可用易挥发组分的挥发度与难挥发组分的挥发度之比表示：

$$\alpha = \frac{\nu_A}{\nu_B} = \frac{p_A/x_A}{p_B/x_B} \tag{3-7}$$

对于双组分混合液，$x_A + x_B = 1$，$y_A + y_B = 1$，代入式(3-7)中，并略去下标 A，则可得轻组分的两相组成关系式(3-8)，即为相平衡方程式：

$$y = \frac{\alpha x}{1 + (\alpha - 1)x} \tag{3-8}$$

利用相对挥发度的大小，可判断某混合液是否能用普通蒸馏方法分离以及分离的难易程度。若 $\alpha > 1$，则 $y > x$，可用普通蒸馏方法分离；α 值越大，表示两组分越容易分离。

相对挥发度是温度和压力的函数，但在精馏计算中，如果操作温度范围内物系的相对挥发度变化不大，可取其操作极限温度下相对挥发度的算术平均值或几何平均值。

三、气液相平衡相图

1. 温度-组成 (t-x-y) 图

温度-组成图用于表示总压一定时的混合液在不同温度下的气-液相平衡组成（均以易挥发组分表示），如图 3-4 所示。图中以温度为纵坐标，气相（液相）组成为横坐标。实际生产中的精馏操作总是在操作压力一定的设备内进行的，因此总压一定的 t-x-y 图是分析精馏过程的基础。

图中两条线上方的曲线 t-y 称为饱和蒸气线、露点线或气相线；下方的曲线 t-x 称为饱和液相线、泡点线或液相线。两条线将图分为三个区：t-x 线以下的区域为液相区；t-y 线上方的区域为过热蒸气区；两曲线包围的区域为气液共存区。

如图所示，组成为 x_1、温度为 t_1 的混合液被加热到 t_2 时有第一个气泡产生，溶液开始沸腾，t_2 即为该溶液的泡点。若将其继续加热，该溶液已部分汽化，加热至 t_4 则全部汽化为饱和蒸气，此时气相组成 y_1 与最初的液相组成 x_1 相同，继续加热则变成过热蒸气。反之，若将温度为 t_5、组成为 y_1 的过热蒸气降温，则当温度降至 t_4 时蒸气开始冷凝产生第一液滴，故 t_4 称为该混合气体的露点。

2. 气-液相组成 (x-y) 图

蒸馏计算中广泛应用的不是 t-x-y 图，而是一定总压下的 x-y 图（见图 3-5），是以 x 为横坐标，y 为纵坐标，达到平衡时气液相平衡组成间的关系，称为平衡曲线。对于易挥发组分，达到气液平衡时，y 总是大于 x，其平衡线总是位于对角线的上方，而且平衡线距对角线越远，则与 x 相平衡的 y 值越大，说明该混合液越易分离。

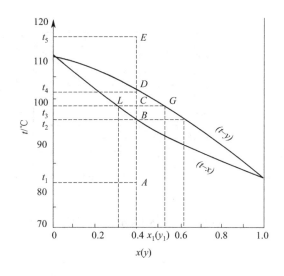

图 3-4 苯-甲苯混合液的 t-x-y 图

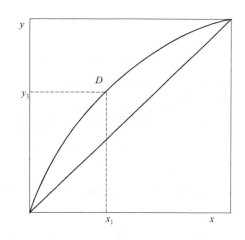

图 3-5 苯-甲苯混合液的 x-y 图

必须指出,实验证明,总压对气液平衡数据的影响不大。当总压变化范围为 20%～30%时,x-y 平衡曲线的变化不超过 2%。因此,工程计算时,若总压变化不大,可不考虑总压对平衡曲线的影响。而 t-x-y 图随总压的变化比较大,一般不能忽略不计。由此可知,精馏计算中使用 x-y 图比使用 t-x-y 图更为方便。

四、非理想物系的气液相平衡

实际生产中遇到的大多数物系为非理想物系。非理想物系可能有以下三种情况:①液相为非理想溶液,气相为理想气体;②液相为理想溶液,气相为非理想气体;③液相为非理想溶液,气相为非理想气体。非理想溶液可分为对拉乌尔定律具有正偏差和负偏差的两类溶液。若非理想溶液中不同种类分子之间的作用力比同种分子间的作用力小,分子容易汽化,其表现为溶液上方各组分的平衡分压较用拉乌尔定律计算的平衡分压大,如乙醇水溶液、丙醇水溶液等,发生正偏差;若非理想溶液中不同种类分子之间的作用力比同种分子间的作用力大,分子不易汽化,其表现为溶液上方各组分的平衡分压较用拉乌尔定律计算的平衡分压小,如硝酸水溶液、氯仿-丙酮溶液等,发生负偏差。

图 3-6 为乙醇水溶液的 t-x-y 图,从图中可看出液相线与气相线在点 M 处重合,M 点对应的组成 x_M=0.894 称为恒沸组成,对应的温度 78.15℃ 称为恒沸点。因点 M 的温度比任何组成该溶液的沸点温度都低,故这种溶液又称为最低恒沸点的溶液。图 3-7 是其 x-y 图,平衡线与对角线的交点与图 3-6 中的 M 点对应,该点溶液的相对挥发度等于 1。

图 3-8 为硝酸水溶液的 t-x-y 图,从图中可看出液相线与气相线在点 M 处重合,点 M 的温度为 121.9℃ 比任何组成该溶液的沸点温度都高,故这种溶液又称为最高恒沸点的溶液。图 3-9 是其 x-y 图,平衡线与对角线的交点与图 3-8 中的 M 点对应,该点溶液的相对挥发度等于 1。

非理想溶液不一定都有恒沸点,只有对拉乌尔定律偏差大的非理想溶液才具有恒沸点。非理想溶液恒沸点的数据,可从有关手册中查到。

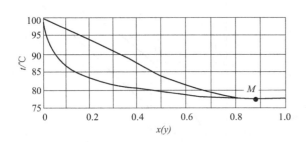

图 3-6　常压下乙醇水溶液的 t-x-y 图

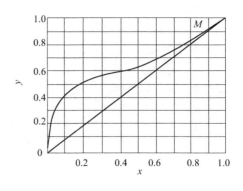

图 3-7　常压下乙醇水溶液的 x-y 图

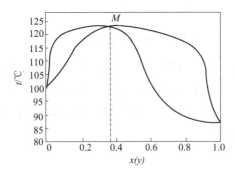

图 3-8　常压下硝酸水溶液的 t-x-y 图

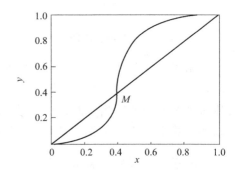

图 3-9　常压下硝酸水溶液的 x-y 图

任务二　精馏塔效率的测定

 任务引入

精馏操作是同时进行多次部分汽化和多次部分冷凝的过程,因此可使混合物得到几乎完全的分离。下面利用板式精馏塔分离乙醇-正丙醇混合物,在操作过程中掌握精馏塔的开停车方法,理解精馏工艺的物料平衡、塔效率的计算,分析回流比对操作的影响。

 任务实施

一、工艺流程

本套工艺的精馏塔为板式精馏塔,其精馏流程示意图如图 3-10 所示。在塔内,由塔釜产生的蒸汽沿塔板逐板上升与来自塔板下降的回流液在塔板上实现多次接触，进行传质与传热，使混合液达到一定程度的分离。

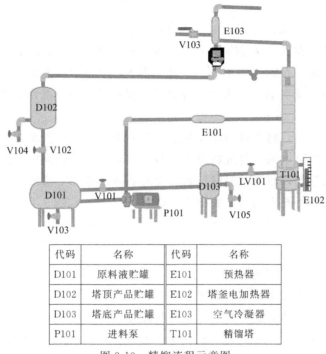

代码	名称	代码	名称
D101	原料液贮罐	E101	预热器
D102	塔顶产品贮罐	E102	塔釜电加热器
D103	塔底产品贮罐	E103	空气冷凝器
P101	进料泵	T101	精馏塔

图 3-10　精馏流程示意图

二、操作规程

1. 选择参数

选择精馏段塔板数、提馏段塔板数。

2. 精馏塔进料

① 检查各容器罐内是否为空，检查各管线阀门是否关闭。

② 配制一定浓度的乙醇/正丙醇混合液，即进料配料比。

③ 设定进料罐一次性进料量，单击"进料"按钮，进料罐开始进料，直到罐内液位达到70%以上。

④ 打开进料泵 P101 的电源开关，启动进料泵。

⑤ 设定进料泵功率，将进料流量控制器的 MV 值设为50%，开始进料。

⑥ 设定预热器功率，将进料温度控制器的 MV 值设为60%，开始加热。

⑦ 如果塔釜液位涨过70%，打开 LV101，将塔釜液位控制器的 MV 值折为30%左右，控制塔釜液位在70%～80%之间。

3. 启动再沸器

① 打开阀门 V103，将塔顶冷凝器内通入冷却水。

② 设定塔釜加热功率，将塔釜加热控制器的 MV 值设为50%，使塔缓缓升温。

4. 建立回流

① 设置回流比（以回流比4为例，将回流值设为20，采出值设为5）。

② 将塔釜加热控制器的 MV 值设为 60%，加大蒸出量。
③ 将塔釜液位控制器的 MV 值设为 10%左右，控制塔釜液位在 50%左右。

5. 调整至正常

① 进料温度稳定在 95.3℃左右时，将进料温度控制器设自动，将 SP 值设为 95.3℃。
② 塔釜液位稳定在 50%左右时，将塔釜液位控制器设自动，将 SP 值设为 50%。
③ 塔釜温度稳定在 90.5℃左右时，将塔釜温度控制器设为自动，SP 值设为 90.5℃。
④ 稳定时塔顶温度在 75.8℃左右。保持稳定操作几分钟，取样记录分析组分成分。

6. 停车操作

① 关闭原料预热器，将进料温度控制器设为手动，将 MV 值设为 0。
② 关闭原料进料泵电源，将进料流量控制器设为手动，将 MV 值设为 0。
③ 关闭塔釜加热器，将塔釜温度控制器设为手动，将 MV 值设为 0。
④ 待塔釜温度冷却至室温后，关闭冷却水。

① 能识别精馏操作工艺流程。
② 能根据精馏生产任务完成精馏塔工艺计算。
③ 掌握精馏塔效率的测定方法，并分析其影响因素。
④ 能根据精馏生产任务确定回流比和塔板数，从而测定出塔板效率。

知识点　精馏的工艺计算

工艺生产上的蒸馏操作以连续精馏操作为主。实际生产中的精馏操作是复杂多变的，为了进行工艺计算，合理的假设是必需的。

一、基本假设

(1) 恒摩尔气流假设　在塔的精馏段内，从每一块塔板上上升蒸气的摩尔流量 V 皆相等，提馏段 V' 也是如此，但两段的蒸气流量不一定相等。

(2) 恒摩尔液流假设　在塔的精馏段内，从每一块塔板上下降的液体摩尔流量 L 皆相等，提馏段 L' 也是如此，但两段的液体流量也不一定相等。

(3) 理论板的概念　精馏过程中气液离开塔板时气液两相互为平衡，这块板称为理论板。实际上由于塔板上气液间的接触面积和接触时间有限，两相难以达到平衡状态，也就是说实际塔板和理论塔板是有差距的，理论塔板仅作为衡量实际板分离效率的依据和标准。通常在设计中总是先求得理论板数，然后再求得实际板数。理论板的引入对精馏过程的分析和计算是非常有用的。

(4) 塔顶的冷凝器　当塔顶的冷凝器为全凝器时，塔顶引出的蒸气在此处被全部冷凝，其冷凝液的一部分在泡点温度下回流入塔。因此

$$x_D = y_1 = x_0$$

式中　x_0——回流液中易挥发组分的摩尔分数；

x_D——塔顶产品（馏出液）中易挥发组分的摩尔分数；

y_1——塔顶引出蒸气中易挥发组分的摩尔分数。

当下一工序需要精馏塔提供气相产品时，可使塔顶蒸气部分冷凝为液体，作为回流用，其余以蒸气采用，这种冷凝器称为分凝器。也可以在分凝器中冷凝部分蒸气作为回流，其余蒸气另用冷凝器进行冷凝，作为馏出液采出。

（5）塔釜或再沸器采用间接蒸汽加热。

二、物料衡算

1. 全塔物料衡算

为了求出塔顶产品、塔底产品的流量和组成与原料液流量和组成之间的关系，对全塔做物料衡算，如图 3-11 所示。

总物料衡算　　　$F = D + W$　　　　　（3-9）

易挥发组分的物料衡算　$Fx_F = Dx_D + Wx_W$

$$(3-10)$$

式中　F、D、W——进料、塔顶产品（馏出液）、塔底产品（釜残液）的流量，kmol/h；

x_F、x_D、x_W——料液、馏出液、残液中易挥发组分的摩尔分数。

其中 D/F 和 W/F 分别称为馏出液和釜残液的采出率，两者之和为 1。

$$\frac{D}{F} = \frac{x_F - x_W}{x_D - x_W} \quad (3-11)$$

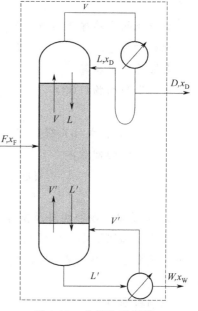

图 3-11　全塔物料衡算

① 当规定塔顶、塔底组成 x_D、x_W 时，可按上式计算产品的采出率，即产品的产率不能任意选择；

② 当规定塔顶产品的产率和组成 x_D 时，则塔底产品的产率及釜液组成不能再自由规定（当然也可规定塔底产品的产率和组成）。

在精馏计算中，分离程度除用塔顶、塔底产品的浓度表示外，有时还常用回收率表示：

塔顶馏出液易挥发组分的回收率　$\eta_D = \dfrac{Dx_D}{Fx_F} \times 100\%$　　　（3-12）

塔釜残液难挥发组分的回收率　$\eta_W = \dfrac{W(1-x_W)}{F(1-x_F)} \times 100\%$　　　（3-13）

【例 3-2】　某连续精馏塔中分离乙醇-水溶液，已知料液含 30% 乙醇，加料量为 4000kg/h。要求塔顶产品含乙醇 91% 以上，塔底残液中含乙醇不得超过 0.5%（以上均为质量分率）。试求：(1) 塔顶产量、塔底残液量（用摩尔流量表示）；(2) 乙醇的回收率。

解：(1) 乙醇的摩尔质量为 46kg/kmol，水的摩尔质量为 18kg/kmol。

进料组成 $$x_F = \frac{\frac{30}{46}}{\frac{30}{46} + \frac{70}{18}} = 0.144$$

馏出液组成 $$x_D = \frac{\frac{91}{46}}{\frac{91}{46} + \frac{9}{18}} = 0.798$$

残液组成 $$x_W = \frac{\frac{0.5}{46}}{\frac{0.5}{46} + \frac{99.5}{18}} = 0.002$$

原料液的平均摩尔质量　　$M_F = 0.144 \times 46 + 0.856 \times 18 = 22.03 (\text{kg/kmol})$

进料量为　　$F = 4000/22.03 = 181.57 (\text{kmol/h})$

全塔总物料衡算　　$F = D + W = 181.57 (\text{kmol/h})$ 　　(a)

全塔乙醇的物料衡算　　$Fx_F = Dx_D + Wx_W$

$$181.57 \times 0.144 = 0.798D + 0.002W \tag{b}$$

联立式(a)、式(b) 得　　$D = 32.39 \text{kmol/h}$；$W = 149.18 \text{kmol/h}$

(2) 乙醇的回收率

$$\eta_D = \frac{Dx_D}{Fx_F} \times 100\% = \frac{32.39 \times 0.798}{181.57 \times 0.144} = 98.85\%$$

2. 精馏段的物料衡算及操作线方程

在连续精馏塔中，因原料不断进入塔中，故精馏段和提馏段的操作关系不同，应分别讨论。按图3-12虚线范围内(包括精馏段的第 $n+1$ 层板以上的塔段及冷凝器)作物料衡算。

总物料衡算　　　　　　　$V = L + D$ 　　(3-14)

易挥发组分衡算　　　　$Vy_{n+1} = Lx_n + Dx_D$ 　　(3-15)

式中　x_n——精馏段第 n 层板下降液体中易挥发组分的摩尔分数；

y_{n+1}——精馏段第 $n+1$ 层板上升蒸气中易挥发组分的摩尔分数。

由精馏段物料衡算式整理可得精馏段操作线方程：

$$y_{n+1} = \frac{L}{L+D}x_n + \frac{D}{L+D}x_D \tag{3-16}$$

令 $R = L/D$（称为回流比），上式可变为：

$$y_{n+1} = \frac{R}{R+1}x_n + \frac{1}{R+1}x_D \tag{3-17}$$

当 D、R、x_D 为定值时，该方程式为一直线方程式，其斜率为 $R/(R+1)$，截距为 $x_D/(R+1)$，且经过点 $a(x_D, x_D)$，如图3-14中线 ab 所示。

3. 提馏段物料衡算及操作线方程

按图3-13虚线范围内(包括提馏段的第 m 层板以下的塔段及再沸器)作物料衡算。

总物料衡算　　　　　　　$L' = V' + W$ 　　(3-18)

易挥发组分衡算　　　　$L'x'_m = V'y'_{m+1} + Wx_W$ 　　(3-19)

式中 x'_m——提馏段第 m 层板下降液体中易挥发组分的摩尔分数；
y'_{m+1}——提馏段第 $m+1$ 层板上升蒸气中易挥发组分的摩尔分数。

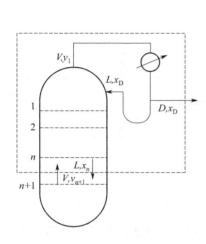

图 3-12 精馏段物料衡算图

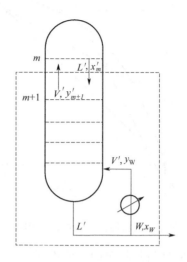

图 3-13 提馏段物料衡算图

由提馏段物料衡算式整理可得提馏段操作线方程：

$$y'_{m+1} = \frac{L'}{L'-W}x'_m - \frac{W}{L'-W}x_W \tag{3-20}$$

当 L'、W、x_W 为定值时，该方程式为一直线方程式，其斜率为 $L'/(L'-W)$，截距为 $-Wx_W/(L'-W)$，且经过点 $c(x_W, x_W)$，如图 3-14 中线 cd。

提馏段的液体流量不如精馏段的回流液流量那样易求得，因其除与回流液流量有关外，还受进料量及进料热状况的影响。

三、进料状态

1. 进料热状况

设第 m 块板为进料板，如图 3-15 所示的虚线范围，对进出该板各股的摩尔流量、组成与热焓做物料衡算与热量衡算，得：

进料板总物料衡算　　　　　$F+L+V'=L'+V$

进料板热量衡算　　$FI_F+LI_L+V'I_{V'}=L'I_{L'}+VI_V+Q$

设 $I_V=I_{V'}$，$I_L=I_{L'}$，$Q\approx 0$，则

$$\frac{I_V-I_F}{I_V-I_L} = \frac{L'-L}{F}$$

令进料热状况参数 q 为

$$q = \frac{I_V-I_F}{I_V-I_L} = \frac{\text{将 1kmol 原料变成饱和蒸气所需热量}}{\text{1kmol 原料的汽化潜热}}$$

并由此得到　　　　　　　$L'=L+qF$ 　　　　　　　(3-21)

$$V' = V - (1-q)F \qquad (3-22)$$

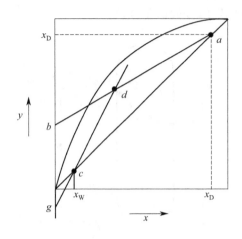

图 3-14 精馏段、提馏段操作线　　图 3-15 进料板衡算图

不同进料热状况的 q 值不同,进料热状况会直接影响精馏塔内两段上升蒸气和下降液体量之间的关系,如图 3-16 所示:

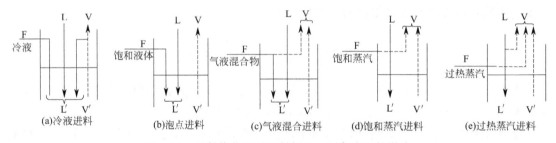

图 3-16 进料热状况对进料板上、下各流股的影响

从图 3-16 可看出,(a) 是冷液进料,$q>1$;(b) 是泡点进料,$q=1$;(c) 是气液混合进料,$q=0 \sim 1$;(d) 是饱和蒸气进料,$q=0$;(e) 是过热蒸气进料,$q<0$。

2. q 线方程

q 线方程又称为进料方程,是精馏段操作线与提馏段操作线交点的轨迹方程。进料板是两段的交汇处,两段的操作线在此应该存在交点,联立两操作线方程可得其交点轨迹方程:

$$y = \frac{q}{q-1}x - \frac{x_F}{q-1} \qquad (3-23)$$

当 q 一定时,q 线方程为一直线方程,经过点 $e(x_F, x_F)$。进料状况不同,q 值不同,q 线的斜率也不同,故 q 线与精馏段操作线的交点随着进料状况不同而变动,提馏段操作线也随之而变动,如图 3-17 所示。

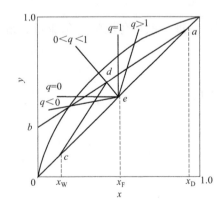

图 3-17 不同加料热状况下的 q 线

【例 3-3】 已知连续精馏塔的操作线方程:精馏塔 $y=0.75x+0.205$,提馏段 $y=$

$1.25x-0.020$,试求泡点进料时,原料液、馏出液、釜残液组成及回流比。

解:已知精馏段操作线方程 $y=0.75x+0.205$,则

$$\frac{R}{R+1}=0.75, 得 R=3$$

$$\frac{x_D}{R+1}=0.205, 得 x_D=0.82$$

已知提馏段操作线方程为 $y=1.25x-0.020$,则

$$x_W=1.25x_W-0.020, 得 x_W=0.08$$

泡点进料时,两操作线的交点的横坐标即为 x_F,则

$$0.75x_F+0.205=1.25x_F-0.020, 得 x_F=0.45$$

四、理论塔板数的确定

1. 逐板计算法

逐板计算法通常是从塔顶开始逐板进行计算,所利用的基本方程有:

相平衡方程:
$$y=\frac{\alpha x}{1+(\alpha-1)x}$$

精馏段操作线方程:
$$y_{n+1}=\frac{R}{R+1}x_n+\frac{1}{R+1}x_D$$

提馏段操作线方程:
$$y'_{m+1}=\frac{L'}{L'-W}x'_m-\frac{W}{L'-W}x_W$$

塔顶为全凝器,泡点回流,塔釜用间接蒸气加热。因此 $y_1=x_D$。

根据理论板的概念,第一层板下降的液相组成 x_1 与 y_1 互为平衡关系(如图 3-18 所示),可用相平衡方程式计算 x_1,x_1 与第二层板上升蒸气组成 y_2 可用精馏段操作线方程计算,如此交替的利用相平衡方程及精馏段操作线方程逐板计算。当计算至 $x_n \leqslant x_d$ 时 (x_d 为两操作线交点的坐标值),改用相平衡方程式与提馏段操作线方程计算,直至 $x_m \leqslant x_W$ 为止。精馏段所需理论板层数为 $(n-1)$,提馏段所需理论板层数为 $(m-n-1)$,第 n 层理论板为进料板。

在计算过程中,每使用一次平衡关系,表示需要一层理论板。通常用 N_T 表示精馏塔的理论塔板数,由上述可知 $N_T=m-2$(不含再沸器)。

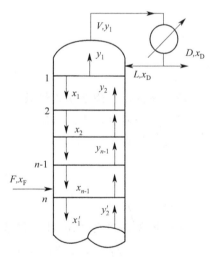

图 3-18 逐板计算法示意图

【例 3-4】 在常压下将含苯 0.25(摩尔分数,下同)的苯-甲苯混合液连续精馏分离。要求馏出液中含苯 0.98,釜残液中含苯不超过 0.085。选用回流比为 5,进料为饱和液体,塔顶为全凝器,泡点回流。试用逐板计算法求所需理论板层数。已知操作条件下苯-甲苯混合液的平均相对挥发度 α 为 2.47。

解:(1)苯-甲苯混合液的气液相平衡方程

$$y = \frac{\alpha x}{1+(\alpha-1)x} = \frac{2.47x}{1+(2.47-1)x} = \frac{2.47x}{1+1.47x} \tag{a}$$

(2) 操作线方程

精馏段操作线方程：

$$y_{n+1} = \frac{R}{R+1}x_n + \frac{x_D}{R+1} = \frac{5}{5+1}x_n + \frac{0.98}{5+1} = 0.8333x_n + 0.1633 \tag{b}$$

提馏段操作线方程：

$$y'_{m+1} = \frac{L'}{L'-W}x'_m - \frac{W}{L'-W}x_W$$

采出率为：

$$\frac{D}{F} = \frac{x_F - x_W}{x_D - x_W} = \frac{0.25-0.085}{0.98-0.085} = 0.1844$$

$$\frac{W}{F} = \frac{x_D - x_F}{x_D - x_W} = \frac{0.98-0.25}{0.98-0.085} = 0.8156$$

对于饱和液体进料，$q=1$，原料液进入加料板后全部进入提馏段，即

$$\frac{L'}{F} = \frac{L+qF}{F} = \frac{RD+F}{F} = R\frac{D}{F}+1 = 5 \times 0.1844 + 1 = 1.9220$$

则提馏段操作线方程右侧分子分母同时除以 F 可得

$$y'_{m+1} = \frac{\dfrac{L'}{F}}{\dfrac{L'-W}{F}}x'_m - \frac{\dfrac{W}{F}}{\dfrac{L'-W}{F}}x_W$$

$$= \frac{1.9220}{1.9220-0.8156}x'_m - \frac{0.8156}{1.9220-0.8156} \times 0.085$$

$$= 1.737x'_m - 0.0626 \tag{c}$$

(3) 逐板计算法求理论板数

因采用全凝器，泡点回流，故 $y_1 = x_D = 0.98$，代入相平衡方程（a）求出第1层塔板下降的液体组成 x_1，即

$$y_1 = \frac{2.47x_1}{1+1.47x_1}$$

解得 $x_1 = 0.952$

由精馏段操作线方程（b）得第2层板上升蒸气组成

$$y_2 = 0.8333x_1 + 0.1633 = 0.8333 \times 0.952 + 0.1633 = 0.9567$$

由式(a)求得第2层板下降的液体组成 $x_2 = 0.8994$。

由精馏段操作线方程(b)得第3层板上升蒸气组成 $y_3 = 0.9128$

重复上述步骤，交替使用方程(a)和方程(b)计算可得

$x_3 = 0.8091$ $y_4 = 0.8376$

$x_4 = 0.6762$ $y_5 = 0.7268$

$x_5 = 0.5186$ $y_6 = 0.5955$

$x_6 = 0.3734$ $y_7 = 0.4745$

$$x_7 = 0.2677 \qquad y_8 = 0.3864$$
$$x_8 = 0.2032 < 0.25 \, (x_F)$$

因第 8 块塔板上液相组成小于进料液组成，故让进料引入此板。第 9 层理论板上升的气相组成应用提馏段操作线方程(c)计算，得 $y_9 = 1.737 x_8 - 0.0626 = 1.737 \times 0.2032 - 0.0626 = 0.2903$

由方程(a)计算第 9 层板下降的液体组成 $x_9 = 0.1421$。

由方程(c)计算第 10 层板上升的蒸气组成 $y_{10} = 0.1842$。

由方程(a)计算第 10 层板下降的液体组成 $x_{10} = 0.08376 < 0.085 \, (x_W)$。

故总理论板层数为 10 层（包括再沸器）。其中精馏段理论板数为 7 层，提馏段理论板为 3 层（包括再沸器），第 8 层理论板为加料板。

2. 图解法

与逐板计算法相同，图解法也是交替使用相平衡方程和操作线方程，区别只是将计算改为图解。

该方法的步骤：

（1）绘出 x-y 相图　在直角坐标系中绘制对角线和 x-y 图。

（2）绘出操作线　从 x 轴上 x_D、x_F、x_W 三点引铅垂线，与对角线分别交于 a、e、c 三点，并根据 R、q 作出操作线。

（3）从 a 点开始在平衡线和操作线之间绘三角形阶梯，当 $x_n \leqslant x_d$ 时，改在平衡线与提馏段操作线间继续绘制阶梯，直至 $x_m \leqslant x_W$ 为止。阶梯数减 1 即为不包括再沸器的理论板层数。

如图 3-19 所示，梯阶总数为 11 块，表示共需 11 块理论板（包括塔釜），其中精馏段的理论板数为 4 块，提馏段的理论板数为 6 块（不包括塔釜）。

3. 适宜加料位置

在图解理论塔板数时，当跨过两操作线交点时，更换操作线。而跨过两操作线交点时的梯级即代表适宜的加料位置，因为如此作图所作的理论塔板数为最小，如图 3-20(a) 所示。

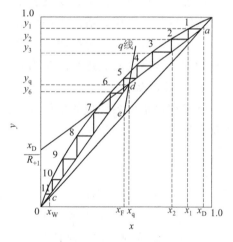

图 3-19　图解法示意图

如图 3-20(b) 所示，若梯级已跨过两操作线的交点，而仍继续在精馏段操作线和平衡线之间绘梯级，由于交点以后精馏段操作线与平衡线的距离较提馏段操作线与平衡线之间的距离近，故所需理论塔板数较多。反之，如还没有跨过交点，而过早地更换操作线，也同样会使理论塔板数增加，如图 3-20(c) 所示。可见，当跨过两操作线交点后更换操作线作图，所定出的加料位置为适宜的位置。

五、塔板效率

1. 单板效率

单板效率表明一块实际塔板与一块理论塔板在提浓能力上的差异，用符号 E'_T 表示。

第 n 层塔板的单板效率用气相组成变化表示，即

$$E'_T = \frac{y_n - y_{n+1}}{y_n^* - y_{n+1}} \quad (3\text{-}23)$$

式中 E'_T——第 n 层塔板的单板效率；

y_{n+1}——进入第 n 层塔板的气相组成，摩尔分数；

y_n——离开第 n 层塔板的气相组成，摩尔分数；

y_n^*——与第 n 层塔板上液相组成 x_n 互成平衡的气相组成，摩尔分数。

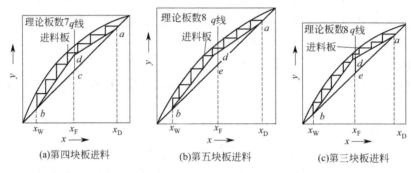

图 3-20 适宜的加料位置

同理，也可按液相组成变化表示。

实际生产过程中，塔内不同位置处塔板上的气液状态（包括物性和操作状态）是不同的，实际提浓能力与理论提浓的差异也不相同。因此，不同塔板的单板效率是不相同的。单板效率只能通过实验逐个测定出来。

2. 全塔效率

通常精馏塔中各层板的单板效率并不相等，为此常用"全塔效率"（又称总效率）来表示，即

$$E_T = \frac{N_T}{N} \quad (3\text{-}25)$$

式中 E_T——全塔效率；

N_T——完成一定分离任务所需的理论塔板数；

N——完成一定分离任务所需的实际塔板数。

塔板效率受多方面因素的影响，目前还不能作精确计算，只能通过实验测定来获取。工程计算中常用图 3-21 所示的关系曲线来近似求取 E_T。图中横坐标为塔顶与塔底平均温度下的液体黏度与相对挥发度的乘积（$\alpha\mu_L$），纵坐标为全塔效率。

六、回流比

1. 回流比对精馏操作的影响

回流是保证精馏塔连续稳定操作的必要条件。回流液的多少对整个精馏塔的操作有很大影响，因而选择适宜的回流比是非常重要的。对精馏段而言，进料状态和馏出液组成一定，即 q 线一定，精馏段操作线与对角线交点（x_D, x_D）也是一定的。随着回流比的增加，精馏段操作线的截距变小，其操作线远离平衡线，更接近于对角线，那么所需的理论

塔板数变少，从而减少了设备费用。但另一方面，回流比的增加，回流量 L 及上升蒸气量 V 均随之增大，塔顶冷凝器和塔底再沸器的负荷随之增大，这就增加了操作费用。反之，回流比减小，理论塔板数增加，但冷凝器、再沸器的冷却水用量和加热蒸汽消耗量都减少。R 值的过大和过小从经济观点来看都是不利的。因此应选择适宜的回流比使精馏操作的效果最佳。

回流比有全回流及最小回流比两个极限，操作回流比介于两个极限之间的某个适宜值。

2. 全回流和最少理论板层数

上升至塔顶的蒸气经冷凝后全部流回塔内的精馏操作方式称为全回流。此时既无向塔内进料，也无从塔内取出产品，即 $F=0$、$D=0$、$W=0$、$R=\infty$，在 x-y 相图上两条操作线合二为一（见图 3-22），且与对角线重合，操作线方程为 $y_{n+1}=x_n$，操作线与平衡线距离最远，理论板层数最少，以 $N_{\min}$ 表示。

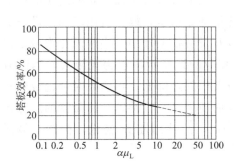

图 3-21　精馏塔总板效率关系曲线图

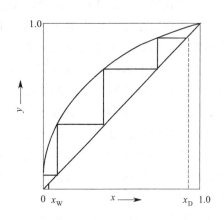

图 3-22　全回流时理论板层数

全回流时理论板层数求法主要有图解法、芬斯克方程（Fenske equation）两种。

（1）图解法　从 (x_D,x_D) 点开始，在对角线和平衡线之间绘三角形梯级，直至 (x_W,x_W) 为止，所绘的三角形梯级数即为所求的理论塔板数（包括塔釜）。

（2）芬斯克方程

$$N_{\min}=\frac{\lg\dfrac{x_D}{1-x_D}\cdot\dfrac{1-x_W}{x_W}}{\lg\alpha}-1 \tag{3-26}$$

式中 α 为全塔的相对挥发度的平均值，$\alpha=(\alpha_{顶}+\alpha_{底})/2$。

全回流操作主要用于精馏的开工、短期停工阶段或实验研究等。

3. 最小回流比

当回流比 R 减小至某一数值时，精馏段操作线和提馏段操作线交点正好落在平衡线上，如图 3-23(a) 所示，此时理论板层数无穷多，对应的回流比为最小回流比，用 $R_{\min}$ 表示。

最小回流比的计算

$$R_{\min}=\frac{x_D-y_q}{y_q-x_q} \tag{3-27}$$

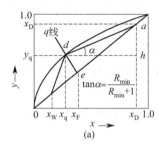 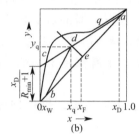 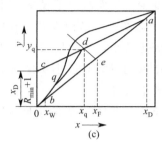

图 3-23 最小回流比的确定

最小回流比的 R_{min} 值还与平衡线的形状有关，对于非理想溶液，操作线则与平衡线相切 [图 3-23（b）、图 3-23(c) 所示] 得到最小回流比。

4. 适宜回流比的选择

一般适宜回流比的选择是由经济衡算来确定的，即操作费用和设备折旧费用最低时的回流比为适宜回流比。精馏的操作费用主要取决于再沸器的加热蒸汽消耗量及冷凝器的冷却水消耗量，而这两个量均取决于塔内上升蒸气量。但上升蒸气量又随着回流比的增加而增加，当回流比增加时，加热蒸汽和冷却介质消耗量随之增多，操作费用增加。设备折旧费用是精馏塔、再沸器、冷凝器等设备的投资费以及设备折旧费用。当回流比为最小回流比时，达到分离要求的理论塔板数 N 为无穷大，相应的设备费用也为无限大，当回流比稍稍增大，理论塔板数则从无限大急剧减少，设备费用随之降低，再增大时理论板数减少缓慢，但随着回流比的增加上升蒸气量也增加，从而使塔径、再沸器、冷凝器的尺寸相应增加，设备费用反而上升。故需要综合考虑两种费用，总费用随 R 变化，存在一最低点操作最经济。

在精馏塔设计中，适宜回流比可根据经验选取 $R=(1.1\sim2.0)R_{min}$。有时要视具体情况而定，对于难分离的混合物应选用较大的回流比；有时为了减少加热蒸汽的消耗量，可采用较小的回流比。

一、问题思考

1. 简述精馏的原理。
2. 精馏过程进行的必要条件是什么？为什么？
3. 精馏塔的操作线关系与平衡关系有何不同，有何实际意义及作用？
4. 某精馏塔正常稳定操作，若想增加进料量而保持产品质量不变，宜采取哪些措施？
5. 进料热状况发生变化时，对精馏产生什么影响？
6. 最适宜回流比的确定需要考虑哪些因素？
7. 塔顶温度升高时，会带来什么样的结果？如何处理？
8. 在一连续精馏塔的操作中，由于前一工序原因使加料组成 x_F 降低，可采取哪些措施保证塔顶产品的质量（即保持馏出液组成 x_D 不降）？与此同时釜残液的组成 x_W 将如何变化？
9. 用一连续操作的精馏塔分离某混合液。假设其他条件保持不变，塔板效率不变，若改变下列因素，馏出液及釜液组成将有何变化？①回流比下降；②原料中易挥发组分浓度上升。

二、工艺计算

1. 用精馏方法分离含丙烯 0.4（质量分数，下同）的丙烯-丙烷混合液，进料量为 2000kg/h。塔底产品中丙烯含量为 0.20，流量为 1000kg/h。试求塔顶产品的产量及组成。

2. 某二元物系，原料液浓度 $x_F = 0.42$，连续精馏分离得塔顶产品浓度 $x_D = 0.95$。已知塔顶产品中易挥发组分回收率 $\eta = 0.92$，求塔底产品浓度 x_W（以上浓度皆指易挥发组分的摩尔分数）。

3. 在连续精馏塔中分离二硫化碳-四氯化碳混合液。已知原料液流量为 5000kg/h，二硫化碳的质量分数为 0.3（下同）。若要求釜液组成不大于 0.05，塔顶二硫化碳回收率为 88%，试求馏出液的流量和组成，分别以摩尔流量和摩尔分数表示。

4. 将含易挥发组分 0.25（摩尔分数，下同）的某混合液连续精馏分离。要求馏出液中含易挥发组分 0.95，残液中含易挥发组分 0.04。塔顶每小时送入全凝器 1000kmol 蒸气，而每小时从冷凝器流入精馏塔的回流量为 670kmol。试求残液量和回流比。

5. 精馏分离丙酮-正丁醇混合液，料液、馏出液含丙酮分别为 0.30、0.95（均为质量分数），加料量为 1000kg/h，馏出液量为 300kg/h，进料为饱和液体，回流比为 2。求精馏段操作线方程和提馏段操作线方程。

6. 在常压操作的连续精馏塔中，分离含甲醇 0.4（以下均为摩尔分数）的水溶液，要求塔顶产品含甲醇 0.95 以上，塔底含甲醇 0.035 以下，物料流量 15kmol/s，采用回流比为 3，试求以下各种进料状况下的 q 值以及精馏段和提馏段的气液相流量：①进料稳定为 40℃；②饱和液体进料；③饱和蒸气进料。

7. 氯仿（$CHCl_3$）和四氯化碳（CCl_4）的混合物在一连续精馏塔中分离。馏出液中氯仿的浓度为 0.95（摩尔分数），馏出液流量为 50kmol/h，平均相对挥发度 $\alpha = 1.6$，回流比 $R = 2$。求：①塔顶第二块塔板上升的气相组成；②精馏段各板上升蒸气量 V 及下降液体量 L（以 kmol/h 表示）。

8. 某连续精馏操作分离（A，B）混合物，已知：$x_F = 0.24$，$x_D = 0.95$，$x_W = 0.03$，$L = 670$kmol/h，$V = 850$kmol/h。若原料于泡点进料，物料的相对挥发度为 2.47，求：①两个操作线方程；②用逐板计算法求出精馏段自塔顶往下数第二块理论板下流液体的组成。

9. 有苯和甲苯混合液，含苯 0.40，流量为 1000kmol/h，在一常压精馏塔内进行分离。要求塔顶流出液中含苯 90% 以上（均为摩尔分数），苯回收率不低于 90%，泡点进料，泡点回流，取回流比为最小回流比的 1.5 倍。已知相对挥发度 $\alpha = 2.5$，试求：①塔顶产品量 D；②塔底残液量 W 及组成 x_W；③实际回流比 R。

10. 一连续精馏塔的操作条件为：操作压力为 101.3kPa，每小时 4000kg/h 的原料液中含乙醇 30% 的水溶液，于 293K 时送入塔内，馏出液为 94% 乙醇，于泡点回流；残液中乙醇含量不高于 3%（以上为质量分数）。实际回流比为最小回流比的 1.8 倍，板效率为 70%，试计算：①每小时的馏出液量及残液量；②最小回流比与实际回流比；③理论塔板数与实际塔板数。

任务三 精馏工艺系统的调控操作

在精馏生产工艺中为达到生产任务的分离要求，需要合理调控温度、压力等工艺参数。现以脱丙烷塔的釜液（主要有 C_4、C_5、C_6、C_7 等）经由脱丁烷塔分离出 C_4 馏分的生产任务为例，对工艺参数的调控进行训练。

一、工艺流程

本任务中精馏单元的 DCS 图和工艺流程图如图 3-34、图 3-35 所示。

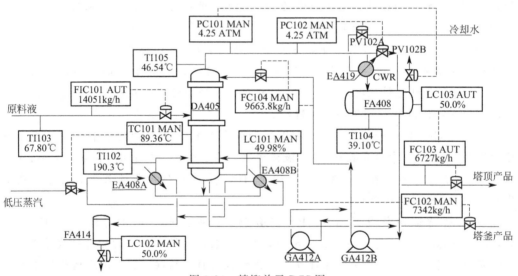

图 3-24 精馏单元 DCS 图

1. 工艺说明

原料为 67.8℃ 脱丙烷塔的釜液（主要有 C_4、C_5、C_6、C_7 等），由脱丁烷塔（DA405）的第 16 块板进料（全塔共 32 块板），进料量由流量控制器 FIC101 控制。灵敏板温度由调节器 TC101 通过调节再沸器加热蒸汽的流量，来控制提馏段灵敏板温度，从而控制丁烷的分离质量。

脱丁烷塔釜液（主要为 C_5 以上馏分）一部分作为产品采出，一部分经再沸器（EA418A、EA418B）部分汽化为蒸气从塔底上升。再沸器采用低压蒸汽加热。塔釜的液位和塔釜产品采出量由 LC101 和 FC102 组成的串级控制器控制。塔釜蒸汽缓冲罐（FA414）液位由液位控制器 LC102 调节底部采出量控制。

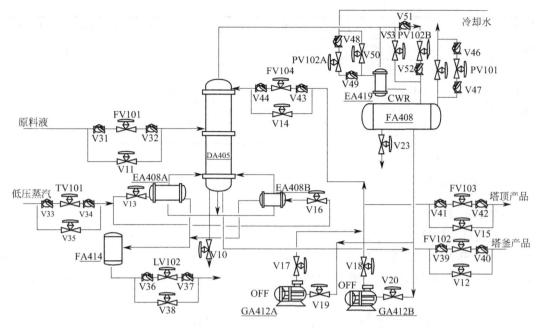

图 3-25 精馏单元工艺流程图

塔顶的上升蒸气（C_4 馏分和少量 C_5 馏分）经塔顶冷凝器（EA419）全部冷凝成液体，该冷凝液靠位差流入回流罐（FA408）。冷凝器以冷却水为载热体。回流罐液位由液位控制器 LC103 调节塔顶产品采出量来维持恒定。回流罐中的液体一部分作为塔顶产品送下一工序，另一部分液体由回流泵（GA412A、GA412B）送回塔顶作为回流，回流量由流量控制器 FC104 控制。

2. 设备及仪表说明

（1）设备

DA405：脱丁烷塔　　　　EA419：塔顶冷凝器　　FA408：塔顶回流罐

GA412A、GA412B：回流泵　EA418A、EA418B：塔釜再沸器　FA414：塔釜蒸汽缓冲罐

（2）仪表　见表 3-1。

表 3-1　相关仪表

位号	说明	类型	正常值	量程高限	量程低限	工程单位
FIC101	塔进料量控制	PID	14056.0	28000.0	0.0	kg/h
FC102	塔釜采出量控制	PID	7349.0	14698.0	0.0	kg/h
FC103	塔顶采出量控制	PID	6707.0	13414.0	0.0	kg/h
FC104	塔顶回流量控制	PID	9664.0	19000.0	0.0	kg/h
PC101	塔顶压力控制	PID	4.25	8.5	0.0	atm
PC102	塔顶压力控制	PID	4.25	8.5	0.0	atm
TC101	灵敏板温度控制	PID	89.3	190.0	0.0	℃
LC101	塔釜液位控制	PID	50.0	100.0	0.0	%
LC102	塔釜蒸汽缓冲罐液位控制	PID	50.0	100.0	0.0	%

续表

位号	说明	类型	正常值	量程高限	量程低限	工程单位
LC103	塔顶回流罐液位控制	PID	50.0	100.0	0.0	％
TI102	塔釜温度	AI	109.3	200.0	0.0	℃
TI103	进料温度	AI	67.8	100.0	0.0	℃
TI104	回流温度	AI	39.1	100.0	0.0	℃
TI105	塔顶气温度	AI	46.5	100.0	0.0	℃

二、操作规程

1. 冷态开车

（1）进料及排放不凝气过程

① 先打开 PV102B 前、后截止阀 V51 和 V52，再打开 PV101 前、后截止阀 V46 和 V47，微开 FA408 顶部放空阀 PV101 排放不凝气，打开 FV101 前、后截止阀 V31 和 V32。

② 稍开 FIC101 调节阀 FV101（不超过 20％），向精馏塔进料，直到开度大于 40％。

③ 进料后，塔内温度略升，压力升高。当压力 PC101 升至 0.5atm（表压）时，关闭 PC101 调节阀投自动，并控制塔压不超过 4.25atm（如果塔内压力大幅波动，改回手动调节稳定压力）。

（2）启动再沸器

① 打开 PV102A 前、后截止阀 V48 和 V49，待压力 PC101 升至 0.5atm 时，打开冷凝水 PC102 调节阀至 50％；塔压基本稳定在 4.25atm 后，可加大塔进料（FIC101 开至 50％左右）。

② 待塔釜液位 LC101 升至 20％以上时，开加热蒸汽入口阀 V13，打开 TV101 前、后截止阀 V33 和 V34，再稍开 TC101 调节阀，给再沸器缓慢加热。

③ 打开 LV102 前、后截止阀 V36 和 V37，并调节 TC101 阀开度使塔釜液位 LC101 维持在 40％～60％。待 FA414 液位 LC102 升至 50％时，并投自动，设定值为 50％。

④ 逐渐打开 TV101 至 50％，使塔釜温度逐渐上升至 100℃，灵敏板温度升至 75℃。

（3）建立回流

① 塔压升高时，通过开大 PC102 的输出，改变塔顶冷凝器冷却水量和旁路量来控制塔压稳定。

② 当回流罐液位 LC103 升至 20％以上时，先开回流泵 GA412A 的入口阀 V19，再启动泵，再开出口阀 V17，打开 FV104 前、后截止阀 V43 和 V44，启动回流泵。

③ 通过手动打开调节阀 FV104 的阀开度（＞40％）控制回流量，维持回流罐液位不超高，同时逐渐关闭进料，进行全回流操作。

（4）调整至正常

① 待塔压稳定后，将 PC101 设置为自动，设定值为 4.25atm，将 PC102 设为自动，值为 4.25atm。塔压完全稳定后，将 PC101 设置为 5.0atm。

② 当各项操作指标趋近正常值时，打开进料阀 FIC101。逐步调整进料量，待进料量稳定在 14056kg/h 后，将 FIC101 设置为自动。

③ 通过 TC101 调节再沸器加热量使灵敏板温度 TC101 达到正常值。

④ 逐步调整回流量 FC104，将调节阀 FV104 开至 50%，当 FC104 流量稳定在 9664kg/h 后，将其设置为自动，设定值为 9664kg/h。

⑤ 打开 FV102 前、后截止阀 V39 和 V40，当塔釜液位无法维持时（>35%），逐渐打开 FC102，采出塔釜产品，注意塔釜、回流罐液位。当塔釜产品采出量稳定为 7349kg/h，将 FC102 设置为自动，设定值为 7349kg/h。

⑥ 将各控制回路投自动，各参数稳定并与工艺设计值吻合后，投产品采出串级。将 LC101 设置为自动，设定 LC101 为 50%；将 FC102 设置为串级。打开 FV103 前、后截止阀 V41 和 V42，当回流罐液位无法维持时，逐渐打开 FV103，采出塔顶产品。待产出稳定在 6707kg/h，将 FC103 设置为自动，设置值为 6707kg/h；将 LC103 设置为自动，设定值为 50%；将 FC103 设置为串级。

2. 正常操作规程

正常工况下的工艺参数如下：

① 进料流量 FIC101 设为自动，设定值为 14056kg/h。

② 塔釜采出量 FC102 设为串级，设定值为 7349kg/h。

③ 塔顶采出量 FC103 设为串级，设定值为 6707kg/h。

④ 塔顶回流量 FC104 设为自动，设定值为 9664kg/h。

⑤ 塔顶压力 PC102 设为自动，设定值为 4.25atm，PC101 设自动，设定值为 5.0atm。

⑥ 灵敏板温度 TC101 设为自动，设定值为 89.3℃。

⑦ 塔顶温度稳定在 46.53℃。

⑧ LC101 设为自动，设定值为 50%。

⑨ FA414 液位 LC102 设为自动，设定值为 50%。

⑩ 回流罐液位 LC103 设为自动，设定值为 50%。

3. 停车操作规程

(1) 降负荷

① 逐步关小 FIC101 调节阀 FV101，降低进料至正常进料量的 70%。

② 在降负荷过程中，保持灵敏板温度 TC101 和塔压 PC102 的稳定，使精馏塔分离出合格产品。

③ 在降负荷过程中，尽量通过 FC103 排出回流罐中的液体产品，断开 LC103 和 FC103 的串级，手动开大 FV103，使液位 LC103 降至 20%。

④ 在降负荷过程中，尽量通过 FC102 排出塔釜产品，断开 LC101 和 FC102 的串级，手动开大 FV102，使液位 LC101 降至 30%左右。

(2) 停进料和再沸器

① 关闭 FV101 前、后截止阀 V31 和 V32，关 FIC101 调节阀 FV101，停精馏塔进料。

② 关闭调节阀 TV101，关闭 TV101 前、后截止阀 V33 和 V34。

③ 关加热蒸汽阀 V13，停再沸器的加热蒸汽。

④ 停止产品采出，手动关 FV102 调节阀，关闭 FV102 前、后截止阀 V39 和 V40。手动关闭 FV103 调节阀，关闭 FV103 前、后截止阀 V41 和 V42。

⑤ 打开塔釜泄液阀 V10，排不合格产品，并控制塔釜降低液位。

⑥ 手动打开 LC102 调节阀，对 FA414 泄液。

（3）停回流

① 手动打开 FV104，将回流罐中的液体全部通过回流泵打入塔，以降低塔内温度。

② 当回流罐液位至 0 时，停回流，关 FV104 调节阀，关闭 FV104 前、后截止阀 V43 和 V44。

③ 关泵出口阀 V17，停泵 GA412A，关入口阀 V19。

（4）降压、降温

① 塔内液体排完后，手动打开 PV101 进行降压，将塔压降至接近常压后，关 PV101 调节阀，关闭 PV101 前、后截止阀 V46 和 V47。

② 全塔温度（灵敏板温度）降至 50℃以下时，将 PC102 投自动，关塔顶冷凝器的冷却水（PC102 的输出至 0），手动关闭 PV102A，关闭 PV102A 前、后截止阀 V48 和 V49，当塔釜液位降至 0%后，关闭泄液阀 V10。

4. 事故判断与处理

事故判断与处理见表 3-2。

表 3-2　事故判断与处理

	现象	原因	处理
热蒸汽压力过高	加热蒸汽的流量增大，塔釜温度持续上升	加热蒸汽压力过高	将 TC101 改为手动调节，适当减小 TV101 的阀门开度。待温度稳定后，将 TC101 改为自动调节，将 TC101 设定为 89.3℃
热蒸汽压力过低	加热蒸汽的流量减小，塔釜温度持续下降	加热蒸汽压力过低	将 TC101 改为手动调节，适当增大 TC101 的开度。待温度稳定后，将 TC101 改为自动调节，将 TC101 设定为 89.3℃
停电	回流泵 GA412A 停止，回流中断	停电	同冷凝水中断的处理措施
回流泵故障	GA412A 断电，回流中断，塔顶压力、温度上升	回流泵 GA412A 泵坏	切换备用泵 ① 开备用泵入口阀 V20，启动备用泵 GA412B。然后再开备用泵出口阀 V18 ② 关闭运行泵出口阀 V17，停运行泵 GA412A，关运行泵入口阀 V19
回流控制阀 FC104 阀卡	回流量减小，塔顶温度上升，压力增大	阀 FC104 阀卡	将 FC104 设为手动模式，关闭 FV104 前后截止阀 V43 和 V44，打开旁路阀 V14，保持回流

任务评价

① 能识读精馏工艺流程图。

② 要能熟练完成精馏 DCS 系统的开停车操作。

③ 能正确地对精馏塔进行相应工艺计算。

④ 能准确地调控精馏操作的工艺参数，并能分析工艺参数的变化对精馏操作的影响。

⑤ 能正确判断操作过程中的事故并及时处理。

知识链接

知识点一　精馏操作分析

一、进料组成的影响

工业生产中，精馏处理的物料由前一工序引来，当上一工序的生产过程波动时，进精馏塔的物料组成也将发生变化，将对精馏操作带来影响。当进料组成降低时，因塔板数不变，若保持回流比不变，则塔顶和塔底产品组成均下降。若要维持馏出液组成不变，可通过适当增加回流比、加大釜液采出量或调整进料位置等措施来实现。

二、进料流量的影响

进料量变化会使塔内的气液相负荷发生变化，从而影响塔内气液相接触效果，应严格维持全塔的总物料平衡与易挥发组分的平衡。若总物料不平衡，例如当进料量大于出料量，会造成淹塔；反之，当进料量小于出料量时，则会造成塔釜蒸干，这些都将严重破坏精馏塔的正常操作。在满足总物料平衡的条件下，还应同时满足各个组分的物料平衡。例如，当进料量减少时，如不及时调低塔顶馏出液的采出率，则由于易挥发组分的物料不平衡，将使塔顶不能获得纯度很高的合格产品。

三、操作温度的影响

在总压一定的条件下，精馏塔内各块板上的物料组成与温度一一对应，当板上的物料组成发生变化，其温度也就随之变化。当精馏过程受到外界干扰时，塔内不同塔板处的物料组成将发生变化，其相应的温度亦将改变。其中，塔内某些塔板处的温度对外界干扰的反应特别明显，即当操作条件发生变化时，这些塔板上的温度将发生显著变化，这种塔板称为灵敏板。

一般取温度变化最大的塔板为灵敏板。精馏生产中由于物料不平衡或是塔的分离能力不够等原因造成的产品不合格现象，都可及时通过灵敏板温度变化情况得到预测，从而可及时发出信号使调节系统能尽快加以调节，以保证精馏产品的合格。

当灵敏板取在精馏段的某层塔板处，称为精馏段温控，适用于对塔顶产品质量要求高或是气相进料的场合，可根据灵敏板温度适当调节回流比来实现温度控制。例如，灵敏板温度升高时，则反映为塔顶产品组成 x_D 下降，故可适当增大回流比使灵敏板温度降低。

当灵敏板取在提馏段的某层塔板处，称为提馏段温控，适用于对塔底产品要求高的场合或是液相进料时，可根据灵敏板温度适当调节再沸器加热量。例如，当灵敏板温度下降，则反映为釜底液相组成 x_W 变大，釜底产品不合格，故可适当增大再沸器的加热量，使釜温上升，以保持釜底产品质量。

四、操作压力的影响

精馏塔的操作压力是由设计者根据工艺要求、经济效益等综合论证后确定的，生产运行中不能随意变动。操作压力波动时，会有以下影响：

① 将引起温度和组成间对应关系的变化，使传质温度发生变化，压力升高，操作温度升高。

② 压力升高，气相中难挥发组分减少，易挥发组分浓度增加，液相中易挥发组分浓度也增加；汽化困难，液相量增加，气相量减少，塔内气液相负荷发生了变化。其总的结果是塔顶馏出液中易挥发组分浓度增加，但产量减少，釜液中易挥发组分浓度增加，釜液量也增加，严重时会破坏塔内的物料平衡，影响精馏的正常进行。

③ 操作压力增加，组分间的相对挥发度降低，塔板分离能力下降，分离效率下降。

④ 操作压力增加，两相密度增加，塔的处理能力增加。

可见，塔的操作压力变化将改变整个塔的操作状况，增加操作的难度并使操作结果难以预测性。因此，生产运行中应尽量维持操作压力基本恒定。

知识点二　板式精馏塔

一、板式塔的结构

由圆柱形壳体、塔板、溢流装置等部件组成。

1. 塔体

塔体通常为圆柱形，常用钢板焊接而成，有时也将其分成若干塔节，塔节间用法兰盘连接。

2. 溢流装置

溢流装置包括出口堰、降液管、进口堰、受液盘等部件。

（1）出口堰　为保证气、液两相在塔板上有充分接触的时间，塔板上必须储有一定厚度的液体层。为此，在塔板的出口端设有溢流堰，称出口堰。塔板上的液层厚度或持液量由堰高决定。生产中最常用的是弓形堰，小塔中也有用圆形降液管伸出板面一定高度作为出口堰的。

（2）降液管　降液管是塔板间液流通道，也是溢流液中所夹带的气体分离的场所。正常工作时，液体从上层塔板的降液管流出，横向流过塔板，翻越出口堰，进入该层塔板的降液管，流向下层塔板。降液管有圆形和弓形两种，弓形降液管具有较大的降液面积，气、液分离效果好，降液能力大，因此生产上广泛采用。为了保证液流能顺畅地流入下层塔板，并防止沉淀物堆积和堵塞液流通道，降液管与下层塔板间应有一定的间距。为保持降液管的液封，防止气体由下层塔板进入降液管，此间距应小于出口堰高度。

（3）受液盘　降液管下方部分的塔板通常又称为受液盘，有凹形及平形两种，一般较大的塔采用凹形受液盘，平形就是塔板面本身。

（4）进口堰　在塔径较大的塔中，为了减少液体自降液管下方流出的水平冲击，常设置进口堰。可用扁钢或 $\phi 8\sim 10mm$ 的圆钢直接点焊在降液管附近的塔板上而成。为保证液流畅通，进口堰与降液管间的水平距离不应小于降液管与塔板的间距。

3. 塔板

塔板是板式塔的核心部件，它提供气液接触的场所，操作时气液在塔板上接触的好坏，对传热、传质效率影响很大。在有降液管的板式塔中，气液两相总体呈逆流流动，而在每块塔板上呈错流方式接触。目前工业生产中使用较广泛的塔板主要有泡罩塔板、浮阀塔板、筛孔塔板（筛板）、舌形塔板等，对各种塔板性能的评价和要求主要有生产能力、板效率、压降、操作范围、结构情况等。

二、板式塔的类型

1. 泡罩塔

泡罩塔是应用最早的塔型，其结构如图 3-26 所示。塔板上的主要元件为泡罩，泡罩尺寸一般为 80mm、100mm、150mm 三种，可根据塔径的大小来选择，泡罩的底部开有齿缝，泡罩安装在升气管上，从下一块塔板上升的气体经升气管从齿缝中吹出，升气管的顶部应高于泡罩齿缝的上沿，以防止液体从中漏下，由于有升气管，泡罩塔即使在很低的气速下操作，也不至于产生严重的漏液现象。泡罩塔的不足是结构复杂、压降大、造价高，已逐渐被其他的塔型取代。

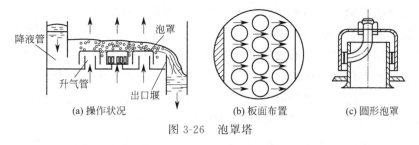

图 3-26 泡罩塔

2. 筛板塔

筛板塔出现略迟于泡罩塔，与泡罩塔的差别在于取消了泡罩与升气管，直接在板上开很多小直径的筛孔，如图 3-27 所示。操作时，气体高速通过小孔上升，板上的液体不能从小孔中落下，只能通过降液管流到下层板，上升蒸气或泡点的条件使板上液层成为强烈搅动的泡沫层。筛板用不锈钢板制成，孔的直径约 $\phi 3 \sim 8mm$。筛板塔结构简单、造价低、生产能力大、板效率高、压降低，随着对其性能的深入研究，已成为应用最广泛的一种。

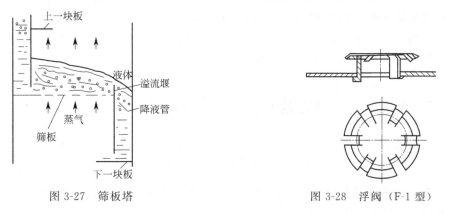

图 3-27 筛板塔　　　　图 3-28 浮阀（F-1 型）

3. 浮阀塔

浮阀塔是一种新型塔。其特点是在筛板塔的基础上，在每个筛孔安装一个可以上下浮动的阀体，当筛孔气速高时，阀片被顶起而上升，气速低时，阀片因自重而下降。阀体可随上升气量的变化而自动调节开度，可使塔板上进入液层的气速不至于随气体负荷的变化而大幅度变化，同时气体从阀体下水平吹出，可加强气体和液体的接触。

浮阀的形式很多，其中F-1型浮阀的研究和推广较早（见图3-28）。F-1型阀孔直径为39mm，阀片有三条带钩的腿，插入阀孔后将其腿上的钩扳转90°，可防止被气体吹走；此外，浮阀边缘冲压出三块向下微弯的"脚"。当气速低，浮阀降至塔板时，靠这三只"脚"使阀片与塔板间保持2.5mm左右的间隙；在浮阀再次升起时，浮阀不会被粘住，可平稳上升。浮阀塔的特点是生产能力大、操作弹性大、板效率高。

三、板式塔的流体力学性能

1. 塔板上气液接触状态

（1）鼓泡接触状态　当上升蒸气流量较低时，气体在液层中以鼓泡的形式自由浮升，塔板上存在大量的返混液，气液之比较小，气、液相接触面积不大。此时，塔板上气液两相呈鼓泡接触状态［图3-29(a)］。塔板上清液多，气泡数量少，两相的接触面为气泡表面。因气泡表面的湍动程度不大，所以鼓泡接触状态的传质阻力大。

（2）蜂窝接触状态　随气速增加，气泡的形成速度大于气泡浮升速度，上升的气泡在液层中积累，气泡之间接触，形成气泡泡沫混合物。因气速不大，气泡的动能还不足以使气泡表面破裂，是类似蜂窝状的状态［图3-29(b)］。因气泡直径较大，很少搅动，在这种接触状态下，板上清液会基本消失，从而形成以气体为主的气液混合物，又由于气泡不易破碎，表面得不到更新，所以这种状态对传质、传热不利。

（3）泡沫接触状态　气速连续增加，气泡数量急剧增加，气泡不断发生碰撞和破裂。此时，板上液体大部分均以膜的形式存于气泡之间，形成一些直径较小、搅动十分剧烈的动态泡沫［图3-29(c)］。两板间传质面为面积很大的液膜，而且此液膜处在高度湍动和不断更新之中，为两相传质创造了良好的流体力学条件，是一种较好的塔板工作状态。

（4）喷射接触状态　当气速再连续增加时，动能很大的气体以射流形式穿过液层，将板上液体破碎成许多大小不等的液滴而抛向塔板上方空间。被喷射出的直径较大的液滴受重力作用，落下后又在塔板上汇集成很薄的液层并再次被破碎抛出。直径较小的液滴，被气体带走形成液沫夹带，此种接触状态被称为喷射接触状态［图3-29(d)］，由于液滴的外表面为两相传质面，液滴的多次形成与合并使传质面不断更新，亦为两相间的传质创造了良好的流体力学条件，所以也是一种较好的工作状态。

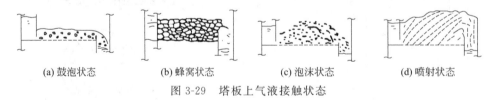

(a) 鼓泡状态　　(b) 蜂窝状态　　(c) 泡沫状态　　(d) 喷射状态

图3-29　塔板上气液接触状态

工业上常采用泡沫接触状态或喷射接触状态，但喷射状态是塔板操作的极限，液沫夹带较多，所以多数塔操作均控制在泡沫接触状态。

2. 塔板上气液两相的非理想流动

（1）返混现象

① 液沫夹带。当气速增大时，无论是鼓泡型还是喷射型操作，当气流穿过塔板上的液层时，会产生大量大小不一的液滴，这些液滴一部分会被气流裹挟至上层塔板，此种现象称为液沫夹带（又称雾沫夹带）。产生原因有两种情况：一种是上升的气流将

较小的液滴带走;另一种是由于气体通过开孔时的速度较大,将液滴带走。前者与空塔气速有关,后者主要与板间距和板开孔上方的气速有关。由于它是一种与液相主流方向相反的液体流动,其结果是低浓度液相进入高浓度液相内,对传质不利,塔板提浓能力下降。

② 气泡夹带。气泡夹带是指在一定结构的塔板上,与气流充分接触后的液体,在翻越溢流堰流入降液管时仍含有大量气泡,因液体流量过大使溢流管内液体的流量过快,导致液体在降液管内停留时间不够,使溢流管中液体所夹带的气泡来不及从管中脱出,气泡将随液流进入下一层塔板的现象。由于它是一种与气相主流方向相反的气体流动,其结果是气相由高浓度区进入低浓度区,对传质不利,塔板提浓能力下降。

（2）气体和液体的不均匀分布

① 气体沿塔板的不均匀分布。由于塔板进、出口之间存在清液层高度差（液面落差）,气体通过塔板时阻力大小不等,导致塔板上气量分布不均,对气液两相的传热、传质不利。

② 液体沿塔板的不均匀分布。由于液体横向流过塔板时路径长短不一,使塔板的质量传递量减少。

3. 板式塔的不正常操作

（1）液泛　在操作过程中,塔板上液体下降受阻并逐渐在塔板上积累,这种现象称为液泛（也称淹塔）。生产运行过程中,当气相流量不变而塔板压降持续上升时,预示液泛可能发生。液泛使整个塔内的液体不能正常下流,物料大量返混,严重影响塔的操作,在操作中需要特别注意和防止。根据引起液泛的原因不同,可以分为:

① 降液管液泛。当塔内回流液量增加,液体流经降液管阻力损失增加,液流在降液管内流动受阻,将出现降液管内液面上升;回流液量增加,塔底加热量将增加,上升蒸气量增加,气流通过塔板的压降增加,塔板上、下空间压差增加,液体经降液管向下流动困难,降液管内液面也将上升。这两方面的影响导致液体无法下流,板上开始积液,最终使全塔充满液体的现象称为降液管液泛（又称为溢流液泛）。

② 夹带液泛。气速过大导致液沫夹带量过大时将使塔板上和降液管内的实际液体流量增加,塔板上液层增厚,液层上方空间减少,相同气速下夹带量将进一步增加,导致板上液层进一步增加。由于板上液层的不断增厚,最终导致液体充满全塔,并随气流通道从塔顶溢出,此种现象称为夹带液泛。塔板上开始出现液层增厚现象时的气流孔速称为液泛气速。液体流量越大,液泛气速越低。

（2）严重漏液　当气体通过筛孔的速度较小或气体分布不均匀时,不能阻止液体从孔道流下,导致液体从塔板上的开孔处下落的现象称为漏液。通常认为漏液量占液体流量的10%以下时对塔板效率影响不大。而相对漏液量大于10%以上时称为严重漏液,此时会使塔板上无法建立起液层,会导致分离效率的严重下降。

四、塔板负荷性能图

板式塔良好的操作状态需要维持气、液两相负荷在一定的负荷内。对于一定结构的板式塔,当处理物系确定后,其操作状况的好坏主要取决于塔内的气、液负荷,而操作状况的好坏又决定塔的分离效率。

1. 塔板负荷性能图

为确保板式塔的正常操作，要求操作过程中严格控制气液相的流量在一定范围内，该范围可用图的形式表示出来，即负荷性能图。负荷性能图是由设计者根据塔板结构、物料性质及避免发生不正常操作现象等因素，运用一系列经验数据、经验公式计算而得，它为板式塔的操作提供了流体力学方面的依据。

不同塔板的负荷性能图不同，一般只按平均数据作出精馏段、提馏段两个负荷性能图。负荷性能图由五条线组成（见图3-30）：

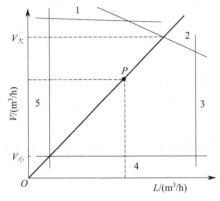

图 3-30 塔板负荷性能图
1—液沫夹带线；2—液泛线；3—液相负荷上限线；4—漏液线；5—液相负荷下限线

（1）液沫夹带线　此线规定了气速上限，当气速超过此上限时，液沫夹带量将超过0.1kg液滴/1kg干气体。

（2）液泛线　操作时气、液相负荷若超过此线所对应数值，将发生液泛。

（3）液相负荷上限线　为确保液相在降液管内有足够的停留时间，液流量不能超过此线所对应的数值。

（4）漏液线　又称为气相下限线，为保证不发生严重漏液，气相负荷不能小于此线对应的数值。

（5）液相负荷下限线　为确保塔板上有一定厚度的液层并均布于板上，液相负荷不能小于此线对应的数值。

由五条线包围的区域为塔板的正常操作区，生产运行中应严格控制塔内气、液相负荷的波动不越过此范围。

2. 操作弹性

若塔精馏段内实际气相负荷为 V_P（m³/h），液相负荷为 L_P（m³/h），则图3-30中 P 点称为此精馏段的操作点（设计点），OP 即为操作线。OP 线与线2交点的纵坐标值为 $V_大$，OP 线与线4交点的纵坐标值为 $V_小$，则 $V_大/V_小$ 称为此精馏塔的操作弹性，即操作线与负荷性能图上曲线的两个交点分别表示塔内上下操作极限，两个极限的气体流量之比为塔板的操作弹性。

当其他条件相同时，负荷性能图上五条线所包围区域越大，说明操作弹性越大，此时该塔允许的气、液负荷波动范围大，易操作，不易发生不正常操作现象。

任务四　精馏装置操作训练

精馏操作要考虑精馏塔的塔型和工艺要求，要熟练地完成开停车操作和工艺指标的调控。现通过精馏装置完成15%的乙醇水溶液提浓操作，要求馏出液乙醇浓度不低于85%。

试确定完成提浓任务的生产方案。

任务实施

一、工艺流程

如图 3-31 所示，原料罐 V105 内原料液由离心泵 P104 输送，经转子流量计控制流量后，从精馏塔 T101 进料板进料。原料液在进料板上与自塔上部下降的回流液体汇合后，逐板溢流，最后流入塔底再沸器中。在每层板上，回流液体与上升蒸气互相接触，进行热量和质量的传递过程。塔顶蒸气经冷凝器 E101 冷凝后成为液体进入回流罐 V101；回流罐 V101 的液体一部分由回流泵 P101 输送至塔顶作为回流液，另一部分则为产品，由采出泵送入塔顶产品罐。精馏塔 T101 的操作压力是由塔顶压力 PIC101 控制。塔釜液体的一部分经再沸器 E103 后回精馏塔，另一部分通过电磁阀 VA143 作为塔底产品采出。电磁阀 VA143 和 LIC101 构成串级控制回路，调节精馏塔的液位。再沸器用电加热棒加热，加热量由 EIC101 控制。

1. 设备一览表

精馏装置操作的主要设备规格表见表 3-3。

表 3-3 主要设备规格表

序号	设备位号	名称	规格型号	备注
1	T101	筛板精馏塔	主体不锈钢，Φ100mm，长 4500mm；塔釜：不锈钢塔釜 Φ200mm×600mm	共 14 块塔板
2	V101	回流罐	DN150 长 300mm，玻璃	
3	V102	真空缓冲槽	DN159 长 400mm，不锈钢	
4	V103	塔顶产品罐	DN200 长 450mm，不锈钢	有玻璃液位计
5	V104	塔釜产品罐	DN400 长 800mm，不锈钢	有玻璃液位计
6	V105	原料罐	DN400 长 800mm，不锈钢	有玻璃液位计
7	V106	取样罐	DN76 长 200mm，不锈钢	
8	V107	取样罐	DN76 长 200mm，不锈钢	
9	V108	取样罐	DN76 长 200mm，不锈钢	
10	V109	取样罐	DN76 长 200mm，不锈钢	
11	E101	塔顶冷凝器	DN159 长 1400mm，不锈钢	22 根 DN12 翅片管
12	E102	进料预热器	DN57 长 500mm，不锈钢	内装 1.5kW 加热器
13	E103	再沸器	DN400 长 600mm，不锈钢	内装 32kW 加热器
14	E104	塔釜冷凝器	DN108 长 400mm，不锈钢	
15	P101	回流泵	WB50/025	
16	P102	采出泵	WB50/025	
17	P103	真空泵	XZ-2	
18	P104	原料泵	WB50/025	
19	F101	进料流量计	转子流量计 LZB-15；40~400L/h	就地显示
20	F102	进料流量计	转子流量计 LZB-10；2.5~25L/h	
21	F103	冷却水流量计	转子流量计 LZB-25；100~1000L/h	
22	F104	回流液流量计	转子流量计 LZB-10；16~100L/h	
23	F105	采出液流量计	转子流量计 LZB-10；2.5~25L/h	

化工单元操作

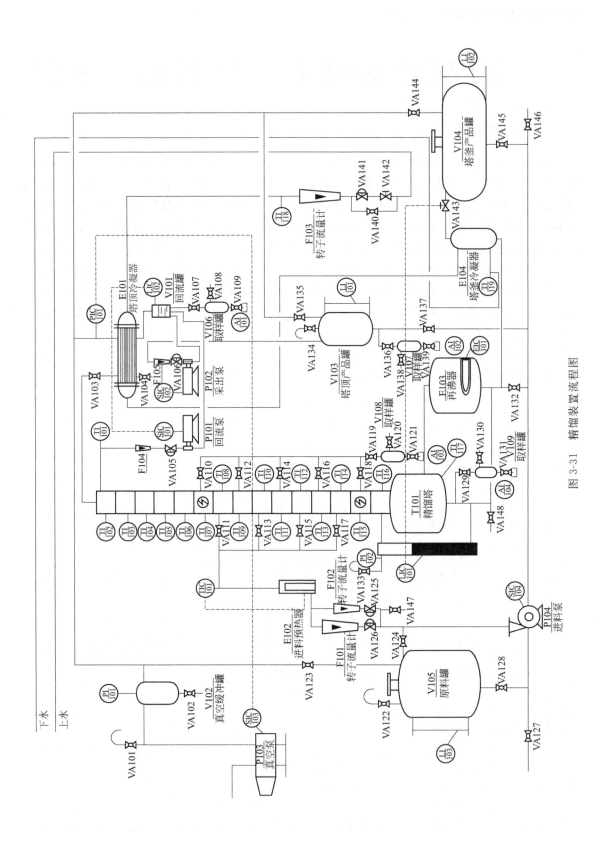

图 3-31 精馏装置流程图

2. 主要阀门

主要阀门的名称及技术参数见表 3-4。

表 3-4 主要阀门名称及技术参数表

代码	阀门名称	技术参数	备注	代码	阀门名称	技术参数	备注
VA 101	真空缓冲罐放空阀	DN15 不锈钢球阀		VA 125	进料流量调节阀		
VA 102	真空缓冲罐放液阀	DN15 宝塔阀	铜	VA 126	进料流量调节阀		
VA 103	塔顶出料控制阀	DN40 不锈钢球阀		VA 127	放料总阀 1	DN25 不锈钢球阀	
VA 104	塔顶产品取样阀	DN15 宝塔阀	铜	VA 128	原料罐 V105 的出料阀		
VA 105	回流泵出口阀			VA 129	塔釜真空取样进料阀	DN15 不锈钢球阀	
VA 106	采出泵出口阀			VA 130	塔釜真空取样放空阀	DN10 针阀	
VA 107	回流液取样罐进料阀	DN15 不锈钢球阀		VA 131	塔釜真空取样放液阀	DN15 宝塔阀	铜
VA 108	回流液取样罐放空阀	DN10 针阀		VA 132	再沸器 E103 放料阀	DN25 不锈钢球阀	
VA 109	回流液取样罐放料阀	DN15 宝塔阀	铜	VA 133	塔釜放空阀		
VA 110	进料阀			VA 134	塔顶产品罐 V103 放空阀		
VA 111	进料阀			VA 135	塔顶产品罐 V103 真空阀	DN15 不锈钢球阀	
VA 112	进料阀			VA 136	塔顶产品取样罐进料阀		
VA 113	进料阀	DN15 不锈钢球阀		VA 137	塔顶产品罐 V103 放料阀		
VA 114	进料阀			VA 138	塔顶产品取样罐放空阀	DN10 针阀	
VA 115	进料阀			VA 139	塔顶产品取样罐放料阀	DN15 宝塔阀	铜
VA 116	进料阀			VA 140	冷却水旁路调节阀	DN15 不锈钢球阀	
VA 117	进料阀			VA 141	冷却水流量调节阀	DN15 不锈钢闸阀	
VA 118	进料阀			VA 142	冷却水控制电磁阀	DN15 常开电磁阀	
VA 119	进料取样罐进料阀			VA 143	塔釜出料电磁阀	DN25 常闭电磁阀	
VA 120	进料取样罐放空阀	DN10 针阀		VA 144	塔釜产品罐 V104 的放空阀	DN15 不锈钢球阀	
VA 121	进料取样罐放料阀	DN15 宝塔阀	铜	VA 145	塔釜产品罐 V104 的放料阀	DN25 不锈钢球阀	
VA 122	原料罐 V105 放空阀			VA 146	放料总阀 2	DN25 不锈钢球阀	
VA 123	原料罐 V105 真空阀	DN15 不锈钢球阀		VA 147	原料贮罐 V105 的取样阀	DN15 宝塔阀	铜
VA 124	原料罐 V105 回流阀			VA 148	放料总阀 3	DN25 不锈钢球阀	

3. 检测参数

检测仪表规格见表 3-5。

表 3-5 检测仪表规格表

设备位号	名称	规格型号	设备位号	名称	规格型号
TI101	回流液温度		AI103	进料取样点	
TI102	塔顶气相温度		AI104	塔釜取样点	
TI103~TI115	第 2 块板~第 14 块板温度		EIC101	再沸器加热电压	AI519FS
TI116	塔釜气相温度	PT100 铂热电阻 精度等级:B 级	LIC101	再沸器液位控制	AI501FS, 磁翻转式液位计
TI117	塔釜液相温度		LIC102	回流罐液位控制	
TI118	冷却水入口温度		LI101	塔顶出料罐液位	耐压石英液位计
TI119	冷却水出口温度		LI102	塔釜出料罐液位	
TIC101	进料温度		LI103	原料罐液位	
PI101	真空缓冲罐压力	就地显示仪表	SIC101	回流泵频率	
PI102	塔釜压力	远传仪表, AI501FS	SIC102	采出泵频率	E310-401-H3
PIC101	塔顶压力		SIC103	真空泵频率	
AI101	回流罐取样点		SIC104	进料泵频率	
AI102	塔顶产品取样罐取样点				

二、操作规程

1. 开车前的检查

① 检查原料预热器、塔顶冷凝器、塔釜再沸器、管件、仪表、精馏塔设备等是否完好。

② 检查阀门、取样点是否灵活好用以及管路阀门是否有漏水现象。

③ 检查阀门是否处于正确的位置,且原料加入口是否畅通。

④ 检查上水管线是否正常,水流量是否达到要求。

⑤ 检查电器仪表柜处于正常后接通动力电源,电器仪表柜三块指针电压表指向380V说明动力电源已经接入。按下电器仪表柜总电源开关绿色按钮使仪表上电,实训设备处于准备开启状态。

⑥ 按照常用仪表的使用方法,对仪表及主要部件是否正常作出判断。

⑦ 打开设备总电源,巡视仪表,观察仪表有无异常(PV 和 SV 显示是否在闪动,一般闪动即表示仪表异常)。

⑧ 打开计算机,双击屏幕桌面上的"精馏实验"图标进入软件,登录系统后,检查软件仪表传输是否正常,即逐一对照仪表及软件窗口的相应显示,观察其是否一致。

2. 原料液浓度配制

① 打开原料罐 V105 的放空阀 VA122、真空缓冲罐 V102 放空阀 VA101、塔釜放空阀 VA133、塔顶产品罐 V103 放空阀 VA134、塔釜产品罐 V104 放空阀 VA144 及再沸器 E103 放料阀 VA132。关闭其他所有阀门。

② 启动进料泵 P104,运行稳定后缓慢打开回流阀 VA124,将塔釜及再沸器 E103 内的料液抽回原料罐 V105。

③ 塔釜及再沸器的料液抽干后,关闭塔釜放空阀 VA133 和再沸器放料阀 VA132,打开塔顶产品罐 V103 的放料阀 VA137,将塔顶产品罐 V103 的料液抽回到原料罐 V105。

④ 塔顶产品罐 V103 的料液抽干后,关闭塔顶产品罐 V103 放空阀 VA134 及其放料阀 VA137,打开塔釜产品罐 V104 的放料阀 VA145 及放空阀 VA144,将塔釜产品罐 V104 的料液抽回原料罐 V105。

⑤ 待塔釜产品罐 V104 抽干后,关闭塔釜产品罐 V104 放料阀 VA145,打开原料罐 V105 下的出料阀 VA128,利用进料泵将原料在原料罐 V105 中进行充分混合。

⑥ 测量原料浓度。混合 3~5min 后,进行取样分析:打开原料罐 V105 的取样阀 VA147,用 100mL 三角瓶提取体积大于 80mL 的样品,盖好橡胶塞,用酒精计分析样品浓度,如果浓度不达标可以通过加水或乙醇的方法调节达到规定的浓度(原料体积浓度一般控制在 15%~20%)。

3. 开车操作

① 确认原料罐的放空阀 VA122 处于开启状态。

② 根据实验要求,选择合适的进料板位置,打开阀门 VA117(进料板位置,可更改)、塔釜放空阀 VA133,关闭进料管线上的其他阀门。

③ 从电器仪表柜上设定进料温度控制 TIC101 值为 45℃。

④ 启动进料泵 P104,待运行稳定后缓慢打开转子流量计 F101 下的阀门 VA126,将

进料流量调整到所需流量（400L/h）。

⑤ 当塔釜液位指示 LIC101 达到 620mm 左右时，先关阀门 VA126，再关闭进料泵，同时关闭塔身进料板位置上的阀门 VA117 和塔釜放空阀 VA133。

⑥ 打开再沸器 E103 的电加热开关，加热电压调节至 200V，加热再沸器内液体。

⑦ 待精馏塔第 3 块板温度 TI104 温度达到 70℃时，打开冷却水入口阀 VA140，将冷却水流量计 F103 调整到 500L/h 左右，接通冷却水，使塔顶蒸气冷凝为液体，流入塔顶回流罐 V101。

⑧ 通过塔釜上方和塔顶的目镜观察液体加热情况。当液体开始沸腾时注意观察塔内状况。

⑨ 当塔顶回流罐 V101 有冷凝液流入时，调节加热电压控制在 100～200V，待回流罐内液位达到 200mm 左右时，打开回流泵 P101，回流泵自动控制液位直到稳定（方法：当塔顶冷凝器有液体流出显示时，在液位控制仪 LIC102 设定回流罐液位为 200mm，启动回流泵，用变频调速器控制回流罐液位）为止，即可进行全回流操作。

4. 全回流操作

① 随时观测塔内各点温度、压力、流量和液位的变化情况，每 5min 依次记录仪表示数。

② 当塔顶温度 TI102 保持恒定一段时间后，在塔釜和塔顶的取样点 AI101、AI104 位置分别取样分析测定浓度。

全回流条件下精馏塔稳定性分析与判断：

① 全回流塔顶冷凝液回流量的稳定：即塔顶回流泵 P101 频率固定，且塔顶回流罐 V101 内的液面基本不再变化。

② 精馏塔内温度曲线的稳定：进入实验软件，点击"温度曲线"，在界面中查看所有温度曲线，并且观察灵敏板曲线的分布状况（塔顶温度曲线、回流液温度曲线，都趋于水平直线）。

③ 若以上两种情况都同时出现，则判断此时全回流操作是全塔稳定的。

5. 连续生产（部分回流）操作

当全回流操作稳定并测量分析后，转换到连续进料下部分回流操作。

① 待样品取样分析后，打开原料罐 V105 放料阀 VA128 及其放空阀 VA122、精馏塔进料阀 VA117，关闭其他进料管线上的相关阀门。

② 启动进料泵 P104，运行稳定后调整进料转子流量计 F102 的调节阀 VA125 实现流量控制。

③ 若进料需要预热，则单击实验软件中的 TIC101，将预热器的温度设定在所需温度（即 60.0℃）。打开进料加热开关。

④ 计算回流比（建议为 2∶1）。根据全回流操作观察调节回流量，从而计算产品和回流的流量。

⑤ 进入实验软件，将采出泵 P102 频率设定为 30Hz 左右（可以调节采出的转子流量计开度调节出料量），设定 V101 塔顶回流罐 LIC102 的数值设为 200mm。

⑥ 关闭回流管路阀门，启动回流泵 P101，调整回流泵流量计入口阀门，回流量为 10L/h。

⑦ 打开塔顶产品罐 V103 的放空阀 VA134，调整采出泵流量计入口阀门，调节采出流量出料，直至液面稳定。稳定一段时间后，记录相关数据。

6. 塔釜液位测控

① 当塔釜液位高于指定位置时，打开再沸器 E103 放料阀 VA132、塔釜放空阀 VA133 和塔釜产品罐 V104 的出料阀 VA145，应用进料泵 P104 将塔釜内多余物料放出。

② 塔釜液面到达指定位置时，关闭以上所述的阀门（VA132、VA133、VA145）。

③ 当塔釜液位低于指定位置时，打开塔身进料板位置上的阀门 VA117、原料罐 V105 的放空阀 VA122、出料阀 VA128、塔釜放空阀 VA133，关闭其他进料管线上的相关阀门。

④ 启动进料泵 P104，运行稳定后缓慢打开转子流量计 F101 下的阀门 VA126，将进料流量调整到所需位置。

⑤ 当塔釜液位指示 LIC101 达到指定位置时，依次关闭 VA126、进料泵、VA117、VA133。

7. 全回流和部分回流条件下总板效率的测定

分别在全回流和部分回流稳定条件下从塔顶取样品（AI101）、进料取样口（AI103）、塔底取样品（AI104）用 100mL 的三角瓶取样品 80mL 左右，用酒精计分析测量样品的浓度。

测量时首先检查酒精计是否有破损，有破损要及时更换。将样品倒入 50mL 的量筒内。取出酒精计轻轻放入量筒底部，此时酒精计会慢慢浮起，待酒精计稳定不动后，读取样品液面的凹液面与酒精计刻度重合部分的刻度值，记录好刻度数值后，将酒精计拿出，用毛巾擦拭干净放入盒内备用。然后把温度计放入量筒内读取样品温度并记录。根据测得样品的温度和酒精计刻度值，对照温度浓度换算图，查取乙醇操作温度下的体积分数 $\varphi_{乙醇}$。

那么乙醇所占的质量分数为：$w = \rho_{乙醇} \varphi_{乙醇} / [\rho_{乙醇} \varphi_{乙醇} + \rho_{水}(1 - \varphi_{乙醇})]$。

8. 停车操作（以部分回流操作为例）

① 首先关闭塔顶采出泵，然后再关闭进料泵，逐渐关闭再沸器 E103 的加热电压。注意观察塔内情况，待塔顶回流罐 V101 没有冷凝液流入时，关闭回流泵 P101。

② 没有蒸气上升后关闭冷却水入口阀 VA140。

③ 关闭仪表柜总电源，退出软件，关闭计算机。清理装置，打扫卫生，一切复原。

9. 精馏塔减压系统的控制操作

① 打开装置中真空系统阀门 VA123、VA135、VA144，关闭其他阀门，检查原料罐 V105、塔釜产品罐 V104 的加料口是否进行密封。

② 双击屏幕桌面上的"精馏实验"图标进入软件，登录系统后，设定塔顶真空度为：-5.0kPa，启动真空泵，观察是否能够控制在指定的负压范围（即软件上"PIC101"是否围绕-5.0kPa 波动。一直增大或减小，都不是正常现象）。注意：由于乙醇-水系统在负压下沸点较低，故系统真空度不要大于 10kPa，如果出现异常，请及时停止试压操作，并且通知相关指导人员处理。

③ 建立起真空系统后打开加热开关，用电加热器加热再沸器内的液体，按照操作规程进行全回流操作。注意观察塔内压力、温度变化，发现异常请报告相关指导人员。

10. 异常现象

本操作的异常现象及处理见表 3-6。

表 3-6 异常现象及处理

序号	故障现象	产生原因分析	处理思路
1	精馏塔无进料液体	泵出故障、流量计卡住、管路堵塞	检查管路、泵和转子流量计
2	精馏塔液泛	加热电压过大	调节电压
3	设备断电	设备漏电或总开关跳闸	检查电路
4	精馏塔无上升蒸汽	加热棒坏了或加热电压太低	加大电压、检查加热棒
5	塔顶温度升高	冷却水没开、出料量过大	检查冷却水和出料泵
6	塔顶回流罐液位升高	控制仪表参数更改或回流泵出故障	检查仪表和回流泵
7	精馏塔进料液体温度控制不稳定	控制仪表坏了、加热棒坏了	检查仪表、检查加热棒
8	减压精馏时真空度小	管路泄漏、控制表参数被修改	检查管路,检查仪表

 任务评价

① 根据现场装置识读工艺流程图。
② 能熟练完成精馏装置的开停车操作。
③ 能根据工艺任务要求熟练完成精馏操作。
④ 能准确地调控精馏工艺的工艺指标。
⑤ 能正确地识别精馏塔内出现的操作状态,并分析操作状态对塔性能的影响。
⑥ 能准确地判断操作过程中的事故并及时处理。

 知识链接

知识点一 精馏塔操作的要点

1. 控制温度

要保持精馏塔的平稳操作,对物料进料温度,塔顶、塔釜及回流液温度都应严加控制。进料温度变化时,有可能改变进料状态,破坏全塔的热平衡,使塔内气、液分布及热负荷发生改变,从而影响塔的平稳操作和产品质量。若进料温度不变,回流量、回流温度、各处馏出物数量的变化也会破坏塔内热平衡,引起各处温度条件的变化。能灵敏反映热平衡变化的是塔顶温度。塔顶温度主要受塔顶回流液的影响,一般用调节冷却剂的用量和温度的办法来控制塔顶温度。而塔釜温度,可通过调节塔底再沸器的低压蒸汽用量来确保塔釜温度的稳定。

2. 控制压力

影响塔压变化的因素主要有冷却剂的温度和流量、塔顶采出量及不凝气体的积聚等。例如,塔顶冷凝器超负荷或冷凝效率低,使冷凝温度升高,引起压力上升时,应加大冷却水量或降低水量,使回流液温度降低。

3. 控制回流比

一般精馏塔回流比的大小由全塔物料衡算决定。随着塔内温度等条件变化,适当改变回流量可维持塔顶温度平衡,从而调节产品质量。精馏塔适宜的回流比为最小回流比的 1.1~2.0 倍。

4. 选择适宜的蒸气量和蒸气速度

在稳定操作时，上升蒸气量及蒸气速度是一定的。如果蒸气速度过低，上升蒸气不能均衡地通过塔板，会使塔板效率降低。若蒸气速度过高，会产生雾沫夹带现象，同样会降低塔板效率。

5. 稳定精馏塔液位

塔底液面的变化可反映出物料平衡的变化，也可反映出温度、流量、压力等操作参数的稳定情况。当塔底液面过高时，应增加塔底抽出量，降低操作压力或降低进料量。当塔底液面过低时，应降低塔底温度，减少塔底抽出量。

知识点二　精馏操作的节能

精馏操作是耗能较大的过程，节能降耗、加快传质速率及提高分离效率是精馏过程中主要研究的问题。节能降耗的方法主要有热能的充分利用和回收、减小回流比、减小再沸器与冷凝器的温差、采用多股进料、多效精馏、热泵精馏等。

1. 预热进料

精馏塔的馏出液、侧线馏分和塔釜液在其相应组成的沸点下由塔内采出，作为产品或排出液，但在送往下一工序使用、产品储存或排弃处理之前常常需要冷却，利用这些液体所放热量对进料或其他工艺流体进行预热，是最简单的节能方法之一。

2. 塔釜液余热的利用

塔釜液的余热，除了利用其显热预热进料外，还可将其显热变为潜热来利用。如将塔釜液送入减压罐，利用蒸气喷射泵把一部分塔釜液变为蒸气作他用。

3. 塔顶蒸气的预热回收利用

塔顶蒸气的冷凝热的热量是比较大的，通常用以下几种方法回收。

（1）直接热利用　在高温精馏、加热精馏中，用蒸气发生器代替冷凝器将塔顶蒸气冷凝，可以得到低压蒸气，作为其他热源。

（2）余热制冷　采用余热驱动吸收式制冷装置产生冷量，通常能产生高于 0℃ 的冷量。

（3）余热发电　用塔顶余热产生低压蒸气驱动透平机发电。

4. 热泵精馏

热泵精馏类似于热泵蒸发，即将塔顶蒸气加压升温，再作为塔底再沸器的热源，回收其冷凝潜热。这种称为热泵精馏的操作虽然能节约能源，但却是以消耗机械能来达到的，未能得到广泛采用。目前热泵精馏只用于沸点相近的组分的分离，其塔顶和塔底温差不大。

5. 设中间冷凝器和中间再沸器

在没有中间冷凝器和中间再沸器的塔中，塔所需的全部热量均从塔底再沸器输入，塔所需移去的所有热量均从塔顶冷凝器输出。但实际上塔的总热负荷不一定非得从塔底再沸器输入、从塔顶冷凝器输出，采用中间再沸器方式把再沸器加热量分配到塔底和塔中间段，采用中间冷凝器把冷凝器热负荷分配到塔顶和塔的中间段，这就是节能的措施。

6. 多效精馏

采用压力依次降低的若干个精馏塔串联流程，将前一精馏塔塔顶蒸气用作后一精馏塔再沸器的加热介质，可以节约大量的能量，这种流程设计称为多效精馏。

项目四 吸收

在化工生产中，有许多原料、中间产品等是气体混合物，为了从气体混合物中分离出其中一个或多个组分，将气体混合物与选择的某种液体接触，气体中的一个或几个组分便溶解于该液体中形成溶液，不能溶解的组分则保留在气相中，然后分别将气液两相移出而达到分离的目的。这种分离气体混合物的操作称为吸收。

教学目标

【知识目标】

① 了解吸收操作的工艺流程及设备的结构、特点和流体力学性能；
② 熟悉吸收在化工生产中的应用；
③ 掌握吸收的基本概念、基本理论及工艺计算；
④ 理解吸收和解吸机理及二者间的区别；
⑤ 熟悉吸收操作方法、故障判断与处理方法。

【技能目标】

① 能熟练完成吸收塔的性能测定；
② 能完成吸收解吸操作；
③ 能分析吸收操作过程中的影响因素，并能运用所学知识解决实际生产问题；
④ 能正确查阅和使用常用的工程计算图表、手册、资料等；
⑤ 能进行必要的工艺计算。

【素质目标】

① 形成安全生产、环保节能、讲究卫生的职业意识；
② 树立工程技术观念、理论联系实际；

③ 培养敬业爱岗、服从安排、吃苦耐劳、严格遵守操作规程的职业道德；

④ 培养团结协作、积极进取的团队合作精神。

任务一　吸收工艺的认识

吸收是利用混合气中各组分在液体中的溶解度不同而将气体混合物分离的重要单元操作。在进行吸收工艺操作之前，应先了解吸收的作用、工艺流程及相应设备的结构和特点。

吸收操作中所用的液体称为吸收剂或溶剂，以 S 表示；混合气体中，能溶解于液体的组分称为吸收质或溶质，以 A 表示；不能溶解的组分称为惰性气体，以 B 表示；吸收后所得到的溶液称为吸收液，其成分是溶剂和溶质；吸收后排出的气体称为吸收尾气，其主要成分是惰性气体及残留的溶质。

一、吸收在化工生产中的应用

（1）原料气的净化　　如用稀氨水脱除合成氨原料气中的硫化氢，用丙酮脱除裂解气中的乙炔，用碱液除去煤气中的 H_2S 等。

（2）有用组分的回收　　如从焦炉煤气中用洗油回收粗苯，从合成氨厂的放空气体中用水回收氨。

（3）某些产品的制取　　将气体中需要的成分以指定的溶剂吸收出来，成为液态的产品或半成品，如用水吸收氯化氢气体制取盐酸，用水吸收二氧化氮制取硝酸等。

（4）废气的治理　　如磷肥生产中放出含氟的废气具有强烈的腐蚀性，用水制成氟硅酸；又如用碱吸收硝酸厂尾气中含氮的氧化物制成硝酸钠等。

二、吸收过程的分类

1. 按吸收原理分

按吸收过程中是否有显著的化学反应可分为物理吸收和化学吸收。物理吸收是吸收质与吸收剂间不发生明显的化学反应，可视为气体溶解于液体的物理过程，如水吸收 CO_2 等。化学吸收是吸收质靠化学反应与吸收剂相结合而被吸收的过程，如用 NaOH 溶液吸收 CO_2 等。

2. 按吸收温度分

按吸收过程中温度是否变化可分为等温吸收和非等温吸收。气体溶解于液体中，通常有溶解热放出，当发生化学反应时，还会有反应热，结果是使液相温度逐渐升高。温度发生明显变化的吸收过程称为非等温吸收。若混合气中吸收质含量低，吸收剂用量相对较大时，吸收过程中温度变化不明显则称为等温吸收。

3. 按吸收组分分

按吸收过程中被吸收组分数目的不同可分为单组分吸收和多组分吸收。若混合气体中只有一个组分被吸收，其余组分皆可认为不溶于吸收剂的吸收过程称为单组分吸收。若混合气体中两个或多个组分进入液相则称为多组分吸收。

4. 按吸收浓度分

按混合气体中溶质浓度的高低可分为低浓度吸收和高浓度吸收。多数工业吸收操作是将气体中少量溶质组分加以回收或除去，为确保吸收质的高纯度分离，吸收剂的用量比较大，因进塔混合气中吸收质浓度低，吸收液浓度也低。当进塔混合气中溶质浓度小于10%时，通常称为低浓度吸收，否则就是高浓度吸收。

下面主要讨论低浓度、单组分、等温、物理吸收过程。

三、吸收剂的选择

吸收剂性能的优劣往往成为决定吸收传质效果是否良好的关键，选择时需要注意以下几点：

（1）溶解度　吸收剂对溶质应具有较大的溶解度，这样可提高吸收速率并减少吸收剂用量。

（2）选择性　吸收剂对溶质有良好的吸收能力，对混合气体中其他组分基本不吸收或吸收甚微。

（3）挥发度　吸收剂在操作温度下的挥发度要小，以减少溶剂的损失及避免在气体中引入新的杂质。

（4）再生　当吸收液不作为产品时，吸收剂要易于再生，循环使用，以降低操作费用。

（5）黏性　吸收剂在操作温度下的黏度要低，这样可以改善吸收塔内的流动状况，提高吸收速率，减少吸收剂输送时的动力消耗。

（6）其他　吸收剂应化学稳定性好、不易燃、无腐蚀性、无毒、易得、廉价。

四、吸收过程

化工生产中的吸收操作是在吸收塔内进行的，图4-1为从煤气中回收粗苯的吸收流程简图。

图中虚线左边为吸收部分，含苯煤气由底部进入吸收塔，洗油从顶部喷淋而下与气体呈逆流流动。在煤气和洗油的逆流接触中，苯类物质蒸气大量溶于洗油中，从塔顶引出的煤气仅含少量的苯，溶有较多苯类物质的洗油（称为富油）则由塔底排出。为了回收富油中的苯并使洗油能循环使用，在另一个被称为解吸塔的设备中进行与吸收相反的操作——解吸，图中虚线右边即为解吸部分。从吸收塔塔底排出的富油首先经换热器被加热后，由解吸塔塔顶引入，在与解吸塔底部通入的过热蒸气逆流接触过程中，粗苯由液相释放出来，并被水蒸气带出塔顶，再经冷凝分层后即可获得粗苯产品。脱除了大部分苯的洗油（称为贫油）由塔底引出，经冷却后再送回吸收塔塔顶循环使用。

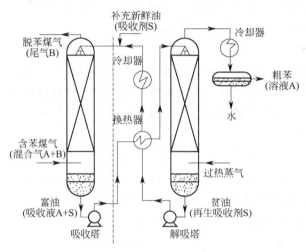

图 4-1 从煤气中回收粗苯的吸收流程图

五、吸收塔设备结构

吸收既可在填料塔中进行，也可在板式塔中进行。在前文的精馏内容中已介绍过板式塔，这里只介绍填料塔。

（一）填料塔的构造

填料塔的结构如图 4-2 所示。填料塔的塔身是一直立式圆筒，底部装有填料支承板，填料以乱堆或整砌的方式放置在支承板上。填料的上方安装填料压板，以防被上升气流吹动。液体从塔顶经液体分布器喷淋到填料上，并沿填料表面流下。气体从塔底送入，经气体分布装置（小直径塔一般不设气体分布装置）分布后，与液体呈逆流连续通过填料层的空隙，在填料表面上，气液两相直接接触进行传质。填料塔属于连续接触式气液传质设备，两相组成沿塔高连续变化，在正常操作状态下，气相为连续相，液相为分散相。

当液体沿填料层向下流动时，有逐渐向塔壁集中的趋势，使得塔壁附近的液流量逐渐增大，这种现象称为壁流。壁流效应造成气液两相在填料层中分布不均，从而使传质效率下降。因此，当填料层较高时，需要进行分段，中间设置再分布装置。液体再分布装置包括液体收集器和液体再分布器两部分，上层填料流下的液体经液体收集器收集后，送到液体再分布器，经重新分布后喷淋到下层填料上。

填料塔不仅结构简单，而且具有阻力小，便于用耐腐蚀材料制造等优点，尤其对于直径较小的塔、处理有腐蚀性的物料或要求压力较小的真空蒸馏系统，填料塔都表现出明显的优越性。

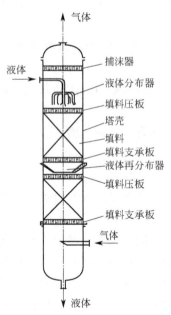

图 4-2 填料塔结构图

填料塔是以塔内的填料作为气液两相间接触构件的传质设备，其生产情况的好坏与是否正确的选用填料有很大关系，因而了解各种填料及其特性是十分必要的。

（二）填料

1. 填料的分类

填料的种类很多，大致可分为实体填料和网体填料两大类。实体填料包括环形填料、鞍形填料以及栅板填料、波纹填料等由陶瓷、金属和塑料等材质制成的填料；网体填料主要是由金属丝网制成的各种填料。现介绍几种常见填料。

(1) 拉西环填料　拉西环填料是最早使用的一种环状简单的圆环形填料［如图 4-3(a)］，高度与直径相等，缺点是当该填料横卧放置时，内表面不容易被液体润湿，气体也不能从环内通过，致使流体阻力大，气液接触面积小，传质效率低，气体通量小，目前工业上已较少使用。

(2) 鲍尔环填料　鲍尔环是对拉西环的改进［如图 4-3(b)］，在拉西环的侧壁上开出两排长方形的窗孔，被切开的环壁一侧仍与壁面相连，另一侧向环内弯曲，形成内伸的舌叶，各舌叶的侧边在环中心相搭。鲍尔环的这种结构大大提高了环内空间及环内表面的利用率，气流阻力小，液体分布均匀。与拉西环比较，鲍尔环的气体通量可增加 50% 以上，传质效率提高 30% 左右。鲍尔环是一种应用较广的填料。

(3) 阶梯环填料　阶梯环是对鲍尔环的改进［如图 4-3(c)］，在环壁上开有长方形孔，环内有两层交错 45° 的十字形翅片。与鲍尔环相比，阶梯环高度通常只有直径的一半，并在一端增加了一个锥形翻边，使填料之间由线接触为主变成以点接触为主，这样不但增加了填料间的空隙，同时成为液体沿填料表面流动的汇集分散点，可以促进液膜的表面更新，有利于传质效率的提高。阶梯环的综合性能优于鲍尔环，成为目前所使用的环形填料中最为优良的一种。

(4) 弧鞍与矩鞍填料　弧鞍与矩鞍填料属鞍形填料［如图 4-3(d)］。弧鞍填料的特点是表面全部敞开，不分内外，液体在表面两侧均匀流动，表面利用率高，流道呈弧形，流动阻力小。其缺点是易发生套叠，致使一部分填料表面被重合，使传质效率降低。弧鞍填料强度较差，容易破碎，工业生产中应用不多。矩鞍填料［如图 4-3(e)］将弧鞍填料两端的弧形面改为矩形面，且两面大小不等，即成为矩鞍填料。矩鞍填料堆积时不会套叠，液体分布较均匀。矩鞍填料一般采用瓷质材料制成，其性能优于拉西环。目前，国内绝大多数应用瓷拉西环的场合，均已被瓷矩鞍填料所取代。

(5) 金属环矩鞍填料　金属环矩鞍填料如图 4-3(f) 所示。环矩鞍填料是兼顾环形和鞍形结构特点而设计出的一种新型填料，该填料一般以金属材质制成，故又称为金属环矩鞍填料。环矩鞍填料将环形填料和鞍形填料两者的优点集于一体，其综合性能优于鲍尔环和阶梯环，在散装填料中应用较多。

(6) 球形填料　球形填料一般采用塑料注塑而成，其结构有多种［如图 4-3(g)、图 4-3(h)］。球形填料的特点是球体为空心，可以允许气体、液体从其内部通过。由于球体结构的对称性，填料装填密度均匀，不易产生空穴和架桥，所以气液分散性能好。球形填料一般只适用于某些特定的场合，工程上应用较少。

(7) 波纹填料　如图 4-3(n)、图 4-3(o) 所示。波纹填料是由许多波纹薄板组成的圆盘状填料，波纹与塔轴的倾角有 30° 和 45° 两种，组装时相邻两波纹板反向靠叠。各盘填料垂直装于塔内，相邻的两盘填料间交错 90° 排列。波纹填料按结构可分为网波纹填料和板波纹填料两大类，其材质又有金属、塑料和陶瓷等之分。波纹填料的优点是结构紧凑，阻力小，传质效率高，处理能力大，比表面积大；缺点是不适合于处理黏度大、易聚合或有悬浮物的物料，且装卸、清理困难，造价高。

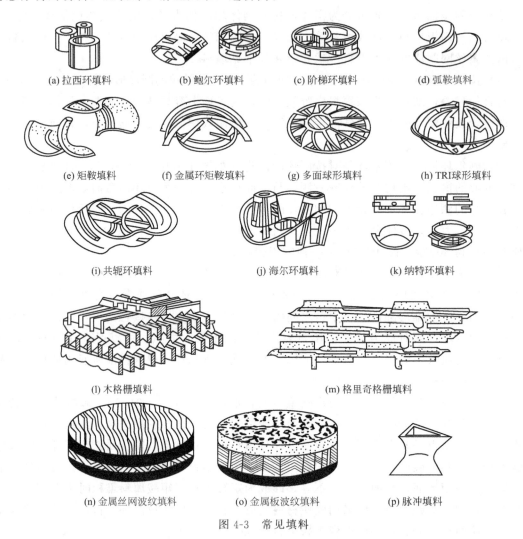

图 4-3　常见填料

2. 填料的特性

填料的特性数据主要包括比表面积、空隙率、填料因子等，是评价填料性能的基本参数。

(1) 比表面积　塔内单位体积填料层具有的填料表面积，称为比表面积，用符号 a 表示，单位为 m^2/m^3。填料的比表面积愈大，所提供的气液传质面积愈大。因此，比表面积是评价填料性能优劣的一个重要指标。

(2) 空隙率　塔内单位体积填料层具有的空隙体积，称为空隙率，用符号 ε 表示，单位为 m^3/m^3。填料空隙率越大则气体通过填料层的阻力越小，压降越低，故空隙率是评价填料性能优劣的又一重要指标。

(3) 填料因子　填料的比表面积与空隙率三次方的比值，即 a/ε^3，称为填料因子，以 ϕ 表示，其单位为 $1/m$。填料因子分为干填料因子和湿填料因子，填料未被液体湿润时的 a/ε^3 值称为干填料因子，它反映填料的几何特性；填料被液体润湿后，填料表面覆盖了一层液膜，a 和 ε 均发生相应的变化，此时的 a/ε^3 称为湿填料因子，它表示填料的流体力学性能。填料因子值越小,表明流动阻力越小。

3. 填料类型的选择

填料类型的选择首先取决于工艺要求,如所需理论级数、生产能力(气量)、容许压降、物料特性(液体黏度、气相和液相中是否有悬浮物或生产过程中的聚合等)等,然后结合填料特性,使所选填料能满足工艺要求,技术经济指标先进,易安装和维修。

(三)填料塔的附属结构

填料塔的附属结构主要有填料支承装置、液体分布装置、液体收集再分布装置等。合理地选择和设计塔附件,对保证填料塔的正常操作及优良的传质性能十分重要。

1. 填料支承装置

主要用途是支承塔内的填料,同时又能保证气液两相顺利通过。常用的支承板有栅板和各种具有升气管结构的支承板,如图 4-4 所示。支承装置的选择,主要依据是塔径、填料种类及型号、塔体及填料的材质、气液流量等。

(a) 栅板型　　(b) 孔管型　　(c) 驼峰型

图 4-4　常见的支承板

2. 液体分布装置

液体分布器对填料塔的性能影响极大。分布器设计不当,液体预分布不均,填料层内的有效润湿面积减少,偏流现象和沟流现象增加,即使填料性能再好也很难得到满意的分离效果。

常用的液体分布器结构如图 4-5 所示。

(1) 管式分布器　由不同结构形式的开孔管制成,结构简单,能适应较大的流量波动,对气体的阻力也很小。但是,由于管壁上的小孔容易堵塞,弹性一般较小。管式液体分布器应用十分广泛,多用于中等以下液体负荷的填料塔中。在减压精馏及丝网波纹填料中,由于液体负荷较小,故常用此类分布器。管式分布器有排管式和环管式等不同形状,根据液体负荷情况,可做成单排或双排。

(2) 槽式分布器　通常是由分流槽(又称主槽或一级槽)、分布槽(又称副槽或二级槽)构成的。一级槽底开孔将液体分流到分布槽内,分布槽底或壁面上设有孔道,将液体均匀分布在填料上。槽式分布器具有较大的操作弹性和极好的抗污堵性,特别适合于大气液负荷及含有固体悬浮物、黏度大的液体的分离场合。这种分布器不易堵塞,对气体的阻力小,故应用广泛。

(3) 盘式分布器　有盘式筛孔型分布器、盘式溢流管式分布器等形式。液体加至分布盘上,经筛孔或溢流管流下。分布盘直径为塔径的 $\frac{3}{5} \sim \frac{4}{5}$,此种分布器用于 $D<800\text{mm}$ 的塔中。

(4) 喷洒式分布器　液体由半球形喷头的小孔喷出,小孔直径为 3~10mm,作同心

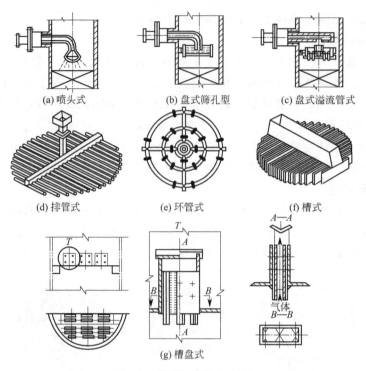

图 4-5 常用的液体分布器

圆排列，喷洒角不超过 80°，直径为 (1/3～1/5)D。这种分布器结构简单，适用于 $D<600mm$ 的塔中。

3. 液体再分布器

填料塔内液体沿填料层向下流动时，有向塔壁偏流的现象，这种现象称为壁流。这种现象导致填料层内气液分布不均，使传质效率下降。为减小壁流现象，在填料层内部每隔一定高度设置一液体再分布器。

最简单的液体再分布器为截锥式再分布器［如图 4-6(a) 所示］。其结构简单，安装方便，但它只起到将壁流向中心汇集的作用，无液体再分布的功能，一般用于直径小于 600mm 的塔中。

在通常情况下，一般将液体收集器及液体分布器同时使用，构成液体收集及再分布装置。液体收集器的作用是将上层填料流下的液体收集，然后送至液体分布器进行液体再分布。常用的液体收集器为斜板式液体收集器［如图 4-6(b) 所示］。

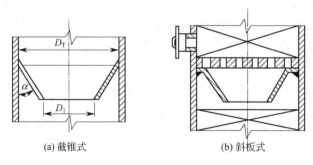

图 4-6 液体再分布器

六、填料塔的流体力学性能

填料塔的流体力学性能主要包括填料层的持液量、填料层的压降、液泛、填料表面的润湿及返混等。

1. 填料层的持液量

填料层的持液量是指在一定操作条件下，在单位体积填料层内所积存的液体体积，以（m^3液体）/（m^3填料）表示。填料层的持液量可由实验测出，也可由经验公式计算。一般来说，适当的持液量对填料塔操作的稳定性和传质是有益的，但持液量过大，将减少填料层的空隙和气相流通截面，使压降增大，处理能力下降。

2. 填料层的压降

在逆流操作的填料塔中，从塔顶喷淋下来的液体，依靠重力在填料表面成膜状向下流动，上升气体与下降液膜的摩擦阻力形成了填料层的压降。填料层压降与液体喷淋量及气速有关，在一定的气速下，液体喷淋量越大，压降越大；在一定的液体喷淋量下，气速越大，压降也越大。将不同液体喷淋量下的单位填料层的压降 $\Delta p/Z$ 与空塔气速 u 的关系标绘在对数坐标纸上，可得到如图 4-7 所示的曲线簇。

在图中，直线 0 表示无液体喷淋（$L=0$）时，干填料 $\Delta p/Z$-u 关系，称为干填料压降线。曲线 1、2、3 表示不同液体喷淋量下，填料层的 $\Delta p/Z$-u 关系，称为填料操作压降线。

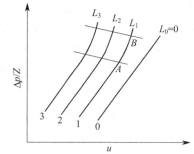

图 4-7　填料层的 $\Delta p/Z$-u 关系

从图中可看出，在一定的喷淋量下，压降随空塔气速的变化曲线大致可分为三段：当气速低于 A 点时，气体流动对液膜的曳力很小，液体流动不受气流的影响，填料表面上覆盖的液膜厚度基本不变，因而填料层的持液量不变，该区域称为恒持液量区。此时 $\Delta p/Z$-u 为一直线，位于干填料压降线的左侧，且基本上与干填料压降线平行。当气速超过 A 点时，气体对液膜的曳力较大，对液膜流动产生阻滞作用，使液膜增厚，填料层的持液量随气速的增加而增大，此现象称为拦液。开始发生拦液现象时的空塔气速称为载点气速，曲线上的转折点 A，称为载点。

若气速继续增大，到达图中 B 点时，由于液体不能顺利向下流动，使填料层的持液量不断增大，填料层内几乎充满液体。气速增加很小便会引起压降的剧增，此现象称为液泛，开始发生液泛现象时的气速称为泛点气速，以 u_f 表示，曲线上的点 B 称为泛点。从载点到泛点的区域称为载液区，泛点以上的区域称为液泛区。

应予指出，在同样的气液负荷下，不同填料的 $\Delta p/Z$-u 关系曲线有所差异，但其基本形状相近。对于某些填料，载点与泛点并不明显，故上述三个区域间无明显的界限。

3. 液泛

在泛点气速下，持液量的增多使液相由分散相变为连续相，而气相则由连续相变为分散相，此时气体呈气泡形式通过液层，气流出现脉动，液体被大量带出塔顶，塔的操作极不稳定，甚至会被破坏，此种情况称为淹塔或液泛。影响液泛的因素很多，如填料的特性、流体的物性及操作的液气比等。

4. 液体喷淋密度和填料表面的润湿

填料塔中气液两相间的传质主要是在填料表面流动的液膜上进行的。要形成液膜，填料表面必须被液体充分润湿，而填料表面的润湿状况取决于塔内的液体喷淋密度及填料材质的表面润湿性能。

液体喷淋密度是指单位塔截面积上，单位时间内喷淋的液体体积，以 U 表示，单位为 $m^3/(m^2 \cdot h)$。为保证填料层的充分润湿，须保证液体喷淋密度大于某一极限值，该极限值称为最小喷淋密度，以 U_{min} 表示。

最小喷淋密度通常采用下式计算，即

$$U_{min} = (L_W)_{min} a$$

式中　U_{min}——最小喷淋密度，$m^3/(m^2 \cdot h)$；

$(L_W)_{min}$——最小润湿速率，$m^3/(m \cdot h)$；

a——填料的比表面积，m^2/m^3。

最小润湿速率是指在塔的截面上，单位长度的填料周边的最小液体体积流量。其值可由经验公式计算，也可采用经验值。对于直径不超过 75mm 的散装填料，可取最小润湿速率 $(L_W)_{min}$ 为 $0.08m^3/(m \cdot h)$；对于直径大于 75mm 的散装填料，取 $(L_W)_{min} = 0.12m^3/(m \cdot h)$。

填料表面润湿性能与填料的材质有关，就常用的陶瓷、金属、塑料三种材质而言，以陶瓷填料的润湿性能最好，塑料填料的润湿性能最差。

实际操作时采用的液体喷淋密度应大于最小喷淋密度。若喷淋密度过小，可采用增大回流比或采用液体再循环的方法加大液体流量，以保证填料表面的充分润湿；也可采用减小塔径予以补偿；对于金属、塑料材质的填料，可采用表面处理方法，改善其表面的润湿性能。

5. 返混

在填料塔内，气液两相的逆流并不呈理想的活塞流状态，而是存在着不同程度的返混。造成返混现象的原因很多，如填料层内的气液分布不均、气体和液体在填料层内的沟流、液体喷淋密度过大时所造成的气体局部向下运动、塔内气液的湍流脉动使气液微团停留时间不一致等。填料塔内流体的返混使得传质平均推动力变小，传质效率降低。因此，按理想的活塞流设计的填料层高度，因返混的影响需适当加高，以保证预期的分离效果。

任务二　吸收塔流体力学性能的测定

任务引入

气体混合物的吸收分离操作工艺都是由吸收和解吸两个系统共同完成的，下面以水吸收 CO_2 为例对吸收塔流体力学性能进行测定，在操作过程中体会吸收的操作方法、塔性能测定的方法及吸收平衡关系，进而掌握吸收塔的工艺计算。

任务实施

一、工艺流程

吸收解吸流程图见图 4-8。吸收质（纯二氧化碳气体）由钢瓶经二次减压阀和转子流量计 FI01，进入吸收塔塔底，气体由下向上经过填料层与液相水逆流接触，到塔顶放空；吸收剂（纯水）由泵 P102 提供，经转子流量计 FI02 进入塔顶，再喷洒而下；吸收后溶液由塔底流入塔底液料罐中由解吸泵 P103 经流量计 FI03 进入解吸塔，空气由 FI04 流量计进入解吸塔塔底由下向上经过填料层与液相逆流接触，流量由旁路阀 VA101 调节，对吸收液进行解吸，然后自塔顶放空，U 形液柱压差计用以测量填料层的压强降。

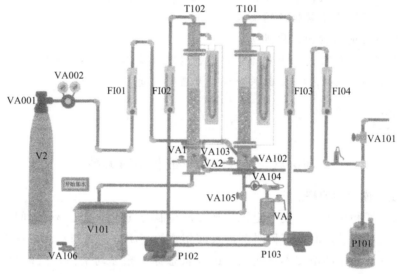

代码	名称	代码	名称
V101	水槽	P101	风机
V2	CO_2 钢瓶	T102	吸收塔
P102	水泵	T101	解吸塔
P103	水泵		

图 4-8 吸收解吸流程图

二、操作规程

1. 开车前准备

在参数设置界面设置环境温度、分析用的氢氧化钡浓度和体积、盐酸浓度、样品体积、塔设备的塔径和填料高度及填料种类。

2. 干塔性能测定

先全开阀门 VA101、空气进气阀 VA102、空气流量计 FI04 上的阀门，启动风机，利用阀 VA101 调节进塔的空气流量。空气流量按从小到大进行调节，在数据记录 1 界面记录每组数据。

3. 湿塔性能测定

先将水槽内加水至 50%。打开泵 P102 的开关，打开流量计 FI02 上的阀门，然后将水流量固定在60L/h，然后利用阀VA101调节进塔的空气流量，在数据记录1界面记录每组数据。

4. 吸收传质系数的测定

① 打开CO_2钢瓶阀门、流量计FI01上的阀门，调节减压阀的开度，控制CO_2的流量。

② 打开水泵P103开关、流量计FI03上的阀门，调节VA108的液位，关闭VA105。

③ 稳定之后，分别打开取样阀VA1、VA2、VA3取样分析，进入数据记录4界面记录传质数据。

5. 停车操作

依次关闭CO_2钢瓶阀门、水泵P102和P103电源、风机开关、总电源。

任务评价

① 能正常完成难溶气体吸收操作，熟悉吸收工艺所需设备、仪表和管路；

② 能正确地识读吸收解吸工艺流程；

③ 熟悉填料塔的结构和工作机理；

④ 严格按照操作规程进行吸收操作，掌握吸收塔流体力学性能测定的方法；

⑤ 能正确分析$(\Delta p/Z) \sim u$关系曲线，从图上确定液泛气速。

知识链接

知识点一　吸收的气液相平衡关系

1. 气体在液体中的溶解度

在一定的温度和压力下，使一定量的吸收剂与混合气体经过足够长时间的接触，气液两相将达到平衡状态。此时，任何时刻进入液相中的溶质分子数与从液相逸出的溶质分子数恰好相等，气液两相的浓度不再变化，这种状态称为相际动平衡，简称相平衡或平衡。平衡状态下气相中的溶质分压称为平衡分压或饱和分压，而液相中溶质的浓度称为气体在液体中的溶解度或平衡浓度。

气体在液体中的溶解度可通过实验测定。由实验结果绘成的曲线称为溶解度曲线，某些气体在液体中的溶解度曲线可从有关书籍、手册中查得。图4-9和图4-10分别表示总压不太高时，NH_3、SO_2在水中的溶解度与其在气相中分压之间的关系。

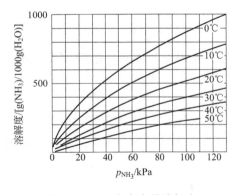

图4-9　NH_3在水中的溶解度

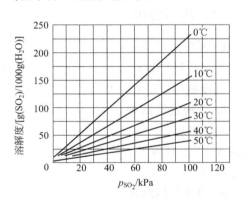

图4-10　SO_2在水中的溶解度

从上图可以看出，溶解度的大小随物系、温度和压力而变。不同物质在同一溶剂中的溶解度不同，如氨在水中的溶解度比空气大得多；温度升高，相同液相浓度下吸收质的平衡分压增高，说明溶质易由液相进入气相，溶解度减小；压力升高，溶解度增大。

气体在液体中的溶解度，表明在一定条件下气体溶质溶解于液体溶剂中可能达到的极限程度。从溶解度曲线可得知：加压和降温可提高溶质在液相中的溶解度，对吸收传质有利；反之，升温和减压则对解吸操作有利。

2. 亨利定律

当总压不高（通常不超过 $5\times10^5\,\mathrm{Pa}$）时，在一定温度下，气液两相达到平衡状态时，稀溶液上方气相中溶质分压与该溶质在液相中的摩尔分数成正比：

$$p_\mathrm{A}^* = Ex \quad \text{或} \quad x^* = \frac{p_\mathrm{A}}{E} \tag{4-1}$$

式中　p_A^*、p_A——溶质的平衡分压、实际分压，Pa；

　　　x、x^*——溶质在液相中的实际浓度、平衡浓度（摩尔分数）；

　　　E——比例系数，称为亨利系数，Pa。

上式表明了气、液两相达到平衡状态时，气相浓度与液相浓度的关系，即相平衡关系。亨利系数 E 值的大小可由实验测定，亦可从有关手册中查得。当气体混合物和溶剂一定时，亨利系数仅随温度而改变，对于大多数物系，温度上升，E 值增大，气体溶解度减少，这体现了气体的溶解度随温度升高而减小的变化趋势。在同一种溶剂中，难溶气体的 E 值很大，溶解度很小；而易溶气体的 E 值则很小，溶解度很大。

因混合物中组成的表示方式不同，亨利定律也有不同的表达形式：

① 当气相组成用溶质的平衡分压 p_A^* 表示，液相组成以溶质的浓度 c_A 表示时，亨利定律为：

$$p_\mathrm{A}^* = \frac{c_\mathrm{A}}{H} \tag{4-2}$$

式中，H 为溶解度系数，kmol 溶质/kPa·m³ 溶液。H 与亨利系数 E 的关系为：$H = c_\mathrm{A}/(Ex) = c/E$。

H 随温度的升高而降低，易溶气体 H 值较大，难溶气体 H 值较小。

② 若溶质在气、液相的组成分别以摩尔分数 y、x 表示时，亨利定律为：

$$y^* = mx \tag{4-3}$$

式中，m 为相平衡常数。m 与亨利系数 E 的关系为：$m = E/p$。

相平衡常数 m 随温度、压力和物系而变化。当物系一定时，若温度降低、总压升高，则 m 值变小。

③ 若溶质在气液两相中的组成分别以摩尔比 Y、X 表示，则亨利定律为：

$$Y^* = \frac{mX}{1+(1-m)X} \tag{4-4}$$

当溶液组成很低时，$Y^* \approx mX$。

应予指出，亨利定律的各种表达式所描述的都是互成平衡的气液两相组成之间的关系，它们既可用来根据液相组成计算与之平衡的气相组成，也可用来根据气相组成计算与之平衡的液相组成。

3. 相平衡关系在吸收过程中的应用

相平衡是在一定条件下吸收过程所能达到的极限状态，根据此条件下气液两相在平衡状态时吸收质的实际浓度和平衡浓度的大小，判别过程方向、指明过程极限并计算过程的推动力。

(1) 判断过程进行的方向和极限

吸收过程的充分必要条件是：$Y>Y^*$ 或 $X<X^*$；

解吸过程的充分必要条件是：$Y<Y^*$ 或 $X>X^*$；

平衡状态是吸收过程的极限：$Y=Y^*$ 或 $X=X^*$。

式中　X^*——与实际气相浓度 Y 成平衡的液相浓度；

Y^*——与实际液相浓度 X 成平衡的气相浓度。

(2) 确定吸收过程的推动力

在吸收操作中，如果气液两相的组成达到平衡，则吸收过程不能进行，只有气液两相处于不平衡状态时，才能进行吸收。通常以气液两相的实际状态与相应的平衡状态的偏离程度表示吸收推动力。若为平衡状态，两相的实际状态与相应的平衡状态无偏离，吸收推动力为零；实际状态与相应的平衡状态偏离越大，吸收推动力越大，吸收越容易。

$(Y-Y^*)$ 为以气相中溶质浓度差表示吸收过程的推动力 ΔY；(X^*-X) 为以液相中溶质的浓度差表示吸收过程的推动力 ΔX；$(p_A-p_A^*)$ 为以气相分压差表示的吸收过程推动力 Δp，$(c_A^*-c_A)$ 为以液相摩尔浓度差表示的吸收过程推动力 Δc。

【例 4-1】 某逆流接触的填料塔塔底排出液中含溶质 $x=0.0002$，进口气体中含溶质 2.5%（体积分数），操作压力为 1atm（101.325kPa）。气液平衡关系为 $Y^*=50X$。该塔内进行的是吸收过程还是解吸过程？塔底推动力为多少？

解： 先将气液两相浓度换算为摩尔比

塔底液体浓度：

$$X=\frac{x}{1-x}=\frac{0.0002}{1-0.0002}=0.0002$$

塔底气体浓度：

$$Y=\frac{y}{1-y}=\frac{0.025}{1-0.025}=0.02564$$

则由平衡关系：　$Y^*=50X=50\times 0.0002=0.01$

$$X^*=\frac{Y}{m}=\frac{0.02564}{50}=5.128\times 10^{-4}$$

则 $Y>Y^*$ 或 $X^*>X$，塔内进行的是吸收过程。

塔底推动力为：

$$\Delta X=X^*-X=5.128\times 10^{-4}-0.0002=3.128\times 10^{-4}$$

$$\Delta Y=Y-Y^*=0.02564-0.01=0.01564$$

知识点二　吸收的传质速率

一、吸收的传质机理

吸收传质是溶质从气相向液相转移的过程，该过程属相际间的传质问题。对于相际间传质问题，重要的是研究传质速率及其影响因素，而研究传质速率，首先要说明物质在单相（气相或液相）中的传递规律。

1. 单相传质的基本方式

（1）分子扩散　在静止或层流流体内部，若某一组分存在浓度差，物质以分子运动方式由浓度较高处传递至浓度较低处，这种现象称为分子扩散。如向静止的水中滴一滴红墨水，墨水中有色物质分子就会以分子扩散的方式在水中均匀扩散，使水变成淡淡的红色。分子扩散速率主要取决于扩散物质的浓度和静止流体的温度及其物理性质。

（2）涡流扩散　当物质在湍流流体中扩散时，主要是依靠流体质点的无规则运动。由于流体质点在湍流中产生旋涡，引起各部分流体间的剧烈混合，在浓度差存在的条件下，物质便朝浓度降低的方向扩散。这种凭借流体质点的湍动和旋涡来传递物质的现象，称为涡流扩散。如滴红墨水于水中，同时加以搅动，可以看到水变红的速度要比不搅动快得多，这就是涡流扩散的效果。实际上，在湍流流体中由分子运动而产生的分子扩散与涡流扩散同时存在，但由于构成流体的质点（分子集团或流体微团）是大量的，所以在湍流主体中质点传递的规模和速度是远大于单个分子的，因此涡流扩散的效果应占主要地位。涡流扩散不仅与物系性质有关，还与流体的湍动程度及质点所处的位置有关。涡流扩散速率比分子扩散速率大得多。

由于在涡流扩散时也存在分子扩散，因此研究流体中的物质传递时常常将分子扩散与涡流扩散两种传质作用结合起来予以考虑。湍流主体与相界面之间的涡流扩散与分子扩散总称为对流扩散。对流扩散时，扩散物质不仅依靠本身的分子扩散作用，更主要的是依靠湍流流体的涡流扩散作用。对流扩散与传热过程中的对流传热类似。

2. 吸收过程的传质机理

吸收传质过程的机理很复杂，人们已对其进行了长期深入的研究，先后提出了多种理论，其中应用最广泛的是路易斯和惠特曼提出的双膜理论。

双膜模型的基本假设：

① 相互接触的气液两相存在一个稳定的相界面，界面两侧分别存在着稳定的气膜和液膜。膜内流体流动状态为层流，吸收质以分子扩散方式通过这两层膜。

② 相界面处，气液两相浓度互成平衡，界面处无扩散阻力。

③ 在气膜和液膜以外的气液主体中，由于流体的充分湍动混合，吸收质的浓度均匀，没有浓度差，也没有传质阻力，吸收质主要以涡流扩散的形式传质。浓度差全部集中在两个膜层中，即阻力集中在两层膜内。

根据双膜理论，在吸收过程中，溶质从气相主体中以对流扩散的方式到达气膜边界，又以分子扩散的方式通过气膜至相界面，在界面上不受任何阻力从气相进入液相，然后在液相中以分子扩散的方式通过液膜至液膜边界，最后又以对流扩散的方式转移到液相主体。这一过程非常类似于热冷两流体通过器壁的换热过程。将双膜理论的要点表达在一个坐标图上，即可得到描述气体吸收过程的物理模型——双膜模型图，如图 4-11 所示。

双膜理论把复杂的吸收过程简化为吸收质通过气、液两膜层的分子扩散过程。吸收过程的主要阻力集中于这两层膜中，膜层之外的阻力忽略不计，因此，降低膜层厚度对吸收有利。实践证明，在一些有固定相界面的吸收设备中，当两相湍动不大时，适当增加两相流体的流速对吸收是有利的。

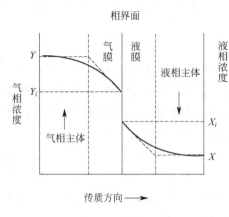

图 4-11 双膜理论示意图

双膜理论对于那些具有固定传质界面系统且两流体流速不高的吸收过程，具有重要的指导意义，为设计计算提供了重要的依据。但是，对于具有自由相界面的系统，尤其是高度湍动的两流体间的传质，双膜理论表现出它的局限性。故继双膜理论之后，又相继提出了一些新的理论，如表面更新理论、溶质渗透理论、滞流边界层及界面动力状态理论等，这些理论能从某一角度解释吸收过程机理，但都不完整，这里不再一一介绍。

二、吸收速率方程

吸收速率是指单位时间内通过单位传质面积的吸收质的量，用 N_A 表示，单位为 $kmol/(m^2 \cdot s)$。表明吸收速率与吸收推动力之间的关系式即为吸收速率方程式。

在稳定吸收过程中，吸收设备内的任一部位上，相界面两侧的对流传质速率应是相等的，因此其中任何一侧的对流扩散速率都能代表该部位的吸收速率。根据双膜理论的论点，吸收速率方程式可用吸收质以分子扩散方式通过气、液膜的扩散速率方程来表示。

1. 气相传质速率方程

即吸收质从气相主体通过气膜传递到相界面时的吸收速率方程式：

$$N_A = k_G(p_A - p_{A_i}) \quad N_A = k_y(y - y_i) \quad N_A = k_Y(Y - Y_i) \quad (4-5)$$

式中 k_G、k_y、k_Y——分别以气相分压差、气相摩尔分数差、气相摩尔比差表示推动力的气相传质分系数，$kmol/(m^2 \cdot s \cdot kPa)$、$kmol/(m^2 \cdot s)$、$kmol/(m^2 \cdot s)$；

p_A、p_{A_i}——吸收质在气相主体与界面处的分压，kPa；

y、y_i——吸收质在气相主体与界面处的摩尔分数；

Y、Y_i——吸收质在气相主体与界面处的摩尔比。

2. 液相传质速率方程

即吸收质从相界面通过液膜传递到液相主体时的吸收速率方程式：

$$N_A = k_L(c_{A_i} - c_A) \quad N_A = k_x(x_i - x) \quad N_A = k_X(X_i - X) \quad (4-6)$$

式中 k_L、k_x、k_X——分别以液相摩尔浓度差、液相摩尔分数差、液相摩尔比差表示推动力的液相传质分系数，$kmol/(m^2 \cdot s \cdot kmol/m^3)$、$kmol/(m^2 \cdot s)$、$kmol/(m^2 \cdot s)$；

c_A、c_{A_i}——吸收质在液相主体与界面处的浓度，$kmol/m^3$；

x、x_i——吸收质在液相主体与界面处的摩尔分数；

X、X_i——吸收质在液相主体与界面处的摩尔比。

3. 相际传质总传质速率方程

$$N_A = K_G(p_A - p_A^*) \quad N_A = K_y(y - y^*) \quad N_A = K_Y(Y - Y^*) \quad (4-7)$$

式中　K_G——以气相分压差($p_A-p_A^*$)表示推动力的气相总传质系数，kmol/(m²·s·kPa)；

K_y——以气相摩尔分率差($y-y^*$)表示推动力的气相总传质系数，kmol/(m²·s)；

K_Y——以气相摩尔比差($Y-Y^*$)表示推动力的气相总传质系数，kmol/(m²·s)。

或　　　$N_A = K_L(c_A^* - c_A)$　　$N_A = K_x(x^* - x)$　　$N_A = K_X(X^* - X)$　　(4-8)

式中　K_L——以液相浓度差($c_A^* - c_A$)表示推动力的液相总传质系数，kmol/(m²·s·kmol/m³)；

K_x——以液相摩尔分率差($x^* - x$)表示推动力的液相总传质系数，kmol/(m²·s)；

K_X——以液相摩尔比差($X^* - X$)表示推动力的液相总传质系数，kmol/(m²·s)。

4. 总传质系数与传质分系数间的关系及吸收过程中的传质阻力控制

吸收分系数与对流传热系数一样，可用特征关联式计算或测定。由亨利定律和吸收速率方程式可以推导出总吸收系数与吸收分系数之间的关系：

$$\frac{1}{K_y} = \frac{m}{k_x} + \frac{1}{k_y} \qquad \frac{1}{K_x} = \frac{1}{k_x} + \frac{1}{mk_y}$$

$$\frac{1}{K_G} = \frac{1}{Hk_L} + \frac{1}{k_G} \qquad \frac{1}{K_L} = \frac{1}{k_L} + \frac{H}{k_G}$$

$$\frac{1}{K_Y} = \frac{m}{k_X} + \frac{1}{k_Y} \qquad \frac{1}{K_X} = \frac{1}{k_X} + \frac{1}{mk_Y}$$

$\frac{1}{K_y}$和$\frac{1}{K_x}$分别为吸收过程的气相和液相总阻力。从上述各式可知，吸收过程的总阻力为气膜阻力和液膜阻力之和。

(1) 气膜控制　对于溶解度较大的易溶气体，m很小，当k_x与k_y数量级相近时$\frac{1}{K_y} \approx \frac{1}{k_y}$，即传质阻力主要集中在气相，此吸收过程的传质速率由气相阻力控制，称为气膜控制或气相阻力控制。对此类吸收过程，要提高吸收速率，必须设法降低气相阻力才有效，例如用水吸收氨、氯化氢等气体属于此类情况。

(2) 液膜控制　对于溶解度较小的难溶气体，m很大，当k_x与k_y数量级相近时，$\frac{1}{K_x} \approx \frac{1}{k_x}$，即传质阻力主要集中在液相，此吸收过程的传质速率由液相阻力控制，称为液膜控制或液相阻力控制。对此类吸收过程，要提高吸收速率，必须设法降低液相阻力才有效，例如用水吸收CO_2、Cl_2等气体属于此类情况。

(3) 双膜控制　对溶解度适中的中等溶解度气体，气膜阻力和液膜阻力均不可忽略不计，此过程吸收总阻力集中在双膜内，这种双膜阻力控制吸收过程速率的情况称为"双膜控制"。对此类吸收过程，要提高吸收速率，必须设法降低液相、气相阻力才有效，例如用水吸收SO_2、丙酮等气体属于此类情况。

知识点三　吸收塔的工艺计算

吸收塔的计算，主要是根据给定的吸收任务，确定吸收剂用量、塔底排出液浓度、填料塔的填料层高度以及塔径等。

一、物料衡算

1. 全塔物料衡算

如图 4-12 为一稳定操作状态下，气、液两相逆流接触的吸收过程。气体自下而上流动；吸收剂则自上而下流动，图中各个符号的意义如下：

V——惰性气的摩尔流量，kmol/h；

L——吸收剂的摩尔流量，kmol/h；

Y_1、Y_2——进、出塔气相中吸收质的摩尔比；

X_2、X_1——进、出塔液相中吸收质的摩尔比。

在吸收过程中，V 和 L 的量不变，气相中吸收质的浓度逐渐减小，而液相中吸收质的浓度逐渐增大。若无物料损失，对单位时间内进、出塔的吸收质的量进行物料衡算，可得下式：

$$VY_1 + LX_2 = VY_2 + LX_1 \quad (4-9)$$

或

$$V(Y_1 - Y_2) = L(X_1 - X_2) \quad (4-10)$$

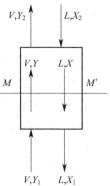

图 4-12 吸收塔示意图

上述两式均为吸收塔的全塔物料衡算式。一般情况下，进塔混合气体的流量和组成是吸收任务所规定的，若吸收剂的流量与组成已被确定，则 V、Y_1、L 及 X_2 为已知数。此外，根据吸收任务所规定的溶质吸收率，便可求得气体出塔时的溶质含量。

整理物料衡算式后可得到吸收传质的液气比（反映单位气体体积处理量的溶剂耗用量大小）：

$$\frac{L}{V} = \frac{Y_1 - Y_2}{X_1 - X_2} \quad (4-11)$$

吸收率为气相中被吸收的吸收质的量与气相中原有的吸收质的量之比，也称为回收率，用 η 表示，即

$$\eta = \frac{G_A}{VY_1} = \frac{V(Y_1 - Y_2)}{VY_1} = 1 - \frac{Y_2}{Y_1} \quad (4-12)$$

或

$$Y_2 = Y_1(1 - \eta) \quad (4-13)$$

2. 吸收操作线方程

在定态逆流操作的吸收塔内，气体自下而上流动，其组成由 Y_1 逐渐降低至 Y_2；液相自上而下流动，其组成由 X_2 逐渐增浓至 X_1；而在塔内任意截面上的气、液组成 Y 与 X 之间的对应关系，可对塔内某一截面 MM' 与塔的一个端面之间的溶质做物料衡算而得。

MM' 与塔底间的物料衡算式：$VY_1 + LX = VY + LX_1$

$$Y = \frac{L}{V}X + \left(Y_1 - \frac{L}{V}X_1\right) \quad (4-14)$$

MM' 与塔顶间的物料衡算式：$VY + LX_2 = VY_2 + LX$

或

$$Y = \frac{L}{V}X + \left(Y_2 - \frac{L}{V}X_2\right) \quad (4-15)$$

式(4-14)、式(4-15) 均表示吸收传质过程中，任一截面处的气相组成 Y 和液相组成 X 之间的关系，称为吸收操作线方程式。

当定态连续吸收时，若 X_1、Y_1、X_2、Y_2 及 L/V 都是定值，则该吸收操作线在 $X \sim Y$ 直角坐标图上为通过塔顶 $T(X_2,Y_2)$ 及塔底 $B(X_1,Y_1)$ 的直线，其斜率为 L/V（见图 4-13）。此操作线仅与吸收操作的液气比、塔底及塔顶溶质组成有关，与系统的平衡关系、塔型及操作温度、压力无关。

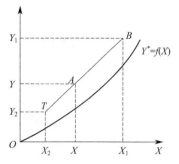

图 4-13 吸收塔的操作线

吸收操作时，吸收操作线在平衡线 $Y^* = f(X)$ 的上方，且塔内某一截面 MN 处吸收的推动力为操作线上点 $A(X,Y)$ 与平衡线的垂直距离 $(Y-Y^*)$ 或水平距离 (X^*-X)。操作线离平衡线愈远吸收的推动力愈大；解吸操作时，$Y<Y^*$ 或 $X^*<X$，故解吸操作线在平衡线的下方。

【例 4-2】 填料吸收塔从空气-丙酮的混合气中回收丙酮，用水做吸收剂。已知混合气入塔时丙酮蒸气体积分数为 6%，所处理的混合气量为 1400m³/h，操作温度为 293K，压力为 101.3kPa，要求丙酮的回收率为 98%，吸收剂的用量为 154kmol/h，吸收塔底出口液相组成为多少？

解：先将组成换算成摩尔比。

入塔气 因气体的摩尔分数在数值上等于体积分数，故 $y_1 = 0.06$

$$Y_1 = \frac{y_1}{1-y_1} = \frac{0.06}{1-0.06} = 0.0638$$

出塔气 $Y_2 = Y_1(1-98\%) = 0.0638 \times 0.02 = 0.00128$

入塔液 $X_2 = 0$

混合气中惰性气流量

$$V = \frac{PV_{混}(1-y_1)}{RT} = \frac{101.3 \times 1400 \times (1-0.06)}{8.314 \times 293} = 54.73 \text{ (kmol/h)}$$

溶液的出口组成由全塔物料衡算式得

$$X_1 = \frac{V(Y_1-Y_2)}{L} + X_2 = \frac{54.73 \times (0.0638-0.00128)}{154} + 0 = 0.0222$$

故吸收塔底出口液相组成为 0.0222。

二、吸收剂用量的确定

在吸收塔计算中，需要处理的气体流量及气相的初浓度、终浓度均由生产任务规定，吸收剂的入塔浓度则由工艺条件决定或由设计者选定，但吸收剂的用量尚有待选择。

由图 4-14 可知，在 V、Y_1、Y_2 及 X_2 已知的情况下，吸收操作线的一个端点 T 已经固定，另一个端点 B 则可在 $Y=Y_1$ 的水平线上移动。点 B 的横坐标将取决于操作线的斜率 L/V。

由于 V 值已经确定，故若减少吸收剂用量 L，操作线的斜率就要变小，点 B 便沿水平线 $Y=Y_1$ 向右移动，其结果是使出塔吸收液的组成 X_1 加大，吸收推动力相应减小，致使设备费用增大。若吸收剂用量减小到恰使点 B 移至水平线 $Y=Y_1$ 与平衡线的交点 B^* 时，$X_1 = X_1^*$，即塔底流出的吸收液与刚进塔的混合气达到平衡。这是理论上吸收液

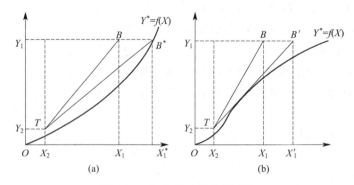

图 4-14 吸收塔的最小液气比

所能达到的最高含量，但此时过程的推动力已变为零，因而需要无限大的相际传质面积，这在实际生产上是办不到的，只能用来表示一种极限状况。此种状况下吸收操作线（TB^*）的斜率称为最小液气比，以 $(L/V)_{\min}$ 表示。对应的吸收剂用量称为最小吸收剂用量，记作 $L_{\min}$。

反之，若增大吸收剂用量，则点 B 将沿水平线向左移动，使操作线远离平衡线，过程推动力增大，设备费用减少。但超过一定限度后，效果便不明显了，而溶剂的消耗、输送及回收等操作费用急剧增大。

最小液气比可用图解法求出。如果平衡曲线符合图 4-14(a) 所示的一般情况，则要找到水平线 $Y=Y_1$ 与平衡线的交点 B^*，从而读出 X^* 的数值，然后用下式计算最小液气比，即：

$$\left(\frac{L}{V}\right)_{\min} = \frac{Y_1 - Y_2}{X_1^* - X_2} \tag{4-16}$$

若平衡关系符合亨利定律，

$$\left(\frac{L}{V}\right)_{\min} = \frac{Y_1 - Y_2}{\dfrac{Y_1}{m} - X_2} \tag{4-17}$$

如果平衡线符合图 4-14(b) 所示，则应过 T 点做平衡线的切线，找到水平线 $Y=Y_1$ 与此切线的交点 B'，从而读出点 B' 的横坐标 X_1' 的值，用 X_1' 代替式中的 X_1^*，则可按下式计算最小液气比：

$$\left(\frac{L}{V}\right)_{\min} = \frac{Y_1 - Y_2}{X_1' - X_2} \tag{4-18}$$

由以上分析可见，吸收剂用量的大小，从设备费与操作费两方面影响生产过程的经济效果，应权衡利弊，选择适宜的液气比，使两种费用之和最小。根据生产实践经验，一般情况下取吸收剂用量为最小用量的 1.1~2.0 倍是比较适宜的，即 $L=(1.1\sim2.0)L_{\min}$。

【例 4-3】 用清水吸收混合气体中的可溶组分 A。吸收塔内的操作压力为 105.7kPa，温度为 27℃，混合气体的处理量为 1280m³/h，其中 A 的摩尔分数为 0.03，要求 A 的回收率为 95%。操作条件下的平衡关系可表示为：$Y=0.65X$。若取溶剂用量为最小用量的 1.4 倍，求每小时送入吸收塔顶的清水量 L 及吸收液组成 X_1。

解：① 清水用量 L

先将组成换算成摩尔比

入塔气 $$Y_1 = \frac{y_1}{1-y_1} = \frac{0.03}{1-0.03} = 0.03093$$

出塔气 $$Y_2 = Y_1(1-95\%) = 0.03093 \times 0.05 = 0.00155$$

入塔液 $$X_2 = 0$$

混合气中惰性气流量

$$V = \frac{V_{混}}{22.4} \times \frac{T_0}{T} \times \frac{P}{P_0}(1-y_1) = \frac{1280}{22.4} \times \frac{273}{300} \times \frac{105.7}{101.33} \times (1-0.03) = 52.62 \text{ (kmol/h)}$$

将上述参数代入式(4-17),得到:

$$L_{\min} = \frac{V(Y_1-Y_2)}{\frac{Y_1}{m} - X_2} = \frac{52.62 \times (0.03093-0.00155)}{\frac{0.03093}{0.65}} = 32.5 \text{ (kmol/h)}$$

则 $L = 1.4 L_{\min} = 1.4 \times 32.5 = 45.5$ (kmol/h)

② 吸收液组成 X_1

根据全塔的物料衡算可得:

$$X_1 = \frac{V(Y_1-Y_2)}{L} + X_2 = \frac{52.62 \times (0.03093-0.00155)}{45.5} + 0 = 0.03398$$

三、吸收塔塔径的计算

吸收塔的塔径可根据圆形管道内的流量与流速关系式计算,即

$$D = \sqrt{\frac{4V_s}{\pi u}} \tag{4-19}$$

式中 D——塔径,m;

V_s——操作条件下混合气体的体积流量,m^3/s;

u——空塔气速,按空塔截面计算的混合气体的线速度,m/s。

在吸收过程中,由于吸收质不断进入液相,故混合气体量由塔底至塔顶逐渐减小。在计算塔径时,一般应以塔底的气量为依据。

四、吸收塔填料层高度的计算

1. 填料层高度的基本关系式

为了达到指定的分离要求,需在填料塔内装一定高度的填料层以提供足够的气液接触面积。计算填料塔高度的基本关系式为:

$$Z = \frac{V}{K_Y a \Omega} \int_{Y_2}^{Y_1} \frac{dY}{Y-Y^*} \tag{4-20}$$

$$Z = \frac{L}{K_X a \Omega} \int_{X_2}^{X_1} \frac{dX}{X^*-X} \tag{4-21}$$

式中 $K_Y a$、$K_X a$ 分别为气相总体积吸收系数和液相总体积吸收系数,单位为 $kmol/(m^3 \cdot s)$。

体积吸收系数的物理意义为:在单位推动力下,单位时间单位体积填料层内吸收的溶质的量。体积传质系数可通过实验测取,也可查阅有关资料,根据经验公式或关联式

求取。

式(4-20)中，$\dfrac{V}{K_Y a \Omega}$ 称为气相总传质单元高度，以 H_{OG} 表示。$\int_{Y_2}^{Y_1} \dfrac{dY}{Y-Y^*}$ 称为气相总传质单元数，以 N_{OG} 表示。

则填料层高度为：
$$Z = N_{OG} H_{OG} \tag{4-22}$$

即填料层高度可用下面的通式计算：

$$Z = 传质单元高度 \times 传质单元数$$

则有
$$Z = N_{OL} H_{OL} \qquad Z = N_G H_G \qquad Z = N_L H_L \tag{4-23}$$

式中 $H_{OL} = \dfrac{L}{K_X a \Omega}$、$H_G = \dfrac{V}{K_Y a \Omega}$、$H_L = \dfrac{L}{K_X a \Omega}$ ——分别为液相总传质单元高度、气相传质单元高度和液相传质单元高度，m；

$N_{OL} = \int_{X_2}^{X_1} \dfrac{dX}{X^*-X}$、$N_G = \int_{Y_2}^{Y_1} \dfrac{dY}{Y-Y_i}$、$N_L = \int_{X_2}^{X_1} \dfrac{dX}{X_i-X}$ ——分别为液相总传质单元数、气相传质单元数和液相传质单元数。

(1) 传质单元数 N_{OG}、N_{OL}、N_G、N_L 计算式中的分子为气相或液相的组成变化，即分离效果（分离要求）；分母为吸收过程的推动力。若所要求 ($Y_1 - Y_2$) 为一定值时，吸收的推动力愈小，传质单元数就愈大，所以传质单元数反映了吸收过程的难易程度。

(2) 传质单元高度 以 H_{OG} 为例，$N_{OG}=1$ 时，$Z=H_{OG}$，故传质单元高度的物理意义为完成一个传质单元分离效果所需的填料层高度。因在 $H_{OG} = V/(K_Y a \Omega)$ 中，$1/(K_Y a)$ 为传质阻力，体积吸收系数 $K_Y a$ 与填料性能和填料润湿情况有关，故传质单元高度的数值反映了吸收设备传质效能的高低。H_{OG} 愈小，吸收设备传质效能愈高，完成一定分离任务所需填料层高度愈小。H_{OG} 与物系性质、操作条件及传质设备结构参数有关。为减少填料层高度，应减少传质阻力，降低传质单元高度。

2. 传质单元数的计算

传质单元数积分值的求算视不同情况选用不同方法，这里只介绍两种方法。

(1) 对数平均推动力法 根据吸收速率方程式与吸收负荷间的关系，可以推得：

$$N_{OG} = \int_{Y_2}^{Y_1} \dfrac{dY}{Y-Y^*} = \dfrac{Y_1-Y_2}{\Delta Y_m} \tag{4-24}$$

式中 ΔY_m 为塔顶与塔底两截面上吸收推动力的对数平均值，称为气相对数平均推动力。

在吸收传质所涉及的组成范围内，若平衡线和操作线均为直线时，则可仿照传热中求对数平均温度差的方法，根据吸收塔进口和出口处的推动力来计算全塔的平均推动力：

$$\Delta Y_m = \dfrac{\Delta Y_1 - \Delta Y_2}{\ln \dfrac{\Delta Y_1}{\Delta Y_2}} \tag{4-25}$$

其中，$\Delta Y_1 = Y_1 - Y_1^*$；$\Delta Y_2 = Y_2 - Y_2^*$。

液相传质单元数：
$$N_{OL} = \int_{X_2}^{X_1} \frac{dX}{X^* - X} = \frac{X_1 - X_2}{\Delta X_m} \quad (4\text{-}26)$$

$$\Delta X_m = \frac{\Delta X_1 - \Delta X_2}{\ln \frac{\Delta X_1}{\Delta X_2}} \quad (4\text{-}27)$$

其中，$\Delta X_1 = X_1^* - X_1$；$\Delta X_2 = X_2^* - X_2$。

在使用平均推动力法时应注意，当 $\Delta Y_1/\Delta Y_2 < 2$（$\Delta X_1/\Delta X_2 < 2$）时，对数平均推动力可用算术平均推动力替代。

（2）吸收因数法　若气液平衡关系在吸收过程所涉及的组成范围内服从亨利定律，且平衡线为一通过原点的直线，即可用 $Y^* = mX$ 表示时，传质单元数可直接积分求解：

$$N_{OG} = \frac{1}{1-S} \ln\left[(1-S)\frac{Y_1 - mX_2}{Y_2 - mX_2} + S\right] \quad (4\text{-}28)$$

式中 S 为平衡线斜率与操作线斜率的比值（mV/L），称为解吸因数（脱吸因数），反映了吸收过程推动力的大小。$\frac{Y_1 - mX_2}{Y_2 - mX_2}$ 值的大小反映了溶质 A 吸收率的高低。

同理，液相总传质单元数用吸收因数法计算，其计算式为：

$$N_{OL} = \frac{1}{1-A} \ln\left[(1-A)\frac{Y_1 - mX_2}{Y_1 - mX_1} + A\right] \quad (4\text{-}29)$$

式中 A 为操作线斜率与平衡线斜率的比值（L/mV），称为吸收因数。

【例 4-4】　在常压逆流吸收塔中，用清水吸收混合气体中的溶质组分 A。进塔气体组成为 0.03（摩尔比，下同），吸收率为 99%；出塔液相组成为 0.013。操作压力为 101.3kPa，温度为 20℃，操作条件下的平衡关系为 $Y^* = 2X$。已知单位塔截面上惰性气体流量为 54kmol/(m²·h)，气相总体积吸收系数为 113.46kmol/(m³·h)，试求所需填料层高度。

解：气体进塔组成 $Y_1 = 0.03$

气相出塔组成　$Y_2 = Y_1(1-\eta) = 0.03 \times (1-0.99) = 0.0003$

液相出塔组成　$X_1 = 0.013$

液相进塔组成　$X_2 = 0$

$Y_1^* = 2X_1 = 2 \times 0.013 = 0.026$

$Y_2^* = 2X_2 = 2 \times 0 = 0$

$\Delta Y_1 = Y_1 - Y_1^* = 0.03 - 0.026 = 0.004$

$\Delta Y_2 = Y_2 - Y_2^* = 0.0003$

$$\Delta Y_m = \frac{\Delta Y_1 - \Delta Y_2}{\ln \frac{\Delta Y_1}{\Delta Y_2}} = \frac{0.004 - 0.0003}{\ln \frac{0.004}{0.0003}} = 0.00143$$

$$N_{OG} = \frac{Y_1 - Y_2}{\Delta Y_m} = \frac{0.03 - 0.0003}{0.00143} = 20.77$$

$$H_{OG} = \frac{V}{K_Y a \Omega} = \frac{54}{113.46} = 0.476 \text{ (m)}$$

$$Z = N_{OG} H_{OG} = 0.476 \times 20.77 = 9.886 \text{ (m)}$$

一、问题思考

1. 什么是气膜控制？什么是液膜控制？举例说明。

2. 亨利系数和相平衡系数与温度、压力有何关系？如何根据其大小判断吸收传质的难易程度？

3. 简述传质单元高度和传质单元数的物理意义。

4. 简述吸收传质过程。

二、工艺计算

1. 总压为 101.3kPa 的某混合气体中各组分的含量分别为 H_2：23.3%、CH_4：42.9%、C_2H_4：25.5%、C_3H_8：8.3%（以上均为体积分数）。试求各组分的摩尔分数、摩尔比及混合气的摩尔质量。

2. 在25℃及总压为 101.3kPa 的条件下，氨水溶液的相平衡关系为 $p^* = 93.90x$ kPa。试求：（1）100g 水中溶解 1g 氨时溶液上方氨气的平衡分压；（2）相平衡常数 m。

3. 在总压为 101.3kPa、温度为 30℃ 条件下，含有 15% SO_2（体积分数）的混合空气与含有 0.2%（摩尔分数）的 SO_2 水溶液接触，试判断 SO_2 的传递方向。已知操作条件下相平衡常数 $m = 47.9$。

4. 在一逆流吸收塔中，用清水吸收混合气中的 CO_2，气体中惰性组分的处理量为 $300m^3$（标准状态）/h，进塔气体中含有 CO_2 8%（体积分数），要求 CO_2 的吸收率为 90%，操作条件下气液平衡关系为 $Y = 1600X$，操作液气比为最小液气比的 1.5 倍。试求：（1）水的用量和出塔液体组成；（2）写出操作线方程；（3）每小时该塔能吸收多少 CO_2？

5. 在吸收塔内用清水吸收废气中的丙酮。已知 $y_1 = 0.06$，$x_1 = 0.02$（均为摩尔分数），惰性气体量为 63kmol/h，清水流量为 178 kmol/h。求丙酮的回收率。

6. 在 101.3kPa、20℃ 下用清水在填料塔内逆流吸收空气中所含的二氧化硫气体。单位塔截面上混合气的摩尔流量为 0.02kmol/($m^2 \cdot s$)，二氧化硫的体积分数为 0.03。操作条件下气液平衡常数 m 为 34.9，$K_Y a$ 为 0.056kmol/($m^3 \cdot s$)。若吸收液中二氧化硫的组成为饱和组成的 75%，要求回收率为 98%，试求吸收剂的摩尔流量及填料层高度。

任务三　吸收工艺系统的调控

以 C_6 油为吸收剂，分离富气（其中 C_4：25.13%，CO 和 CO_2：6.26%，N_2：64.58%，H_2：3.5%，O_2：0.53%）中的 C_4 组分（吸收质），要求能够根据任务指标完

成吸收工艺系统的开停车操作,并在操作过程中根据工艺情况来调控相关工艺参数。

任务实施

一、工艺流程

1. 工艺说明

本任务的吸收系统DCS图、现场图和解吸系统DCS图、现场图见图4-15、图4-16和图4-17、图4-18。

从界区外来的富气从底部进入吸收塔T101。界区外来的纯C_6油吸收剂贮存于C_6油贮罐D101中,由C_6油泵P101A/B送入吸收塔T101的顶部,C_6流量由FRC103控制。吸收剂C_6油在吸收塔T101中自上而下与富气逆向接触,富气中C_4组分被溶解在C_6油中。不溶解的贫气自T101顶部排出,经盐水冷却器E101被-4℃的盐水冷却至2℃进入尾气分离罐D102。吸收了C_4组分的富油(C_4:8.2%、C_6:91.8%)从吸收塔底部排出,经贫富油换热器E103预热至80℃进入解吸塔T102。吸收塔塔釜液位由LIC101和FIC104通过调节塔釜富油采出量串级控制。

不凝气在D102压力控制器PIC103(1.2MPa)控制下排入放空总管进入大气。回收的冷凝液(C_4,C_6)与吸收塔釜排出的富油一起进入解吸塔T102。

预热后的富油进入解吸塔T102进行解吸分离。塔顶气相出料(C_4:95%)经全冷器E104换热降温至40℃全部冷凝进入塔顶回流罐D103,其中一部分冷凝液由P102A/B泵打回流至解吸塔顶部,回流量8.0T/h,由FIC106控制,其他部分作为C_4产品在液位控制(LIC105)下由P102A/B泵抽出。塔釜C_6油在液位控制(LIC104)下,经贫富油换热器E103和盐水冷却器E102降温至5℃返回至C_6油贮罐D101再利用,返回温度由温度控制器TIC103通过调节E102循环冷却水流量控制。

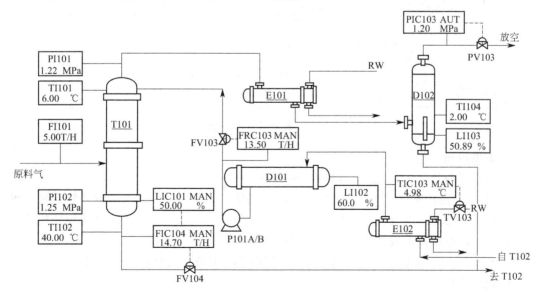

图4-15 吸收系统DCS图

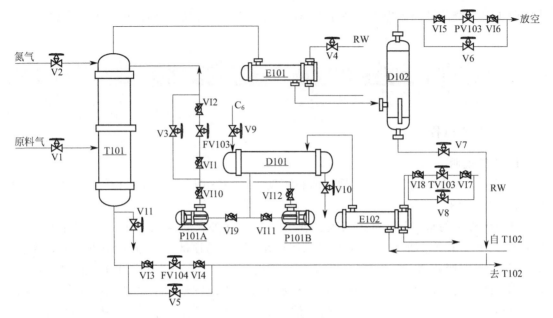

图 4-16 吸收系统现场图

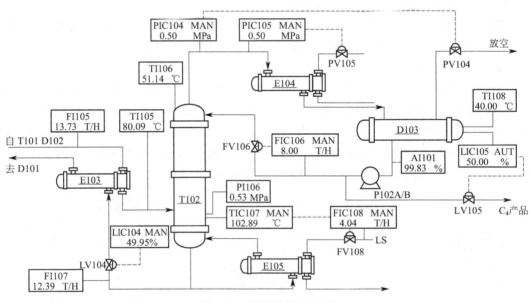

图 4-17 解吸系统 DCS 图

2. 主要设备

T101：吸收塔　　　　　　　T102：解吸塔
D101：C_6 油贮罐　　　　　D102：气液分离罐　　　　　D103：解吸塔顶回流罐
E101：吸收塔顶冷凝器　　　E102：循环油冷却器　　　　E103：贫富油换热器
E104：解吸塔顶冷凝器　　　E105：解吸塔釜再沸器
P101A/B：C_6 油供给泵　　 P102A/B：解吸塔顶回流、塔顶产品采出泵

3. 仪表说明

本操作的相关仪表见表 4-1。

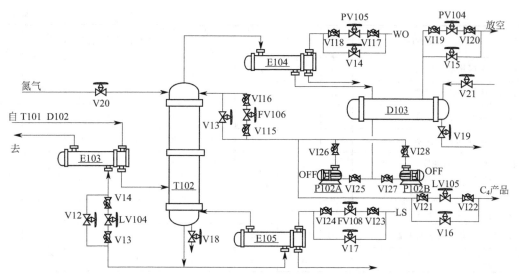

图 4-18 解吸系统现场图

表 4-1 相关仪表

位号	说明	类型	正常值	量程上限	量程下限	工程单位	高报值	低报值	高高报值	低低报值
AI101	回流罐 C_4 组分	AI	>95.0	100.0	0	%				
FI101	T101 进料	AI	5.0	10.0	0.	t/h				
FI102	T101 塔顶气量	AI	3.8	6.0	0	t/h				
FRC103	吸收油流量控制	PID	13.50	20.0	0	t/h	16.0	4.0		
FIC104	富油流量控制	PID	14.70	20.0	0	t/h	16.0	4.0		
FI105	T102 进料	AI	14.70	20.0	0	t/h				
FIC106	T102 回流量控制	PID	8.0	14.0	0	t/h	11.2	2.8		
FI107	T101 塔底贫油采出	AI	13.41	20.0	0	t/h				
FIC108	加热蒸汽量控制	PID	2.963	6.0	0	t/h				
LIC101	吸收塔液位控制	PID	50	100	0	%	85	15		
LI102	D101 液位	AI	60.0	100	0	%	85	15		
LI103	D102 液位	AI	50.0	100	0	%	65	5		
LIC104	解吸塔塔釜液位控制	PID	50	100	0	%	85	15		
LIC105	回流罐液位控制	PID	50	100	0	%	85	15		
PI101	吸收塔塔顶压力	AI	1.22	20	0	MPa	1.7	0.3		
PI102	吸收塔塔底压力	AI	1.25	20	0	MPa				
PIC103	吸收塔塔顶压力控制	PID	1.2	20	0	MPa	1.7	0.3		
PIC104	解吸塔塔顶压力控制	PID	0.55	1.0	0	MPa				
PIC105	解吸塔塔顶压力控制	PID	0.50	1.0	0	MPa				

续表

位号	说明	类型	正常值	量程上限	量程下限	工程单位	高报值	低报值	高高报值	低低报值
PI106	解吸塔塔底压力	AI	0.53	1.0	0	MPa				
TI101	吸收塔塔顶温度	AI	6	40	0	℃				
TI102	吸收塔塔底温度	AI	40	100	0	℃				
TIC103	循环油温度控制	PID	5.0	50	0	℃	10.0	2.5		
TI104	C_4 回收罐温度	AI	2.0	40	0	℃				
TI105	预热后温度	AI	80.0	150.0	0	℃				
TI106	吸收塔塔顶温度	AI	6.0	50	0	℃				
TIC107	解吸塔塔釜温度控制	PID	102.0	150.0	0	℃				
TI108	回流罐温度	AI	40.0	100	0	℃				

二、操作规程

1. 开车操作

(1) 氮气充压

① 打开氮气充压阀 V2 给吸收塔系统充压。当压力升至 1.0MPa 左右时，关闭氮气充压阀。

② 打开氮气充压阀 V20 给解吸塔系统充压。当压力升至 0.5MPa 左右时，关闭氮气充压阀。

(2) 吸收塔进吸收油

① 打开引油阀 V9 至开度 50% 左右，给 C_6 油贮罐 D101 充 C_6 油至液位 50% 以上后关闭 V9。

② 打开 C_6 油泵 P101A 的入口阀 VI9，启动 P101A。

③ 打开 P101A 出口阀 VI10、FV103 的前后阀，调节 FV103 至 30% 左右，给吸收塔 T101 充液至 50%。

(3) 解吸塔进吸收油 打开 FV104 的前后阀，打开调节阀 FV104 开度至 50% 左右，给解吸塔 T102 进吸收油至液位 50%。

(4) C_6 油冷循环

① 手动逐渐打开调节阀 LV104，向 D101 倒油。

② 当向 D101 倒油时，同时逐渐调整 FV104，以保持 T102 液位在 50% 左右，然后将 LIC104 设自动，设定值为 50%。

③ 油从 T101 至 T102 循环时，手动调节 FV103 以保持 T101 液位在 50% 左右，将 LIC101 投自动，设定值为 50%。

④ 手动调节 FV103，使 FRC103 保持在 13.50T/h，投自动，冷循环 10min。

(5) 向 T102 回流罐 D103 灌 C_4 打开 V21 向 D103 灌 C_4 至液位为 40%，然后关闭 V21。

(6) T102 再沸器投用 设定 TIC103 于 5℃ 投自动。手动打开 PV105 至 70%、

FV108 至 50%。调节 PV104，控制塔压在 0.5MPa。

(7) 建立 T102 回流

① 当 TI106＞45℃时，打开 P102A/B 泵的入口阀 VI25，启动泵 P102A。

② 打开泵出口阀 VI26，打开 FV106 的前后阀后调节 FV106 至合适开度，维持塔顶温度高于 51℃。

③ 当 TIC107 温度指示达到 102℃时，将 TIC107 投自动，设定值 102℃。FIC108 投串级。

(8) 进富气

① 打开 V4 阀，启用冷凝器 E101。逐渐打开富气进料阀 V1，开始富气进料。

② 打开 PV103 前后阀，调节 PIC103 使压力恒定在 1.2MPa。当富气进料达到正常值后，设定 PIC103 投自动，设定值 1.2MPa。

③ 手动调节 PIC105，维持 PIC105 在 0.5MPa，稳定后投自动。

④ PV104 投自动，设定为 0.55MPa。

⑤ 当 T102 温度、压力控制稳定后，手动调节 FIC106 使回流量达到正常值 8.0T/h，投自动。

⑥ D103 液位高于 50%时，打开 LIV105 的前后阀，手动调节 LIC105 维持液位在 50%，投自动。

2. 正常运行

(1) 正常工况操作参数

① T101：液位 LIC101 维持在 50%左右、塔顶压力 PI101 维持在 1.22MPa 左右、原料气流量 FI101 维持在 5T/h 左右、回流量 FRC103 维持在 13.5T/h、塔釜出口流量 FIC104 维持在 14.7T/h 左右。

② T102：液位 LIC104 维持在 50%左右、塔顶压力 PI105 维持在 0.5MPa 左右、塔顶温度 TI106 维持在 51℃、塔釜温度 TIC107 维持在 102℃、回流量 FIC106 维持在 8T/h 左右。

③ D101：液位 LI102 维持在 60%左右。

④ D102：塔顶压力 PI103 维持在 1.2MPa 左右。

⑤ D103：液位 LIC105 维持在 50%左右。

⑥ E102：热物流出口温度 TIC103 维持在 5℃。

(2) 补充新油　因为塔顶 C_4 产品中含有部分 C_6 油及其他 C_6 油损失，所以随着生产的进行，要定期观察 C_6 油贮罐 D101 的液位，使其保持在 60%左右。否则应打开阀 V9 补充新鲜的 C_6 油。

(3) D102 排液　生产过程中贫气中的少量 C_4 和 C_6 组分积累于尾气分离罐 D102 中，定期观察 D102 的液位，当液位高于 70%时，打开阀 V7 将凝液排放至解吸塔 T102 中。

(4) T102 塔压控制　正常情况下 T102 的压力由 PIC105 通过调节 E104 的冷却水流量控制。生产过程中会有少量不凝气积累于回流罐 D103 中使解吸塔系统压力升高，这时 T102 顶部压力超高，保护控制器 PIC104 会自动控制排放不凝气，维持压力不会超高。必要时可手动打开 PV104 至开度 1%～3%来调节压力。

3. 停车操作

(1) 停富气进料

① 关富气进料阀 V1，停富气进料。

② 富气进料中断后，T101 塔压会降低，手动调节 PIC103，维持 T101 压力>1.0MPa。

③ 关闭调节阀 LV105。

④ 调节 PIC104 维持 T102 塔压力在 0.20MPa 左右。

(2) 停吸收塔系统

① 停 C_6 油进料

a. 关 C_6 油泵 P101A 的出口阀 VI10 后停泵，关闭 P101A 入口阀 VI9。

b. FRC103 置手动，关 FV103 前后阀，手动关 FV103 阀，停 T101 油进料。

② 吸收塔系统泄油

a. LIC101 和 FIC104 置手动，FV104 开度保持 50%，向 T102 泄油。

b. 当 LIC101 液位降至 0% 时，关闭 FV104。

c. 打开 V7 阀（开度>10%），将 D102 中的凝液排至 T102 中。

d. 当 D102 液位指示降至 0% 时，关 V7 阀。

e. 关 V4 阀中断盐水，停 E101。

f. 手动打开 PV103（开度>10%），吸收塔系统泄压至常压，关闭 PV103。

(3) 停解吸塔系统

① T102 塔降温

a. TIC107 和 FIC108 置手动，关闭 E105 蒸汽阀 FV108，停再沸器 E105。

b. 手动调节 PV105 和 PV104，保持解吸塔压力 0.2MPa。

② 停 T102 回流

a. 再沸器停用，温度下降至泡点以下后油不再汽化，当 D103 液位 LIC105 指示小于 10% 时，关回流泵 P102A 出口阀 VI26 后停泵，关 P102A 的入口阀 VI25。

b. 手动关闭 FV106 及其前后阀，停 T102 回流。

c. 打开 D103 泄液阀 V19（开度>10%），当 D103 液位指示下降至 0% 时关 V19 阀。

③ T102 泄油

a. 手动置 LV104 于 50%，将 T102 中的油倒入 D101。

b. 当 T102 液位 LIC104 指示下降至 10% 时关 LV104。

c. 手动关闭 TV103，停 E102。

d. 打开 T102 泄油阀 V18（开度>10%），T102 液位 LIC104 下降至 0% 时关 V18。

④ T102 泄压。手动打开 PV104 至开度 50%，开始 T102 系统泄压。当 T102 系统压力降至常压时，关闭 PV104。

(4) 吸收油贮罐 D101 排油

① 当停 T101 吸收油进料后，D101 液位必然上升，此时打开 D101 排油阀 V10 排污油。

② 直至 T102 中油倒空，D101 液位下降至 0%，关 V10。

4. 事故现象及处理方法（表 4-2）

表 4-2　事故现象及处理方法

事故	现象	处理方法
冷却水中断	(1)冷却水流量为 0 (2)入口路各阀处于常开状态	(1)手动打开 PV104 保压,关闭 FV108 停再沸器 (2)停止进料,关 V1 阀 (3)关闭 PV105 及其后阀 VI18 和前阀 VI17;手动关 PV103 保压 (4)手动关 FV104,停 T102 进料;手动关 LV105,停出产品 (5)手动关 FV103,停 T101 回流 (6)手动关 FV106,停 T102 回流 (7)关 LV104,保持液位
加热蒸汽中断	(1)加热蒸汽管路各阀开度正常 (2)加热蒸汽入口流量为 0 (3)塔釜温度急剧下降	(1)停止进料,关 V1 阀 (2)停 T102 回流,关闭 FV106 (3)停 D103 产品出料,关闭 LV105 (4)停 T102 进料,关闭 FV104 (5)关 PV103 保压 (6)关 LIC104,保持液位;关闭 FV108 及其前阀 VI24 和后阀 VI23
仪表风中断	各调节阀全开或全关	(1)打开 FRC103 旁路阀 V3 (2)打开 FIC104 旁路阀 V5 (3)打开 PIC103 旁路阀 V6 (4)打开 TIC103 旁路阀 V8 (5)打开 LIC104 旁路阀 V12 (6)打开 FIC106 旁路阀 V13 (7)打开 PIC105 旁路阀 V14 (8)打开 PIC104 旁路阀 V15 (9)打开 LIC105 旁路阀 V16 (10)打开 FIC108 旁路阀 V17
停电	(1)泵 P101A/B 停 (2)泵 P102A/B 停	(1)打开泄液阀 V10,保持 LI102 液位在 55% (2)打开泄液阀 V19,保持 LI105 液位在 50% (3)停止进料,关 V1 阀
P-101A 泵坏	(1)FRC103 流量降为 0 (2)塔顶 C_4 上升,温度上升,塔顶压上升 (3)釜液位下降	(1)先关 P101A 后阀 VI10,然后停泵,再关泵前阀 VI9 (2)先开泵前阀 VI11,然后开泵 P101B,再开泵后阀 VI12 (3)由 FRC103 调至正常值,并投自动
LIC104 调节阀卡	(1)FI107 降至 0 (2)塔釜液位上升,并可能报警	(1)关 LIC104 前后阀 VI13,VI14 (2)开 LIC104 旁路阀 V12 至 60%左右 (3)调整旁路阀 V12 开度,使液位保持 50%
再沸器 E-105 结垢严重	(1)调节阀 FIC108 开度增大 (2)加热蒸汽入口流量增大 (3)塔釜温度下降,塔顶温度也下降,塔釜 C_4 组成上升	停车

任务评价

① 根据工艺流程熟悉所需设备、仪表和管路；

② 能正确地完成吸收 DCS 系统的开停车操作；

③ 在吸收单元操作中要能判断和处理常见的事故；

④ 要能根据操作实际情况来调控工艺指标；

⑤ 能对吸收工艺做物料衡算。

 知识链接

知识点一　解吸

解吸过程是从吸收液中分离出被吸收溶质的操作。在生产中,解吸过程有两个目的:一是获得所需较纯的气体溶质;二是使溶剂再生返回到吸收塔循环使用,使分离过程经济合理。

在工业生产中,经常采用吸收-解吸联合操作。如前面任务一中介绍的用洗油脱除煤气中的粗苯就采用了吸收-解吸联合操作。解吸是吸收质从液相转移到气相的过程,是吸收过程的逆过程,二者传质方向相反,过程的必要条件及推动力也与吸收相反,即气相中溶质的分压(或浓度)必须小于液相中溶质的平衡分压,其差值即为解吸过程的推动力。因此,在 $X-Y$ 图上,吸收过程的操作线在平衡线的上方,解吸过程的操作线在平衡线的下方,吸收的计算方法均可用于解吸过程,解吸的推动力为负的吸收推动力。

常见的解吸方法有:

(1) 气提解吸　将溶液加热后送至解吸塔塔顶使之与塔底通入的惰性气体或水蒸气逆流接触,由于入塔惰性气体中溶质的分压为零,溶质从液相转入气相。

(2) 减压解吸　操作压力降低可使气相中溶质的分压相应地降低,溶质从吸收液中释放出来。

(3) 加热解吸　将溶液加热升温可提高溶液中溶质的平衡分压,减少溶质的溶解度,从而有利于溶质与溶剂的分离。

(4) 精馏方法　将溶液通过精馏的方法使溶质与溶剂分离。

在生产中,具体采用什么方法,须结合工艺特点,对具体情况做具体分析。此外,也可以将几种方法联合起来加以应用。

知识点二　吸收操作分析

一、实际生产中的吸收操作过程

填料塔内气液两相可以做逆流流动也可以作并流流动。在两相进、出口组成相同的情况下,逆流时的平均推动力必大于并流,且逆流操作时,塔底引出的溶液在出塔前与浓度最大的进塔气体接触,使出塔溶液浓度可达最大值;塔顶引出的气体出塔前与纯净的或浓度较低的吸收剂接触,可使出塔气体的浓度达最低值,这说明逆流操作可提高吸收效率和降低吸收剂耗用量。就吸收过程本身而言,逆流优于并流。但逆流操作时,液体的下降受到上升气流的作用力(常称为曳力),此种曳力会阻碍液体的顺利下流,从而限制了填料塔所允许的液体流量和气体流量,设备的生产能力受到限制。

一般吸收操作均采用逆流,以使过程具有最大的推动力。特殊情况下,如吸收质极易溶于吸收剂,此时逆流操作的优点并不明显,为提高生产能力,可以考虑采用并流。

根据实际生产的具体要求，工业上采用的吸收流程有如下几种。

1. 部分吸收剂再循环的吸收流程

如图 4-19，操作时用泵从塔底将溶液抽出，一部分作为产品引出或作为废液排放，另一部分则经冷却器冷却后与新吸收剂一起再送入塔顶。由于部分溶液循环使用，使入塔吸收剂中吸收质组分浓度升高，吸收过程推动力减小，同时还降低了吸收率。另外，部分溶液循环增加了动力消耗，但它可在不增加吸收剂用量的情况下增大喷淋密度和气液两相接触面，而且可利用循环溶液移走塔内部分热量，降低操作温度，有利于吸收。

此种流程主要用于下列两种情况：吸收剂价格昂贵，要求耗用量少，无法保证填料的充分润湿；吸收过程放热，为保证过程的正常进行，需不断从塔内移走热量。

2. 多塔串联吸收流程

如图 4-20，三个逆流吸收填料塔所组成的串联吸收流程。操作时，用泵将前一个塔的塔底溶液抽送至后一个塔的顶部，气体与液体逆流接触。实际生产中还可根据需要在塔间的液体或气体管路上设置冷却器。

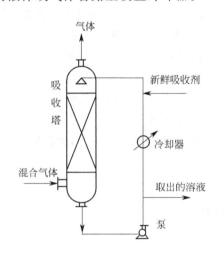

图 4-19　吸收流程

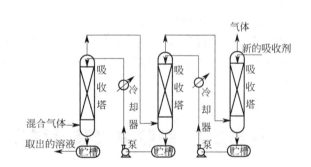

图 4-20　多塔串联吸收流程

串联吸收可将一个高塔分成几个矮塔，便于安装和维修。同时，可在两塔之间设置冷却装置，用于降低吸收液的温度。所以，当所需填料层太高，或塔底吸收液温度过高时可用此流程。如果处理的气量很大，或所需塔径太大时，也可考虑由几个小直径塔并联操作。

3. 吸收-解吸联合流程

实际工业生产中，吸收和解吸常联合进行，这样既可得到较纯净的吸收质也可回收吸收剂，以便循环使用。

二、吸收传质的影响因素

化工生产中，在吸收塔的结构形式、尺寸、吸收流程、吸收剂的性质等都已确定的情况下，影响吸收塔操作的主要因素有以下几方面：

（1）压力　增加吸收系统的压力，即增大了吸收质的分压，能提高吸收推动力，对吸收有利。但过高地增大系统压力，会使动力消耗增大，同时设备强度要求也提高，因而使设备的投资和操作费用加大。一般能在常压下进行的吸收操作不必高压下进行，但对一些在吸收后需要加压的系统，可以在较高压力下进行吸收，既有利于吸收，又有利于增加吸收塔的生产能力。

（2）温度　一般的吸收均为放热过程。放热将使体系的温度上升，吸收平衡线上移，过程推动力减少。降低吸收剂的进口温度或及时移走吸收过程所放热量均能使吸收质在液相中的溶解度增加，平衡线下移，过程推动力增加。

（3）吸收剂的进口浓度　降低入塔吸收剂中溶质的浓度，可以增加吸收的推动力。因此，对有吸收剂再循环的吸收操作来说，吸收液的解吸应尽可能完全。当解吸塔操作不正常，可能会使吸收剂的进口浓度 X_2 增加（图 4-12），而过程推动力下降，出塔尾气浓度 Y_2 上升，吸收效果差。而当吸收剂的进口浓度 X_2 增加时，其他操作条件未变，出塔液的浓度 X_1 将上升，使吸塔负荷增加，在未采取强化解吸操作措施时解吸效果更差，吸收剂的进口浓度 X_2 又将上升，这将导致整个系统的恶性循环。为了严格控制吸收剂的进口浓度，应及时改善解吸操作。

（4）液气比　由前面的讨论可知，当 Y_1、Y_2、X_2 一定时，液气比 L/V 增大，将使 X_1 减小，过程的平均推动力增大，从而可使所需的塔高降低，但解吸所需的再生费用将大大增加。反之，液气比减小，再生费用减小，但塔高增加。另外，吸收剂的最小用量也受技术上的限制。设计者只有通过多方案的比较，才能确定最经济的液气比。然而，设计时人们往往是先根据分离要求计算最小液气比，然后乘以某一经验值的倍数以作为设计的操作液气比。设计液气比是否为最适宜的操作液气比，还必须经过生产实践的检验；考虑连续生产过程中前后工序的相互制约，操作液气比也不可能维持为常量，常需及时调节、控制。

任务四　吸收解吸装置操作训练

任务引入

利用吸收解吸装置完成水吸收 CO_2 的操作，要求严格按照操作规程进行。根据生产工艺的实际情况对工艺参数进行调控，维持工艺的稳定运行。选择适宜的喷淋密度、温度、空气流量和操作方式等，并采取正确的操作方法，完成工作任务。

任务实施

一、工艺流程

流程如图 4-21 所示。

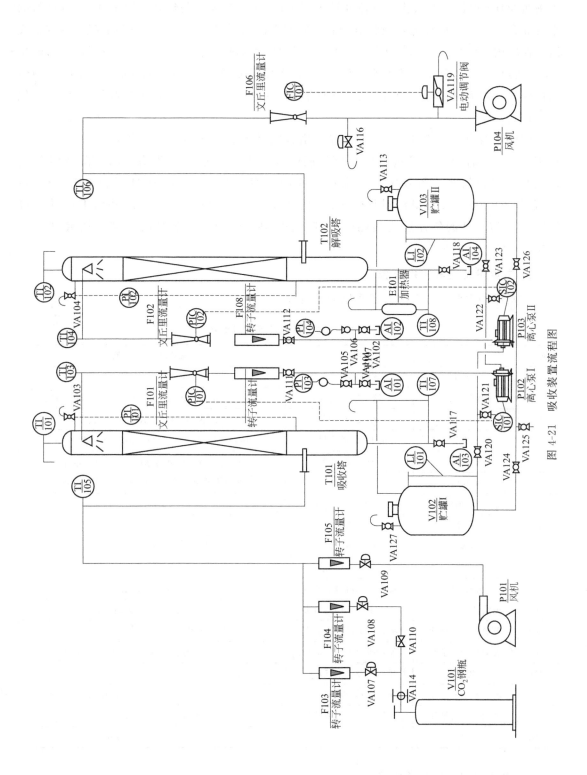

图 4-21 吸收装置流程图

吸收塔操作流程简述：进塔空气（载体）由空气气泵 P101 提供，进塔 CO_2（溶质）由钢瓶 V101 提供，二氧化碳气体经转子流量计 F103 计量，与经转子流量计 F105 计量的空气混合后，经 π 形管进入吸收塔的底部并向上流动通过填料层，与下降的吸收剂（解吸液）在塔内逆流接触，二氧化碳被水吸收，吸收后的尾气排空。吸收剂（解吸液）由贮罐 V103 通过离心泵 P102、转子流量计 F107、文丘里流量计 F101，从吸收塔 T101 塔顶进入塔内，并向下流动经过填料层，吸收溶质（CO_2）后的吸收液从吸收塔底部进入储罐 V102。

解吸塔操作流程简述：空气（解吸惰性气体）由风机 P104 提供，经文丘里流量计 F106 计量后经 π 形管进入解吸塔的底部并向上流动通过解吸塔，与下降的吸收液逆流接触进行解吸，解吸尾气排空；吸收液储存于贮罐 V102 通过离心泵 P103、转子流量计 F108、文丘里流量计 F102，从解吸塔 T102 塔顶进入塔内并向下流动经过解吸塔，与上升的气体逆流接触解吸其中的溶质（CO_2），解吸液从解吸塔底部进入储罐 V103。

1. 主要设备及其技术参数

本操作的主要设备及其技术参数见表 4-3。

表 4-3 主要设备及其技术参数

位号	名称	用途	规格、型号和材质
P101	风机 I	输送吸收塔原料气	220V;450W;450L/min
P102	离心泵 I	吸收剂输送泵	380V;0.25kW;Q:1.2~4.8m^3/h;H:10.5~7m
P103	离心泵 II	输送吸收液	380V;0.25kW;Q:1.2~4.8m^3/h;H:10.5~7m
P104	风机 II	输送解吸塔原料气	380V;550W;最大压力 14kPa;最大流量 100m^3/h
T101	吸收塔	完成吸收任务	填料塔；材质玻璃塔 Φ100mm×2000mm；
T102	解吸塔	完成解吸任务	内装不锈钢鲍尔环填料；填料高度为 1750mm；
V101	CO_2 钢瓶	贮存 CO_2 气体	GB5099
V102	贮罐	贮存吸收液	不锈钢材质 Φ400mm×700mm
V103	贮罐	贮存解吸液	不锈钢材质 Φ400mm×700mm
F101	文丘里流量计	现场显示吸收液流量	喉径:5mm
F102	文丘里流量计	现场显示解吸液流量	喉径:5mm
F103	玻璃转子流量计	显示并控制 CO_2 流量	LZB-6;0.06~0.6m^3/h
F104	玻璃转子流量计	显示并控制 CO_2 流量	LZB-6;0.06~0.6m^3/h
F105	玻璃转子流量计	显示吸收塔空气流量	LZB-6;0.16~1.6m^3/h
F106	文丘里流量计	显示解吸塔空气流量	喉径:12mm
F107	玻璃转子流量计	现场显示吸收液流量	LZB-25 ;40~400L/h
F108	玻璃转子流量计	现场显示解吸液流量	LZB-25 ;40~400L/h
E101	加热器		不锈钢；功率 2.5kW

2. 主要阀门名称及其作用

本操作的主要阀门名称及其作用见表 4-4。

表 4-4 主要阀门名称及技术参数

序号	代码	阀门名称	技术参数	序号	代码	阀门名称	技术参数
1	VA101	解吸液取样阀	宝塔阀	13	VA113	解吸液罐放空阀	
2	VA102	吸收液取样阀		14	VA114	二氧化碳钢瓶减压阀	
3	VA103	吸收塔测压管放空阀		15	VA116	解吸气旁路手动调节阀	DN40 闸阀
4	VA104	解吸塔测压管放空阀		16	VA117	吸收塔底取样阀	DN15 球阀
5	VA105	吸收泵出口压力表阀		17	VA118	解吸塔底取样阀	
6	VA106	解吸泵出口压力表阀	DN15 球阀	18	VA119	解吸气旁路电动调节阀	
7	VA107	二氧化碳转子流量计阀	闸阀	19	VA120	解吸泵入口阀	DN25 球阀
8	VA108	二氧化碳转子流量计阀		20	VA123	吸收泵入口阀	
9	VA109	空气转子流量计阀		21	VA124	吸收、解吸液罐连通阀	
10	VA110	电磁阀	常闭	22	VA125	放水阀	DN15 球阀
11	VA111	吸收液流量控制阀	DN15 球阀	23	VA126	吸收、解吸液罐连通阀	DN25 球阀
12	VA112	解吸液流量控制阀		24	VA127	解吸液罐放空阀	DN15 球阀

3. 仪表检控参数

本操作的仪表检控参数见表 4-5。

表 4-5 仪表检控参数

仪表用途	位号	仪表位置	检测仪表	执行机构
吸收塔压降	PI101	AI501FV24S	压力传感器(0~20kPa)	
解吸塔压降	PI102	AI501FV24L1S	压力传感器(0~20kPa)	
吸收剂压力	PI103	现场	压力表,(0~0.25MPa)	
解吸液压力	PI104	现场	压力表,(0~0.25MPa)	
解吸塔空气流量	FIC101	AI519V24X3S4	压力传感器(0~20kPa)	电动阀
吸收剂流量	F107	现场	玻璃转子流量计 LZB-15;40~400L/h	变频器 S1
	PIC101	AI519V24X3S4	压力传感器(0~20kPa)	
解吸液流量	F108	现场	玻璃转子流量计 LZB-15;40~400L/h	变频器 S2
	PIC102	AI519V24X3S4	压力传感器(0~20kPa)	
吸收剂浓度	AI101	AI501FS	CO_2 浓度传感器	
解吸液浓度	AI102	AI501FS	CO_2 浓度传感器	
吸收液浓度	AI103	AI501FS	CO_2 浓度传感器	
解吸后吸收剂浓度	AI104	AI501FS	CO_2 浓度传感器	
贮罐Ⅰ液位	LI101	现场	玻璃液位计	
贮罐Ⅱ液位	LI102	现场	玻璃液位计	
吸收气出口温度	TI101	AI501FS	热电阻+智能仪表,0~100℃	
解吸气出口温度	TI102	AI501FS	温度传感器,0~100℃	
吸收剂进口温度	TI103	AI501FS	热电阻+智能仪表,0~100℃	
解吸液进口温度	TI104	AI501FS	热电阻+智能仪表,0~100℃	
吸收气体温度	TI105	AI501FS	热电阻+智能仪表,0~100℃	

续表

仪表用途	位号	仪表位置	检测仪表	执行机构
解吸气进口温度	TI106	AI501FS	热电阻+智能仪表,0~100℃	
吸收液出口温度	TI107	AI501FS	温度传感器,0~100℃	
解吸液出口温度	TI108	AI501FS	热电阻+智能仪表,0~100℃	

二、操作规程

1. 开车前的检查

（1）动、静设备检查　检查吸收塔 T101、解吸塔 T102 的玻璃段完好情况，有无破损；检查离心泵 P102、P103 的叶轮是否能转动自如（之前关闭出口阀）；检查风机 P104 的叶轮能否转动自如；检查贮罐 V102、V103 的液位计是否达到开车要求，通过进水总阀控制罐内液位；检查二氧化碳钢瓶储量是否满足实训要求，检查其安全性。

（2）管路及仪表检查　检查各个管件有无破损、所有阀门能否开闭，保证灵活好用；检查仪表：打开控制台上的电源总开关，仪表全亮并无异常现象（如不断闪烁为异常现象），说明仪表能正常工作；检查测量点、取样点能否正常取样分析。

（3）检查水电等公用工程供应情况　检查水、电供应情况；开启总电源，然后开启仪表台电源开关；开启计算机，启动监控系统。

2. 开车操作

① 确认阀门 VA120、VA123、VA113、VA116、VA127 全开，其他阀门关闭。启动离心泵 P102。

② 逐渐打开阀门 VA111，吸收剂通过转子流量计 F107、文丘里流量计 F101 进入吸收塔顶部。

③ 将吸收剂量设为规定值（200~400L/h），观测流量计 F101、压力表 PI103 的显示。

④ 启动风机 P101，通过阀门 VA109 将空气流量调节到规定值（14~30L/min）。

⑤ 启动风机 P104，将空气流量设定为规定值（4~10m³/h），调节空气流量 FIC101（调 VA116 可）。

⑥ 观测吸收液储罐 V102 的液位 LI101，待其大于 V102 液位的 $\frac{1}{3}$ 处。

⑦ 确认阀门 VA112 处于关闭状态，启动离心泵 P103，然后逐渐打开阀门 VA112，吸收液通过文丘里流量计 F102 进入解吸塔顶部。

⑧ 打开 CO_2 钢瓶阀门（先开总阀，再开减压阀 VA114），调节 VA107 来调 CO_2 流量到规定值。

⑨ CO_2 和空气混合后制成混合气从塔底进入吸收塔。注意观察 CO_2 流量变化情况，及时调整到规定值。观测气体、液体流量和温度，数据稳定后开车成功。

3. 停车

① 关闭 CO_2 钢瓶总阀、减压阀，关闭气泵 P101。

② 关闭阀门 VA111、VA112；关闭离心泵 P102、P103。

③ 先调 VA116 至最大，关闭旋涡泵 P104，关闭总电源。

4. 连续生产操作

检查样品分析的分析仪器和药品的准备情况：0.1mol/L 的 Ba(OH)$_2$ 标准液 500mL、0.1mol/L 的盐酸 500mL、酚酞指示剂 50mL、酸式滴定管、10mL 和 5mL 移液管、150mL 锥形瓶 4 个。

① 确认是否在正常开车状态：将阀门 VA120、VA123、VA113、VA116、VA127 全开，关闭其他阀门，启动离心泵 P102、P103。

② 缓慢打开阀门 VA111、VA112，调节 F107、F108 的流量为 250L/h，吸收剂、吸收液分别通过转子流量计、文丘里流量计从顶部进入吸收塔和解吸塔，喷淋 5~10min。

③ 启动风机 P101，调节 VA109 的开度调节空气流量，打开二氧化碳钢瓶阀门（先开总阀，再开减压阀 VA114），调节 VA107 来调 CO$_2$ 流量。

④ 启动风机 P104，调节 VA119 开度调节空气流量，达到要求。

⑤ 稳定后，测量吸收塔底、解吸塔底的水温，同时取样，用锥形瓶从阀门 VA101、VA102、VA117、VA118 分别取 50mL 样品，测定吸收塔顶、解吸塔顶、吸收塔底、解吸塔底溶液中 CO$_2$ 的含量。

⑥ 取样后，依次关闭 CO$_2$ 钢瓶总阀门、减压阀 VA114、风机 P101、阀门 VA111 和 VA112、泵 P102、泵 P103、风机 P104、总电源。

⑦ 分析样品：用移液管吸取 0.1mol/L 的 Ba(OH)$_2$ 溶液 10mL，放入锥形瓶中，用橡胶塞塞好，并振荡。溶液中加入 2~3 滴酚酞指示剂，最后用 0.1mol/L 的盐酸滴定到粉红色消失的瞬间为终点。记录好滴定所用盐酸的体积。按下式计算得出溶液中二氧化碳的浓度。

$$c_{CO_2} = \frac{2c_{Ba(OH)_2} V_{Ba(OH)_2} - c_{HCl} V_{HCl}}{2V_{溶液}}$$

5. 解吸塔压降测量

（1）干填料时塔性能测定　关闭电动调节阀 VA119，将 VA116 调节至全开，启动风机 P104。通过改变阀门 VA116 的开度，即可分别测得在不同空气流量下的全塔压降，绘制 $\Delta p \sim u$ 关系曲线。

（2）湿填料时塔性能测定

① V103 罐中的液体利用离心泵 P102 输送到罐 V102 中后，关闭离心泵 P102。

② 启动离心泵 P103，设定一定的液体流量，电动调节阀 VA119 开度调成 0，全开阀门 VA116。

③ 启动风机 P104。

④ 在文丘里流量计 F106 量程范围内，通过改变阀门 VA116 开度，分别测得在不同空气流量下塔压降，注意液泛点（即液泛后风机流量不再调大）。

⑤ 泛点处记录数据后立即全开 VA116，再关风机 P104，防止长时间液泛积液过多。

也可以利用计算机中的吸收程序来操作完成塔性能的测定。

① 根据现场装置识读工艺流程图；

② 能熟练完成吸收解吸装置的开停车操作；
③ 能完成吸收塔性能测定操作；
④ 能准确地调控吸收工艺的工艺指标；
⑤ 能正确地对吸收塔进行相应的工艺计算。

自测练习

1. 从操作角度分析，影响吸收过程能否达到要求的主要因素有哪些？
2. 温度对吸收操作有何影响？生产中控制吸收操作温度的措施有哪些？
3. 吸收过程中若解吸不完全，将对吸收传质有什么影响？
4. 如何判断过程进行的是吸收还是解吸？解吸的目的是什么？
5. 吸收剂的进塔条件有哪三个要素？操作中调节这三要素对吸收结果有什么影响？
6. 填料及填料塔各主要部件的功能是什么？
7. 逆流操作的吸收塔，若气体出口浓度大于规定值，试分析原因，提出改进措施。

项目五

萃取

在任何一种溶剂中，不同的物质具有不同的溶解度，利用物质溶解度的不同，使混合物中的组分得到完全或部分的分离过程，称为萃取。萃取主要用于化工厂的废水处理，如用二烷基乙酰胺脱出染料厂、焦化厂废水中的苯酚；萃取也用于湿法冶金中，如从锌冶炼烟尘的酸浸出液中萃取铊、锗等；在制药、生物化工和精细化工工业中，也用到萃取，如中草药的提取，香料工业中用正丙醇从亚硫酸纸浆废水中提取香兰素等。随着石油工业的发展，萃取也已广泛应用于分离和提纯各种有机物质，如用二甘油从石脑油裂解副产汽油或重油中萃取芳烃。

教学目标

【知识目标】

① 了解萃取操作的经济性、工业应用；
② 熟悉萃取设备及其选用原则、超临界萃取原理；
③ 理解萃取过程的原理、萃取剂选取的原则、影响萃取操作的因素、杠杆规则；
④ 掌握单级萃取过程在相图上的表示方法；
⑤ 掌握萃取过程的强化措施。

【技能目标】

① 能用三角形相图表示萃取操作过程，分析萃取操作过程的影响因素；
② 能够根据生产任务要求来合理选择萃取剂；
③ 能正确选择萃取操作条件；
④ 能完成萃取工艺的开停车，判断常见事故并处理。

【素质目标】

① 培养工程技术观念；

② 培养独立思考的能力、逻辑思维能力；
③ 培养应用所学知识解决工程实际问题的能力。

任务一　萃取塔性能的测定

以水萃取煤油中的苯甲酸为例对萃取塔的性能进行测定，严格按照操作规程来完成操作，理解萃取工艺的作用、工作原理、平衡关系及萃取操作方法。

一、工艺流程

本操作以水为萃取剂，从煤油中萃取苯甲酸（图 5-1），苯甲酸在煤油中的浓度约为 0.2%（质量分数）。水相为萃取相（用字母 E 表示，又称连续相、重相），煤油相为萃余相（用字母 R 表示，又称分散相）。在萃取过程中苯甲酸部分地从萃余相转移至萃取相，萃取相及萃余相的进出口浓度由容量分析法测定。

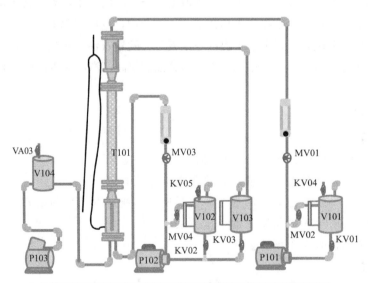

代码	名称	代码	名称
T101	萃取塔	V101	重相原料罐
P101	重相泵（水泵）	V102	轻相原料罐
P102	轻相泵（煤油泵）	V103	轻相产品罐
P103	空气压缩机	V104	压缩空气缓冲罐

图 5-1　萃取流程图

二、操作规程

1. 引重相入萃取塔

① 打开总电源开关。

② 打开重相加料阀 KV04 加料，待重相液位涨到 75%～90%，关闭 KV04。

③ 打开罐 V101 底阀 KV01、水泵的电源开关，启动水泵 P101。

④ 全开水流量调节阀 MV01，以最大流量将重相打入萃取塔。

⑤ 当塔内水面快涨到重相入口与轻相出口间的中点时，将水流量调节到指定值 6L/h（即将 MV01 的开度调至 20%～25%）。缓慢改变 π 形管的位置，使塔内液位稳定在轻相出口以下的位置。

2. 引轻相入萃取塔

① 打开轻相进料阀 KV05 加料，待轻相液位涨到 75%～90%，关闭 KV05。

② 打开罐 V102 底阀 KV02、煤油泵的电源开关，启动煤油泵 P102。

③ 打开煤油流量调节阀 MV02，将煤油流量调节到 9L/h（即将 MV02 开度调至 25%～30%）。

3. 调整至平衡后取样分析

待重相和轻相流量稳定、萃取塔上罐界面液位稳定后，在组分分析面板上取样分析。

① 在"组分分析"中，在塔顶重相栏里选择移液管移取的体积，点击分析按钮分析 NaOH 的消耗体积和重相进料中的苯甲酸组成。

② 在"组分分析"中，在塔底轻相栏里选择移液管移取的体积，点击分析按钮分析 NaOH 的消耗体积和轻相进料中的苯甲酸组成。

③ 在"组分分析"中，在塔底重相栏里选择移液管移取的体积，点击分析按钮分析 NaOH 的消耗体积和萃取相中的苯甲酸组成。

④ 在"组分分析"中，在塔顶轻相栏里选择移液管移取的体积，点击分析按钮分析 NaOH 的消耗体积和萃余相中的苯甲酸组成。

① 掌握萃取塔的结构、特点及其操作方法；

② 能正确地按操作规程来完成萃取操作；

③ 能对萃取塔的性能进行测定，并对结果进行合理分析；

④ 掌握萃取塔传质效率的强化方法。

知识点一　萃取工艺流程

一、萃取操作及其特点

萃取过程包括液相到液相（如碘在水和四氯化碳中的溶解）、固体到液相（如以水为溶剂萃取甜菜中的糖分)、气相到液相三种传质过程。但是在科学研究和生产实践中，萃取通常仅指液液萃取过程，而固液传质过程称为"浸取"，气液传质过程称为"吸收"。本项目讨论液液萃取过程及设备。

液液萃取也称溶剂萃取，简称萃取。它是选用一种适宜的溶剂加入待分离的混合液中，溶剂对混合液中欲分离出的组分应有显著的溶解能力，而对余下的组分应是完全不互溶的或部分互溶。在萃取操作中（图5-2），所选用的溶剂称为萃取剂S，混合液体中欲分离的组分称为溶质A，混合液体中的原溶剂称为稀释剂B。萃取操作中所得到的溶液称为萃取相E，其成分主要是萃取剂和溶质。剩余的溶液称为萃余相R，其成分主要是稀释剂，还含有剩余的溶质等组分。为使萃取操作得以进行，一方面溶剂S对稀释剂B、溶质A要具有不同的溶解度，另一方面S与B必须具有密度差，便于萃取相与萃余相的分离。当然，若溶剂S具有化学性质稳定、回收容易等特点，则将为萃取操作带来更多的经济效益。

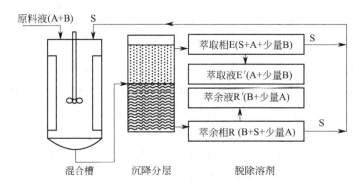

图 5-2 萃取过程示意图

一般地，在下列情况下采用萃取方法比采用蒸馏更为有利。

① 混合液中各组分的沸点很接近或形成恒沸混合物，用一般精馏方法不经济或不能分离。如在石油化工中，从催化重整和烃类裂解得到的汽油中回收轻质芳烃（苯、甲苯、各种二甲苯），由于轻质芳烃与相近碳原子数的非芳烃沸点相差很小（如苯的沸点为80.1℃，环己烷的沸点为80.74℃，2,2,3-三甲基丁烷的沸点为80.88℃），有时还会形成共沸物，因此不能用普通精馏方法分离。此时可采用二乙二醇醚（二甘醇）、环丁砜等作萃取剂，用液液萃取方法回收得到纯度很高的芳烃。

② 原料液中需分离的组分是热敏性物质，蒸馏时易于分解、聚合或发生其他变化。如以乙酸丁酯为萃取剂经过多次萃取可以从用玉米发酵得到的含青霉素的发酵液中提得青霉素的浓溶液；又如制药生产中用液态丙烷在高压下从植物油或动物油中萃取维生素和脂肪酸等。

③ 原料液中需分离的组分浓度很低且难挥发，若采用蒸馏方法必须将大量原溶剂汽化，能耗较大。

二、萃取的生产工艺流程

液液萃取操作按两相的接触方式分为分级接触式和连续接触式两大类，其基本原理、操作流程与吸收类似。萃取基本流程可以按理论级来衡量，一个萃取理论级是指经过原料液和萃取剂在混合器中经充分液液相际接触传质后在澄清器中分层得到相互平衡的萃取相和萃余相的过程。可见，萃取理论级的概念与蒸馏中的理论板类似。萃取理论级是一种理想状态，因为要使液液两相充分混合，接触传质达到平衡、又使混合两相彻底分离，理论上均需无限长的时间，在实际生产中是达不到的。应用理论级概念是为了便于对过程进行分析，并用理论级作为萃取设备操作效率的比较标准。

1. 单级萃取过程

单级萃取是液液萃取中最简单的，也是最基本的操作方式，图 5-3 是单级萃取的流程示意图。原料液 F 和萃取剂 S 同时加入混合器内，充分搅拌，使两相混合，溶质 A 通过相界面由原料液向萃取剂中扩散。经过一定时间后，将混合液 M 送入澄清器，两相澄清分离。若此过程为一个理论级，则此两液相（萃余相 R 和萃取相 E）互呈平衡，萃取相与萃余相分别从澄清器放出。如萃取剂与稀释剂（原溶剂）部分互溶，通常萃取相与萃余相需分别送入萃取剂回收设备以回收萃取剂，相应地得到萃取液与萃余液。单级萃取可以间歇操作，也可以连续操作。连续操作时，原料液与萃取剂

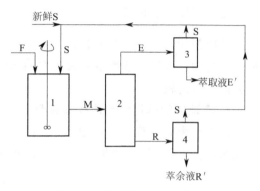

图 5-3　单级萃取流程示意图

同时单独以一定速率送入混合器，在混合器和澄清器中停留一定时间后，萃取相与萃余相分别从澄清器流出。

单级萃取的最大分离效果是一个理论级，所以只适用于溶质在萃取剂中的溶解度很大或溶质萃取率要求不高的场合。

2. 多级错流萃取流程

单级萃取所得到的萃余相中往往还含有较多的溶质，要萃取出更多的溶质，需要较大量的萃取剂。为了用较少量的萃取剂萃取出较多溶质，可用多级错流萃取，如图 5-4 所示。原料液与萃取剂接触萃取，得到的第一级萃余相又与新鲜萃取剂接触萃取，依此类推，直到第 n 级的萃余相达到指定的分离要求为止。

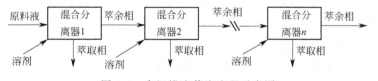

图 5-4　多级错流萃取流程示意图

这种流程能获得比较高的萃取率，但所需萃取剂用量较大，优点是操作比较简单。

3. 多级逆流萃取流程

多级逆流萃取的流程如图 5-5 所示，原料液从第一级进入，逐级流过系统，最终萃余相从第 n 级流出；新鲜萃取剂从第 n 级进入，与原料液逆流，逐级与原料液接触，在每一级中两液相充分接触，进行传质。当两相达平衡后，两相分离，各进入下一级，最终的萃取相从第一级流出。为了回收萃取剂，最终的萃取相与萃余相分别在溶剂回收装置中脱

除萃取剂得到萃取液与萃余液。

图 5-5　多级逆流萃取流程示意图

多级逆流萃取可以在萃取剂用量较小的条件下获得比较高的萃取率,工业上广泛采用。

三、萃取剂的选择

萃取剂的选择是萃取操作的关键,它直接影响萃取操作能否进行,对萃取产品的产量、质量和过程的经济性也有着重要的影响。因此,选择一个合适的萃取剂必须从以下几个方面分析比较。

1. 萃取剂的选择性和选择性系数

两相平衡时,萃取相 E 中 A、B 组分之比与萃余相 R 中 A、B 组分之比的比值称为选择性系数 β。选择性系数越大,分离效果越好,应选择 β 远大于 1 的萃取剂。

$$\beta = \frac{y_A/x_A}{y_B/x_B} = \frac{k_A}{k_B} \tag{5-1}$$

式中　y_A、y_B——溶质 A、原溶剂 B 在萃取相 E 中的质量分数;

　　　x_A、x_B——溶质 A、原溶剂 B 在萃余相 R 中的质量分数;

　　　k_A、k_B——溶质 A、原溶剂 B 的分配系数。

2. 萃取剂的化学稳定性

萃取剂应不易水解和热解,耐酸、碱、盐、氧化剂或还原剂,腐蚀性小。在原子能工业中,还应具有较高的抗辐射能力。

3. 萃取剂的物理性质

(1) 溶解度　萃取剂在原料液中的溶解度要小。

(2) 密度　萃取剂必须在操作条件下能使萃取相与萃余相之间保持一定的密度差。密度差大,有利于分层,从而提高萃取设备的生产能力。

(3) 界面张力　萃取物质的界面张力较大时,有利于液滴的聚结和两相的分离;但界面张力过大,两相难以分散混合,需要较多的外加能量。由于液滴的凝结更重要,故一般选用使界面张力较大的萃取剂。

(4) 黏度　萃取剂的黏度低,有利于两相的混合与分层、流动与传质,对萃取有利。有的萃取剂黏度大,往往需加入其他溶剂来调节其黏度。

4. 萃取剂回收的难易

通常萃取相和萃余相中的萃取剂需回收后重复使用,以减少溶剂的消耗量。萃取过程中,溶剂回收是费用最多的环节,回收费用取决于回收萃取相的难易程度。有的溶剂虽然具有各种良好的性能,但因回收困难而不被采用。

5. 其他因素

如萃取剂的价格、来源、毒性、挥发性以及是否易燃、易爆等等,均为选择萃取剂时需要考虑的问题。

在选择某种具体的萃取剂或几种溶剂组成的萃取剂时，应根据实际情况综合考虑上述因素。

知识点二　萃取的相平衡关系

一、部分互溶物系的相平衡

根据萃取操作中各组分的互溶性，可将三元物系分为以下三种情况。

① 溶质 A 可完全溶于 B 及 S，但 B 与 S 不互溶；
② 溶质 A 可完全溶于 B 及 S，但 B 与 S 部分互溶；
③ 溶质 A 可完全溶于 B，但 A 与 S 及 B 与 S 部分互溶。

习惯上，将①、②两种情况的物系称为第Ⅰ类物系，而将③情况的物系称为第Ⅱ类物系。工业萃取过程中萃取剂与稀释剂一般为部分互溶，涉及的是三元混合物的平衡关系，一般采用三角形相图来表示。

1. 组成的表示方法

三角形相图通常是用等边三角形、等腰三角形和非等腰三角形在平面上表示三个组成的坐标系，如图 5-6 所示。

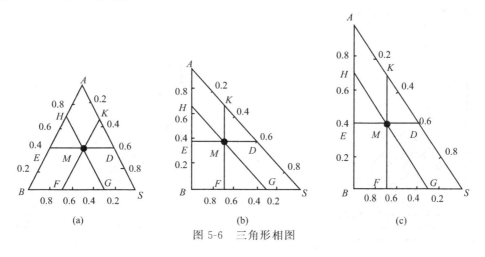

图 5-6　三角形相图

A、B、S 作为三个顶点组成一个三角形，其三个顶点表示纯物质。一般上顶点表示溶质 A，左下顶点表示稀释剂 B，右下顶点表示溶剂 S。三角形的三条边表示二元混合物的组成，例如 AB 连线表示溶质 A 与稀释剂 B 的二元组成。在三角形内的任一点代表某个三元混合物的组成。例如 M 点即表示由 A、B、S 三个组分组成的混合物质，其组成可如此确定：过物系点 M 分别做对边的平行线 ED、HG、KF，则由点 E、G、K 可直接读得 A、B、S 的组成分别为：$x_A=0.4$、$x_B=0.3$、$x_S=0.3$；也可由点 D、H、F 读得 A、B、S 的组成。

2. 液液平衡关系的表示方法

如图 5-7 所示，三元混合物两个部分互溶液体的平衡相图有溶解度曲线 $DRPEG$，曲线将三角形相图分为两个区域：曲线以内的区域为两相区，以外的区域为均相区。位于两相区内的混合物分成两个互相平衡的液相，称为共轭相，联结两共轭液相相点的直线称为联结线，如图中的 RE 线。萃取操作只能在两相区内进行。平衡联结线一般相互不平行而且向某一方向倾斜，它们的长度随着 M 向顶点 A 的靠拢而愈来愈短。当联结线长度缩短成一点时（P 点），此点称为临界混溶点或褶点，再增加溶质就进入了均一液相区。从图中可以看出，临界混溶点的位置并不处于溶解度曲线的最高点。

一定温度下，三元物系的溶解度曲线和联结线是根据实验数据而标绘的，常见物系的实验数据载于有关书籍和手册中。

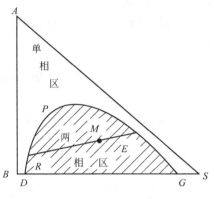

图 5-7 三角形相图溶解度曲线

3. 辅助曲线与杠杆规则

（1）**辅助曲线** 由实验测定的联结线是有限的，为得到其他组成的液液平衡数据，可利用辅助曲线，其做法如图 5-8 所示。通过已知点 R_1、R_2、… 分别作边 BS 的平行线，再通过相应联结线的另一端点 E_1、E_2、… 分别作边 AB 的平行线，各平行线分别交于 F、G…点，连接这些点所得的平滑曲线即为辅助曲线。已知共轭相中任一相的组成，可利用辅助线得出另一相的组成。

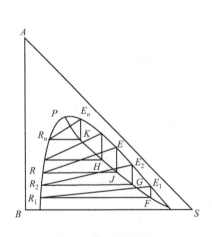

图 5-8 辅助曲线做法

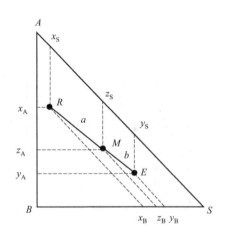

图 5-8 杠杆原理示意图

（2）**物料衡算与杠杆规则** 描述两个混合物 R 和 E 形成新的混合物 M 时，或者一个混合物 M 分离为 R 和 E 两个混合物时，其质量之间的关系时常需要用到杠杆规则。如图 5-9 所示，M 点称为 R 点与 E 点的和点，R 点与 E 点称为差点。M 点与差点 E、R 之间的关系可用杠杆规则描述，即根据杠杆规则，若已知两个差点，则可确定和点；若已知和点和一个差点，则可确定另一个差点。即

$$\frac{E}{M}=\frac{\overline{MR}}{\overline{ER}}$$

4. 分配系数和分配曲线

组分 A 在互成平衡的两相中的组成关系除可用溶解度曲线表示外，还可用分配系数

表示：

$$k_A = \frac{y_A}{x_A}$$

分配系数表示了某一组分在两个平衡液相中的分配关系。k_A 值与联结线的斜率有关。分配系数一般不是常数，其值随组成和温度而变。k_A 值越大，表示萃取分离效果越好。类似于气液相平衡，可将组分 A 在液液相平衡的组成 y_A、x_A 之间的关系在直角坐标中表示，该曲线称为分配曲线。

5. 温度对相平衡关系的影响

物系温度升高，溶质在溶剂中的溶解度加大，反之减小。因而，温度明显地影响溶解度曲线的形状、联结线的斜率和两相区面积，从而也影响分配曲线形状。图 5-10 和图 5-11 分别为温度对第Ⅰ类和第Ⅱ类物系溶解度曲线和联结线的影响。可见，温度升高，分层区面积减小，不利于萃取分离。

对于某些物系，温度的改变不仅可以引起分层面积和联结线斜率的变化，甚至可导致物系类型的转变，如图 5-11 所示，当温度为 T_1 时为第Ⅱ类物系，而当温度升至 T_2 时则变为第Ⅰ类物系。

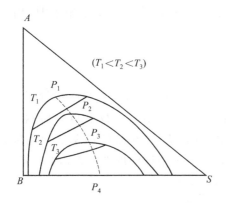

图 5-10　温度对互溶度的影响（Ⅰ类物质）

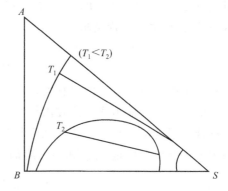

图 5-11　温度对互溶度的影响（Ⅱ类物质）

二、萃取的工艺计算

1. 单级萃取

单级萃取可以连续操作，也可以间歇操作。为了简便识记，萃取相中溶质组分的组成用 y 表示，萃余相中溶质组分的组成用 x 表示。下面以第Ⅱ类物系为例介绍计算步骤。

① 由已知相平衡数据在三角相图中做出溶解度曲线及辅助曲线，如图 5-12(a)所示。

② 已知原料液 F 的组成 x_F 在三角相图的 AB 边上确定点 F。根据萃取剂的组成确定点 S（若萃取剂是纯溶剂，则点 S 为三角形的顶点）。连接点 F、S，则代表原料液与萃取剂的三元混合液的组成点 M 必在 FS 线上。

③ 由已知的萃余相的组成 x_R，在相图上确定点 R，再由点 R 利用辅助曲线求出点 E，读出萃取相 E 的组成 x_E，连接点 R、E，RE 线与 FS 线的交点即为三元混合液的组成点 M。

④ 由物料衡算和杠杆规则求出 F、E、S 的量。

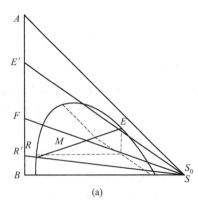 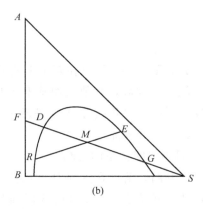

图 5-12 单级接触萃取图

由物料衡算：$F+S=E+R=M$

按照杠杆规则得：$\dfrac{S}{F}=\dfrac{\overline{MF}}{\overline{MS}}$ 即 $S=F\dfrac{\overline{MF}}{\overline{MS}}$；$E=M\dfrac{\overline{RM}}{\overline{RE}}$，$R=M-E$

若从萃取相 E 和萃余相 R 脱除全部萃取剂 S，则得到萃取液 E' 和萃余液 R' [图 5-12(a)]。其组成点分别为 SE、SR 的延长线与 AB 边的交点 E' 和 R'，其组成可由相图中读出。E' 和 R' 的量也可由杠杆规则求得：

$$E=F\dfrac{\overline{FR'}}{\overline{E'R'}}, R'=F-E'$$

对于单级萃取，一定的原料液量存在两个极限萃取剂用量，在此两极限用量下，原料液与萃取剂的混合液组成点落在溶解度曲线上，如图 5-12(b)中的点 D 和点 G 所示。由于此时混合液只是均一相，无法实现两相分离的目的，所以点 D 和点 G 的萃取剂用量分别被称为最小萃取剂用量 S_{min} 和最大溶剂用量 S_{max}，其值可用杠杆规则计算如下，则

$$S_{min}=F\dfrac{\overline{DF}}{\overline{DS}} \quad S_{max}=F\dfrac{\overline{GF}}{\overline{GS}}$$

萃取操作时，实际萃取剂用量 S 应满足下述条件：$S_{min}<S<S_{max}$

2. 多级错流萃取

已知多级理论级数 N，估算通过该设备进行萃取操作后所能达到的分离程度，是多级错流萃取操作中要解决的主要问题。上述问题的处理和单级萃取相似，只是将前一级的萃余相作为下一级的原料液，是单级萃取方法的多次重复应用。

3. 多级逆流萃取

在多级逆流萃取操作中，通常已知理论级数 N 和操作条件，为确定所能达到的分离程度，往往需要图解试差。根据给定原料液和溶剂的量和组成，在三角形相图中首先确定 F、S 及其和点 M。假设最终萃余相组成为 x_N，由 x_N 可确定 R_N 点，并确定极点 D，用图解法求出理论级数。当和实际设备理论级数相符时，假设成立，计算的各级组成即为分离结果。反之，应重新假设 x_N，重复上述计算，直到满足判据要求，即计算的理论级数和实际理论级数相符。

一般在原料液、溶剂和分离要求一定时，多级逆流萃取比错流萃取所需的理论级数少，可使投资减少；当理论级数相同时，多级逆流萃取所用的溶剂用量较小，因此生产上

多采用多级逆流萃取操作。

三、超临界流体萃取技术

超临界流体萃取技术是指以接近或超过临界点的低温、高压、高密度气体作为溶剂，从液体或固体中萃取所需组分，然后采用等压变温或等温变压等方法，将溶质与溶剂分离的单元操作。超临界萃取主要由萃取阶段和分离阶段两部分组成，有等温变压流程、等压变温流程、等压吸附流程等多种组合。常用的超临界流体有：二氧化碳、乙烯、乙烷、丙烯、丙烷和氨、正戊烷、甲苯等。目前，超临界二氧化碳是使用得最多的萃取剂。

1. 超临界萃取的特点

超临界萃取在溶解能力、传质性能以及溶剂回收方面具有如下突出的优点：

① 超临界流体的密度与溶解能力接近于液体，而又保持了气体的传递特性，故传质速率高，可更快达到萃取平衡；

② 操作条件接近临界点，压力、温度的微小变化都可改变超临界流体的密度与溶解能力，易于调控；

③ 溶质与溶剂的分离容易，萃取效率高，由于完全没有溶剂的残留，污染小，不需要溶剂回收，费用低；

④ 超临界萃取具有萃取和精馏的双重特性，可分离难分离的物质；

⑤ 超临界流体一般具有化学性质稳定、无毒无腐蚀性、萃取操作温度不高等特点，能避免天然产物中有效成分的分解，因此特别适用于医药、食品等工业。

但是，超临界流体萃取技术也有其缺点，主要是在高压下进行，设备一次性投资较大，操作条件严格，控制难度大，对操作人员的要求高等。

2. 二氧化碳超临界流体萃取概述

目前，国内外正在致力于发展一种新型的二氧化碳利用技术——二氧化碳超临界萃取技术。运用该技术可生产高附加值的产品，可提取过去用化学方法无法提取的物质，且廉价、无毒、安全、高效，适用于化工、医药、食品等工业。

超临界二氧化碳的特点：CO_2 的临界温度为 31.1℃，临界压力为 7.2MPa，临界条件容易达到；CO_2 化学性质不活泼，无色无味无毒，安全性好；价格便宜，纯度高，容易获得。

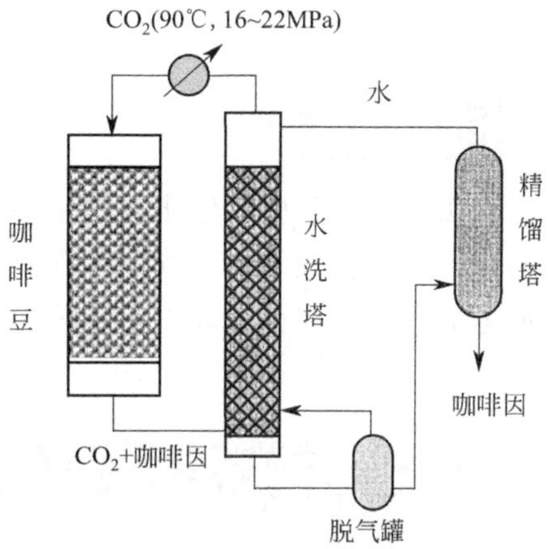

图 5-13　超临界 CO_2 萃取咖啡因

3. 二氧化碳超临界萃取的应用实例

超临界萃取在石油残油的油品回收、咖啡豆脱除咖啡因、啤酒花有效成分的提取过程中已成功地应用于大规模生产。超临界 CO_2 在工业上的应用如下：

① 超临界 CO_2 分离提取天然产物中的有效成分。如萃取咖啡豆中的咖啡因（如图 5-13），此过程分为三个过程：第一阶段，用干燥的超临界二氧化碳萃取经焙炒过的咖啡豆中的香味成分，再经过减压后置于一个特定的区域；第二阶段，将减压后的二氧化碳压缩并使其带有定量水分，然后通入装有咖啡豆的槽中，萃取出咖啡因，再经过减压操作将咖

啡因与二氧化碳分离；第三阶段，用超临界二氧化碳流体将放置于特定区域中的香味成分送回萃取槽，将香味成分放回咖啡豆中。此三阶段显示出超临界二氧化碳具有高渗透力，可深入咖啡豆内部组织，也显示出改变二氧化碳的物理和化学性质以及压力和温度可影响溶解能力与对溶质的选择性。

超临界二氧化碳还可以用于提取名贵香花中的精油，提取啤酒花及胡椒等物料中香味成分或香精以及大豆中的豆油等。

② 稀水溶液中有机物的分离。

③ 在生化工程中的应用。如用于萃取氨基酸、去除链霉素生产中的甲醇等有机溶剂以及从单细胞蛋白游离物种中提取脂类等。

④ 活性炭的再生。

1. 萃取操作所依据的原理是什么？
2. 选择溶剂时应考虑哪些因素？
3. 三角形坐标图相中的组成如何表示？
4. 何谓溶解度曲线及辅助曲线？
5. 说明如何从三角形相图的溶解度曲线得到分配曲线，分配系数的物理意义？
6. 选择萃取设备的主要依据是什么？

任务二　萃取工艺系统的调控

化工生产过程中的催化剂通常要回收利用，我们需要了解分离方法、所用的设备及操作条件，设计合理的生产方案。下面以丙烯酸丁酯生产过程中的催化剂（对甲苯磺酸）的萃取分离操作来探究萃取工艺系统的调控。

一、工艺流程

1. 工艺说明

本套工艺仿真系统是通过萃取剂（水）来萃取丙烯酸丁酯生产过程中的催化剂（对甲苯磺酸）。催化剂萃取控制 DCS 图和现场图如图 5-14、图 5-15 所示。具体工艺如下：将自来水（FCW）通过阀 V4001 或者通过泵 P425 及阀 V4002 送进催化剂萃取塔 C421，当液位调节器 LIC4009 为 50％时，关闭阀 V4001 或者泵 P425 及阀 V4002；开启泵 P413 将

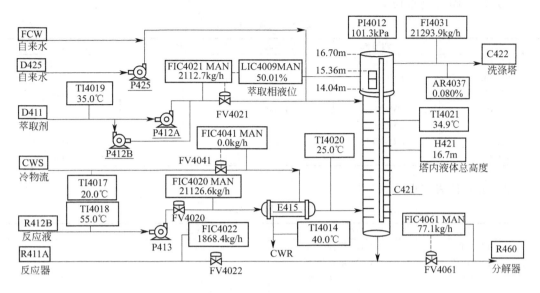

图 5-14 催化剂萃取控制 DCS 图

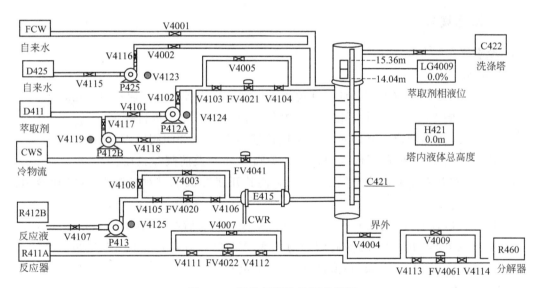

图 5-15 催化剂萃取控制现场图

含有产品和催化剂的 R412B 的流出物在被 E415 冷却后进入催化剂萃取塔 C421 的塔底；开启泵 P412A，将来自 D411 作为溶剂的水从顶部加入。泵 P413 的流量由 FIC4020 控制在 21126.6kg/h；P412 的流量由 FIC4021 控制在 2112.7kg/h；萃取后的丙烯酸丁酯主物流从塔顶排出，进入塔 C422；塔底排出的水相中含有大部分的催化剂及未反应的丙烯酸，一路返回反应器 R411A 循环使用，一路去重组分分解器 R460 作为分解用的催化剂。

2. 设备及仪表

(1) 设备

P425：进水泵　　　　P412A/B：溶剂进料泵　　　P413：主物流进料泵

E415：冷却器　　　　C421：萃取塔

(2) 调节阀（表 5-1）

表 5-1　调节阀

位号	所控调节阀	正常值	单位	正常工况
FIC4021	FV4021	2112.7	kg/h	串级
FIC4020	FV4020	21126.6	kg/h	自动
FIC4022	FV4022	1868.4	kg/h	自动
FIC4041	FV4041	20000	kg/h	串级
FIC4061	FV4061	77.1	kg/h	自动
LIC4009	萃取相液位	50	%	自动
TIC4014		30	℃	自动

(3) 显示仪表（表 5-2）

表 5-2　显示仪表

位号	显示变量	正常值	单位
TI4021	C421 塔顶温度	35	℃
PI4012	C421 塔顶压力	101.3	kPa
TI4020	主物料出口温度	35	℃
FI4031	主物料出口流量	21293.8	kg/h

二、操作规程

1. 冷态开车

(1) 灌水

① 全开泵 P425 的前阀 V4115、开关阀 V4123、后阀 V4116，启动泵 P425。

② 打开手阀 V4002，使其开度大于 50%，对萃取塔 C421 进行罐水。

③ 当 C421 界面液位 LIC4009 的显示值接近 50% 时，关闭阀门 V4002。

④ 依次关闭泵 P425 的后阀 V4116、开关阀 V4123 及前阀 V4115。

(2) 启动换热器　开启调节阀 FV4041，使其开度为 50%，对换热器 E415 通冷物料。

(3) 引反应液

① 依次开启泵 P413 的前阀 V4107、开关阀 V4125、后阀 V4108，启动泵 P413。

② 全开调节器 FIC4020 的前后阀 V4105 和 V4106，开启调节阀 FV4020，使其开度为 50%，将 R412B 出口液体经热换器 E415，送至 C421。

(4) 引溶剂

① 打开泵 P412A 的前阀 V4101、开关阀 V4124、后阀 V4102，启动泵 P412A。

② 全开调节器 FIC4021 的前后阀 V4103 和 V4104，开启调节阀 FV4021，使其开度为 50%，将 D411 出口液体送至 C421。

(5) 放 C421 萃取液

① 全开调节器 FIC4022 的前后阀 V4111 和 V4112，开启调节阀 FV4022，使其开度为 50%，将 C421 塔底的部分液体返回 R411A 中。

② 全开调节器 FIC4061 的前后阀 V4113 和 V4114，开启调节阀 FV4061，使其开度为 50%，将 C421 塔底的另外部分液体送至重组分分解器 R460 中。

(6) 调至平衡

① 界面液位 LIC4009 达到 50% 时，投自动。

② FIC4021 达到 2112.7kg/h 时，投自动。

③ FIC4020 的流量达到 21126.6kg/h 时，投自动。

④ FIC4022 的流量达到 1868.4kg/h 时，投自动。

⑤ FIC4061 的流量达到 77.1kg/h 时，投自动。

2. 正常运行

熟悉工艺流程，维持各工艺参数稳定；密切注意各工艺参数的变化情况，发现突发事故时，应先分析事故原因，并做正确处理。

3. 正常停车

(1) 停主物料进料

① 手动调节 FIC4020，将 FV4020 的开度调为 0，关闭调节阀 FV4020 的后阀 V4106 和前阀 V4105。

② 关闭泵 P413 的开关阀 V4125、后阀 V4108、前阀 V4107。

(2) 停换热器　将 FIC4041 改为手动后将其关闭。

(3) 灌自来水　打开进自来水阀 V4001，使其开度为 50%；当罐内物料相中的 BA（丙烯酸丁酯）的含量小于 0.9% 时，关闭 V4001。

(4) 停萃取剂　将 LIC4009 和 FIC4021 改为手动后关闭，关闭后阀 V4104 和前阀 V4103；依次关闭泵 P412A 的开关阀 V4124、后阀 V4102、前阀 V4101。

(5) 萃取塔 C421 泻液

① 将 FIC4022 置手动，将开度调为 100%，打开调节阀 FV4022 的旁通阀 V4007，使其开度为 50%。

② 将 FIC4061 置手动，开度调至为 100%，打开调节阀 FV4061 的旁通阀 V4009，使其开度为 50%。

③ 打开阀 V4004 开始泄液，当 FIC4022 的值小于 0.5kg/h 时，关闭调节阀 FV4022、关闭其后阀 V4112 和前阀 V4111，关闭现场阀 V4007；将 FV4061 的开度置 0，关闭其后阀 V4114 和前阀 V4113，关闭 V4009 和 V4004。

① 能正确完成萃取工艺的开停车操作；

② 能根据生产任务要求有效地调控工艺参数，以维持系统的稳定运行；

③ 能根据相关参数确定平衡关系。

知识点一　萃取设备

一、萃取塔的形式与结构

萃取设备是溶剂萃取过程中实现两相接触与分离的装置。萃取设备的类型很多，按萃取设备的构造特点大体上可分为三类：一是单件组合式，以混合澄清器为典型；二是塔式,如填料塔、筛板塔和转盘塔等,两相间的混合依靠密度差或加入机械能量造成的振荡;三是离心式,依靠离心力造成两相间分散接触。

1. 混合-澄清萃取桶

混合-澄清萃取桶是混合-澄清器最简单的一种形式(图 5-16),在混合气中,原料液与萃取剂借助搅拌装置的作用使其中一相破碎成液滴分散于另一相中,以加大相际接触面积并提高传质速率。接近和达到萃取平衡后,停止搅拌,静置分相,然后分别放出两相即可。混合-澄清器可以单级使用,也可以多级串联使用。

2. 塔式萃取设备

(1)喷雾塔 喷雾塔是结构最简单的一种萃取设备,塔内无任何部件。如图 5-17(a)所示,轻、重两相分别从塔底和塔顶进入。其中一相经分散装置分散为液滴后沿轴向流动,流动中与另一相接触进行传质。分散相流至塔另一端后凝聚形成液层排出塔。喷雾塔操作简单,几十年来一直用于工业生产,由于其效率非常低,多用于一些简单的操作过程,如洗涤、净化和中和。近年来,喷雾塔还用在液液热交换过程中。

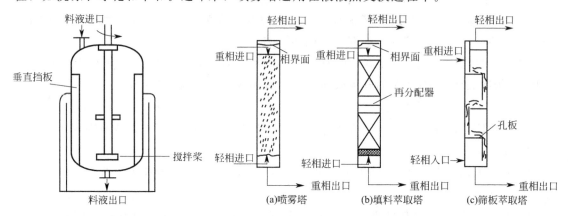

图 5-16 混合-澄清萃取桶　　　　图 5-17 无搅拌萃取塔

(2)填料萃取塔 填料萃取塔的结构与气液传质过程所用填料塔的结构一样,如图 5-17(b)所示。塔内装有适宜的填料,轻、重两相分别由塔底和塔顶进入,由塔顶和塔底排出。连续相充满整个塔,分散相由分布器分散成液滴进入填料层,在与连续相逆流接触中进行萃取。在塔内,流经填料表面的分散相液滴不断破裂与再生。当离开填料时,分散相液滴又重新混合,促使表面不断更新。此外,还能抑制轴向返混。填料萃取塔的优点是结构简单、操作方便,适合处理腐蚀性料液;缺点是传质效率低,一般用于所需理论级数较少(如 3 个萃取理论级)的场合。

(3)筛板萃取塔 筛板萃取塔是逐级接触式萃取设备,依靠两相的密度差,在重力的作用下,轻、重两相进行分散和逆向流动,如图 5-17(c)所示。若以轻相为分散相,则轻相从塔下部进入。轻相穿过筛板分散成细小的液滴进入筛板上的连续相——重相层。液滴在重相内浮升过程中实现液液传质过程。穿过重相层的轻相液滴开始合并凝聚,聚集在上层筛板的下侧,实现轻、重两相的分离,并进行轻相的自身混合。当轻相再一次穿过筛板时,轻相再次分散,液滴表面得到更新,这样分散、凝聚交替进行,直至塔顶澄清、分层、排出。而连续相重相进入塔内,则横向流过塔板,在筛板上与分散相即轻相液滴接触和萃取后,由降液管流至下一层板。这样重复以上过程,直至与塔底轻相分离形成重液相层排出。筛板萃取塔适用于所需理论级数较少、处理量较大,而且物系具有腐蚀性的场合,国内在芳烃抽提中应用筛板塔获得了良好的效果。

3. 离心萃取设备

当两液体的密度差很小（10kg/m³）或界面张力甚小而易乳化或黏度很大时,仅依靠重力的作用难以使两相很好地混合或澄清,这时可以利用离心力的作用强化萃取过程。图5-18为离心萃取器作用原理图。离心萃取器结构紧凑,处理能力大,能有效地强化萃取过程,所以特别适用于化学稳定性差（如抗生素）、需要接触时间短、产品保留时间短,或易于乳化、分离困难等体系的萃取。缺点是结构复杂,造价高,能耗大,使其应用受到限制。

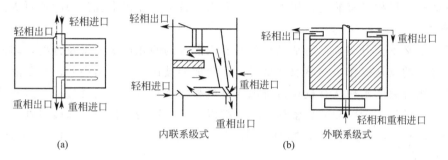

图 5-18 离心萃取作用原理

二、萃取设备的选用

不同的萃取设备有各自的特点,设计时应根据萃取体系的物理化学性质、处理量、萃取要求及其他因素进行选择。

（1）物系的稳定性和停留时间　要求停留时间短可选择离心萃取器,停留时间长可选用混合澄清器。

（2）所需理论级数　所需理论级数多时,应选择传质效率高的萃取塔,如所需理论级数少,可采用结构与操作比较简单的设备。

（3）处理量　处理量大可选用混合澄清器、转盘塔和筛板塔,处理量小可选用填料塔等。

（4）物系的物性　易乳化、密度差小的物系宜选用离心萃取设备；有固体悬浮物的物系可选用转盘塔或混合澄清器；腐蚀性强的物系宜选用简单的填料塔；放射性物系可选用脉冲塔。

（5）其他　在选用萃取设备时,还应考虑其他因素,如能源供应情况,在电力紧张地区应尽可能选用依靠重力流动的设备；当厂房面积受到限制时,宜选用塔式设备,而当厂房高度受到限制时,则宜选用混合澄清器。还应考虑设备的一次性投资或维护费用及对特定设备的实际生产经验等因素。

知识点二　萃取塔操作分析

一、影响因素

（1）pH　pH低有利于使酸性物质分配在有机相、碱性物质分配在水相。

(2) 温度　温度升高，分子扩散速度增加，故萃取速度加大。

(3) 盐析　无机盐（氯化钠、硫酸铵）的作用是使生化物质在水中溶解度降低，两相比重差升高，两相互溶度降低。

(4) 乳化　乳化是水或有机溶剂以微小液滴分散在有机相或水相中的现象，这样形成的分散体系称乳浊液。乳化带来的问题：有机相和水相分相困难，出现夹带，收率低，纯度低。

二、萃取塔的常见故障

萃取塔的常见故障有液泛、相界面波动太大、冒槽、非正常乳化层的增厚等。

1. 液泛

液泛的定义不十分明确，通常是指萃取器内混合的两相还未来得及分离，即液流从相反的方向带出的反常操作。对萃取塔来说，是分散相被连续相带出塔外；对于混合澄清萃来说，是末级分离的水相从有机相口排出或有机相由水相口排出的反过程，这种现象常常是由萃取器的通量过大引起的。各种萃取器都以液泛速度为其极速，即极限处理能力。实际生产都应在液泛流速以下操作。据经验，设备的最佳处理能力在液泛流速的 79%~80%。

液泛产生的另一个原因是由萃取过程中两相物性发生变化引起液泛现象。如黏度增大，界面张力下降，界面絮凝物增多引起分散带过厚，局部形成稳定的乳化层夹带着分散相排出。所以一旦出现液泛时，首先要考虑降低总流量，如果因后一原因造成的液泛，可适当提高萃取器内液体的温度，加强料液过滤，减少乳化层厚度，必要时将界面絮凝物抽出。

2. 相界面的波动

处于正常作业的萃取器，其相界面基本稳定在一定水平上。一旦界面上、下波动幅度增大，说明萃取器内正常的水力平衡已经破坏，严重时可能导致萃取作业无法进行，即产生相的倒流，造成料液溢流进反萃段或反萃剂灌入萃取段的事故。萃取器内的相界面由两相密度差来维持，界面位置变化反映了萃取器内的液体流速发生了变化或级间流通口的不畅。前者或因流量控制系统发生故障而使进入液相的流量增大，或因为级间泵送抽力波动（常常由于电压波动或传动皮带松动引起搅拌转速变化）使某级两相流比分配发生变化。流通口不畅除了设计上的原因外，主要是由搅拌叶轮抽力过低，流通口的液封效应或异物堵塞引起的。流通口不畅故障对混合-澄清器尤为明显。遇到相界面波动厉害时，可以检查供液流量控制系统，看供液量是否符合要求；调整叶轮转速到规定的搅拌速度，排除水相口堵塞异物或采用抽吸法排除水相流通口的液封（见冒槽故障处理）。

3. 冒槽

冒槽是指液体液面水平超过箱体高度而漫出，有时候像液泛那样两相未及时分离就外溢；有时候即使分相很好，由于相界面上升，将轻相顶出箱外。这是萃取过程最严重的事故，它不仅破坏了萃取平衡，而且直接造成有机相流失。冒槽的产生原因除了操作流速过大外，还有排液流通口堵塞、局部泵送抽力不足等原因。如泵混式混合-澄清器各级流体输送是靠泵混叶轮完成的，由于机械方面的原因，某级叶轮转速变慢或突然停止，无法吸入相邻级的两相，这两级的液面就有增加的趋势，直至发生冒槽。一旦发现一级搅拌器转速显著减慢或突然停止，则应全部（或某一段）停车处理，把各级搅拌器调整到大致相同的转速。流通口液封堵塞有两种情况：一是有机相排液管被水相封堵；二是水相流通口被密度更大的水相封堵。对于第一种情况，主要在管道设计时设法避免这种冒槽事故，尽量减少 U 形管的配置，实在必要时，应在 U 形管下安装排水阀，定期将积水排除。第二种情形大多发生在分馏萃取时洗涤段与萃取段相连接的两级之间。遇到这种事故必须将水相口导流筒内充满的料液抽出，直至洗涤液充入为止。为了避免冒槽事故的发生，应适当提高毗邻萃取段洗涤剂的界面高度，即增加该级水相溢流堰的高度，减少料液通过堰口的倒灌。

4. 非正常乳化层的增厚

在大型萃取生产中难免形成乳化层（由分散带和絮凝物组成），一般情况下，其增长速度及它在萃取器的位置是相对稳定的，只要定期抽出界面絮凝物就不会影响操作，但当出现乳化层的增长速度过快，甚至很快充斥整个萃取箱而无法分相的情况时，就成为一种严重事故，应立即停车处理。这类事故可能由以下几方面原因引起：

（1）输入功率突然增大　这种情况一般在供电不太稳定的地区容易发生，由于电网电压突然增大，混合过于激烈，一时难以分相造成。所以在这些地区，搅拌电机应有过电压保护装置，并将转速控制在适宜的范围。

（2）料液过滤（事故或暴雨）的影响　大多数萃取料液都要经过过滤，固体悬浮物一般控制在 10×10^{-6} 左右。一旦悬浮物高于 100×10^{-6}，就容易产生稳定乳化物。如果过滤器发生故障，或出现暴雨，料液中悬浮物急剧增加，大大超过上述极限含量，就会产生稳定的乳化物。

项目六

干燥

化工生产中的固体产品（或半成品）为便于贮藏、运输、加工或应用，须除去其中的湿分（水或其他液体）。例如，药物或食品中若含水过多，久藏必将变质；塑料颗粒含水量若超过规定值，如聚氯乙烯含水超过 0.2%，则会在后续成型加工中产生气泡，影响塑料制品的品质。干燥操作现已广泛应用于化工、石油、医药、纺织、电子、机械制品等行业，在国民经济中占有很重要的地位。

教学目标

【知识目标】
① 了解干燥的分类和特点、设备的结构特点和工作原理及其在化工生产中的应用；
② 掌握湿空气的性质、湿度图及固体物料中湿分的性质；
③ 掌握干燥过程的物料衡算和热量衡算；
④ 理解干燥过程的传热与传质机理、干燥速率及其影响；
⑤ 熟悉干燥操作方法、故障判断与分析方法。

【技能目标】
① 能实施干燥操作；
② 能对操作故障进行初步分析和处理；
③ 能分析操作过程中的影响因素，并能运用所学知识解决实际生产问题；
④ 能正确查阅和使用常用的工程计算图表、手册、资料等，且能进行必要的工艺计算。

【素质目标】
① 形成安全生产、环保节能、讲究卫生的职业意识；
② 树立工程技术观念，培养理论联系实际的能力；

③ 培养敬业爱岗、服从安排、吃苦耐劳、严格遵守操作规程的职业道德；
④ 培养团结协作、积极进取的团队合作精神。

任务一　干燥工艺的认识

化工生产中常用的去湿方法主要有机械去湿法（通过过滤、沉降、压榨、离心分离等机械方法除去湿分）、物理去湿法（利用干燥剂或吸附剂来吸收或吸附物料中的少量湿分）、热能去湿法（又称干燥法，即利用热能使湿物料中的水分汽化而除去湿分）。这些去湿方法中，机械法能耗少，费用低，但湿分除去不彻底，如离心分离后的物料含水量在5%～10%，往往不能满足工艺要求。物理法受吸湿剂平衡浓度的限制，只适用于微量水分的脱除。干燥法湿分由液相变为气相，除湿较为彻底，但能耗大。因此为了节省能耗，一般先采用机械法除去湿物料中的大部分湿分，然后再利用干燥法除湿以制成符合规定的产品。下面介绍干燥生产工艺的作用、流程和干燥设备。

一、干燥在化工生产中的应用

一般而言，干燥在工业生产中的作用主要有以下几个方面：

（1）便于贮藏和运输　如化肥的干燥使含水量降到规定值，以减低其因吸湿而结块的现象，以便于贮藏和运输。

（2）满足后序工艺要求　如木材在制作木模、木器前的干燥可以防止制品变形，陶瓷坯料在煅烧前的干燥可以防止成品龟裂，原料矿在沸腾氧化前进行干燥以降低能耗和提高反应速率等。

（3）提高产品质量和有效成分　如食品加工中的奶粉、饼干，药品制造中的很多药剂，其生产过程中的最后一道工序都是干燥，其干燥的好坏直接影响到产品的性能、形态和质量等。

二、干燥操作的分类

（1）按操作压力　有常压干燥和真空干燥两类。真空操作适于处理热敏性产品（如维生素、抗生素等）和易燃、易爆、易氧化及有毒的物料，或要求成品中含湿量低的场合。

（2）按操作方式　有间歇式和连续式操作两类。连续操作具有生产稳定、生产能力大、产品质量均匀、热效率高以及劳动条件好等优点，主要用于大型工业化生产，工业干燥多属此类。间歇操作适用于处理小批量、多品种或要求干燥时间较长的物料。

211

（3）按传热方式

① 传导干燥：即热能通过传热壁面以传导方式加热物料，所产生的蒸汽被干燥介质带走，或被真空泵抽走，因此又称间接加热干燥。传导干燥热能利用率高，但物料温度不易控制，易过热而变质。

② 对流干燥：即干燥介质直接与湿料接触，热能以对流方式传给物料，所产生的蒸汽被干燥介质带走，因此又称直接加热干燥。干燥介质的温度易于调节，物料不易过热，但干燥介质离开干燥器时，将相当大的一部分热能带走，热能的利用率低。

③ 辐射干燥：即辐射器产生辐射能以电磁波的形式到达物料表面，被湿物料吸收并转变为热能，从而使湿分汽化。辐射干燥比上述两种干燥方式的生产强度都要大几十倍，干燥产品均匀而洁净，但能耗高，适用于表面积大而薄的物料，如塑料、布匹、木材、涂料制品等。

④ 介电加热干燥：即利用高频电场的交互作用将置于其内的物料加热并使湿分汽化。电场频率低于300MHz的称为高频加热；频率在300MHz～300GHz的超高频加热称为微波加热。此法加热速度快，加热均匀，热能利用率高；但投资大，操作费用较高。

化工生产中常采用连续操作的对流干燥，以不饱和热空气为干燥介质，湿物料中的湿分也多为水分，本项目即以空气-水系统为讨论对象。显然，除空气外，还可用烟道气等惰性气体为干燥介质，湿分也可以是其他化学溶剂，但其干燥原理与空气-水系统完全相同。

三、对流干燥流程

如图6-1所示，在对流干燥过程中，作为干燥介质的热气流温度 t 高于物料表面温度 θ_i，热能以对流方式从干燥介质传给物料表面，再由表面传给物料内部，这是一个传热过程；同时，物料表面水分汽化，其蒸气压 p_i 大于干燥介质水汽分压 p_v，水汽通过物料表面的气膜扩散至热气流主体，湿物料内部水分则扩散至物料表面，这是一个水汽传质过程。因此对流干燥是传质、传热同时进行的过程，热气流既是载热体也是载湿体，干燥过程对其而言是一个降温增湿过程。

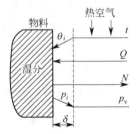

图6-1 湿物料与空气间的对流传质传热

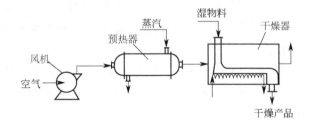

图6-2 典型对流干燥流程示意图

典型的对流干燥流程如图6-2所示，空气经预热器加热至适当温度，进入干燥器。在干燥器内，热气流与湿物料直接接触，热气流温度降低，湿含量增加，以废气的形式自干燥器另一端排出，湿物料湿分降低而得到干燥产品。

四、干燥设备的类型

在化工生产中，由于被干燥物料形状（块状、粒状、溶液、浆状及膏糊状等）和性质

（耐热性、含水量、分散性、黏性等）的多样性，生产规模或生产能力的差异性，干燥产品要求（如含水量、形状、强度及粒度等）的不同，干燥器的形式和干燥操作的组织也是多种多样的。按干燥器构造可分为厢式干燥器、气流干燥器、流化床干燥器、喷雾干燥器、转筒干燥器等，下面就对以上几种常用干燥器进行简单介绍。

1. 厢式干燥器（盘式干燥器）

厢式干燥器是古老的干燥设备，主要是以热空气通过湿物料的表面而达到干燥的目的，为典型的常压间歇式干燥设备。小型的称为烘箱，大型的称为烘房。按其结构可分为：水平气流厢式干燥器、穿流气流厢式干燥器、真空厢式干燥器、隧道（洞道）式干燥器、网带式干燥器等。

图6-3为水平气流厢式干燥器的结构示意图。它主要由外壁为砖坯或包以绝热材料的钢板所构成的厢形干燥室和放在小车支架上的物料盘等组成。操作时，将需要干燥的湿物料放在物料盘中，用小车一起推入厢内。空气加热至一定程度后，由风机送入干燥器，沿图中箭头指示方向进入下部几层物料盘，将其热量传递给湿物料，并带走湿物料所汽化的水汽，废气一部分排出，另一部分则经上部加热器加热后循环使用。湿物料经干燥达到质量要求后，打开厢门，取出干燥产品。

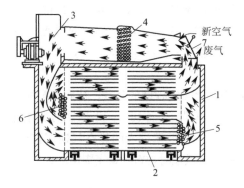

图6-3　水平气流厢式干燥器示意图
1—干燥室；2—小车；3—风机；
4~6—加热器；7—蝶形阀

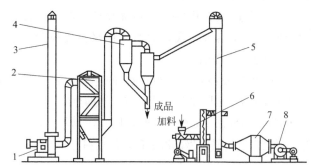

图6-4　气流干燥器示意图
1—抽风机；2—袋滤器；3—排气管；4—旋风分离器；
5—干燥管；6—螺旋加料器；7—加热器；8—鼓风机

2. 气流干燥器

当湿物料为粉粒体，经离心脱水后可在气流干燥器中以悬浮的状态进行干燥。气流干燥器的主要部件如图6-4所示。热空气由鼓风机经加热器加热后送入气流管下部，湿物料由加料器加入，悬浮在高速气流中，并与热空气并流向上流动，水分被汽化除去。干物料随气流进入旋风分离器，与湿空气分离后被收集。

3. 流化床干燥器

降低气速，使物料处于流化阶段，获得足够的停留时间，将含水量降至规定值。图6-5为单层圆筒流化床干燥器，控制操作气速在一定范围，湿物料悬浮于气流中，且不被带走，料层呈现流化沸腾状态，物料上下翻滚，与热空气充分接触，实现热质传递而达到干燥目的。干燥产品经床侧出料管卸出，废气从床层顶部排出并经旋风分离器分离出夹带的少量细微粉粒。

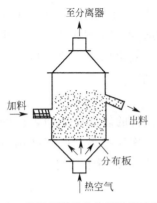

图 6-5 单层圆筒流化床干燥器示意图

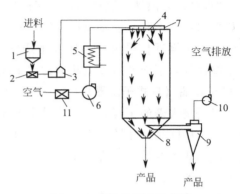

图 6-6 喷雾干燥器示意图

1—料罐；2—过滤器；3—泵；4—雾化器；5—预热器；
6—鼓风机；7—空气分布器；8—干燥室；9—旋风分离器；
10—排风机；11—过滤器

4. 喷雾干燥器

黏性溶液、悬浮液以及糊状物等可用泵输送的物料，以分散成粒、滴进行干燥最为有利。所用设备为喷雾干燥器，如图 6-6 所示。空气经预热器预热后通入干燥室的顶部，料液由送料泵送至雾化器，经喷嘴喷成雾状而分散于热气流中，雾滴在向下运动的过程中得到干燥，干晶落入室底，由引风机吸至旋风分离器回收产品。

5. 转筒干燥器

团块物料及颗粒较大难以流化的物料可在转筒干燥器中获得一定程度的分散，从而使湿物料达到干燥要求。图 6-7 是用热空气直接加热的逆流操作转筒干燥器，俗称转窑。干燥器的主体为一倾斜角度为 0.5°~6°的横卧旋转圆筒，物料从转筒高端进入，与低端进入的热空气逆流接触，物料随转筒的旋转慢慢翻滚下移，使物料与热空气充分接触，至低端时物料干燥完毕排出。

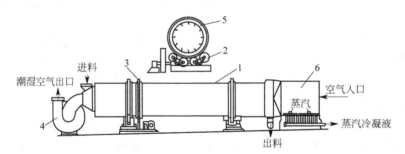

图 6-7 转筒干燥器示意图

1—转筒；2—托轮；3—齿轮（齿圈）；4—风机；5—抄板；6—蒸汽加热器

各类干燥器优缺点的对比见表 6-1。

表 6-1 各类干燥器优缺点的对比

类型	优点	缺点	适用范围
厢式干燥器	结构简单，适应性强，干燥程度可通过改变干燥时间和干燥介质的状态来调节	物料不能翻动、干燥不均匀、装卸劳动强度大、操作条件差等	一般用于小规模、物料允许在干燥器内停留时间长而不影响产品质量的物料干燥，也适用于多种粒状、片状、膏状、不允许粉碎和较贵重的物料干燥

续表

类型	优点	缺点	适用范围
气流干燥器	结构简单、占地面积小、干燥时间短、操作稳定、处理能力大、便于实现自动化控制	气流阻力大,动力消耗大,设备太高,产品易磨碎,旋风分离器负荷大	特别适合于热敏性物料的干燥。当要求干燥产物的含水量很低,因干燥时间太短不能达到干燥要求时,应改用其他低气速干燥器继续干燥
流化床干燥器	结构简单、造价较低、干燥速率快、热效率较高、物料停留时间可以任意调节,气、固分离比较容易	不适用于因湿含量高而严重结块,或在干燥过程中粘接成块的物料,会造成塌床,破坏正常流化	在工业上应用广泛,已发展成为粉粒状物料干燥的主要手段
喷雾干燥器	干燥速率快,一般只需 3～5s,适用于热敏性物料,可以从料浆直接得到粉末产品;能够避免粉尘飞扬,改善了劳动条件;操作稳定,便于实现连续化和自动化生产	设备庞大,能量消耗大,热效率较低	适合于干燥热敏性物料,如牛奶、蛋制品、血浆、洗衣粉、抗生素、酵母和染料等,已广泛应用于食品、医药、燃料、塑料及化学肥料等行业
转筒干燥器	生产能力大,气体阻力小,操作方便,操作弹性大,可用于干燥粒状和块状物料	钢材耗用量大,设备笨重,基建费用高	物料在干燥器内停留时间长,且物料颗粒之间的停留时间差异较大,不适合对湿度有严格要求的物料

五、干燥器的选用

为确保优化生产、提高效益,对干燥器有如下基本要求:能保证干燥产品的质量要求,如含水量、形状、粒度、强度等;要求干燥速率快,干燥时间短,则干燥设备尺寸小、能耗低;热效率要高,在对流干燥中,提高热效率的主要途径是减少废气带走的热量,为此干燥器的结构应有利于气-固的接触,以提高热能的利用率;操作控制方便,劳动条件良好,附属设备简单。

在化工生产中,为完成一定的干燥任务,需要选择适宜的干燥器形式,通常考虑以下各项因素:

(1) 物料的形态　选择干燥器的最初方式是以原料为基础的,如液体原料的干燥一般选用喷雾干燥器、滚筒干燥器等。

(2) 物料的热敏性　物料对热的敏感性决定了干燥过程中物料的温度上限,但物料承受温度的能力还与干燥时间的长短有关。对于某些热敏性物料,如果干燥时间很短,即使在较高温度下进行干燥,产品也不会因此而变质。气流干燥器和喷雾干燥器就比较适合热敏性物料的干燥。

(3) 物料的黏附性　物料的黏附性关系到干燥器内物料的流动以及传热与传质的进行。应充分了解物料从湿状态到干燥状态黏附性的变化,以便选择合适的干燥器。

(4) 物料的干燥性　对于吸湿性物料或临界含水量很高的物料,应选择干燥时间长的干燥器,如间壁加热转筒干燥器;而对临界含水量很低的物料干燥,应选择干燥时间很短的干燥器,例如气流干燥器等。

(5) 操作压力　大多数干燥器在接近大气压时操作,微弱的正压可避免外界向内部泄漏;当不允许向外界泄漏时则采用微负压操作;而真空操作费用昂贵,仅仅当物料必须在低温、无氧以及在中温或高温产生异味和在溶剂回收、起火、有致毒危险的情况下才推荐采用。

(6) 干燥产品的形状、质量及价格　干燥食品、药品等不能受污染的物料,所用干燥介质必须纯净,或采用间接加热方式干燥。有些产品在干燥过程中有表面硬化或收缩现象，应考虑干燥速率较慢的干燥器。

（7）**经济性**　在满足干燥的基本要求的前提下，尽量选择热效率高的干燥器；而对某一给定的干燥系统，从节能的角度可以考虑气体再循环或封闭循环操作、多级干燥、排气的充分燃烧等。

（8）**环境因素**　若排出的废气中含有污染环境的粉尘或有毒物质，应选择合适的干燥器减少废气排放量或对排出废气加以处理，如用旋风分离器、袋式过滤器和静电除尘器等收尘装置处理。

（9）**其他因素**　设备的制造、维修及操作设备的劳动强度；此外还必须考虑噪声问题。

干燥器的最终选择通常是在产品质量、设备价格、操作费用及安全等方面对其提出一个综合评价的方案。在不肯定的情况下应做初步的试验以查明设计和操作数据及对特殊操作的适应性。干燥器的选择示例见表 6-2。

表 6-2　干燥器的选择示例

湿物料的状态	物料的实例	处理量	适用的干燥器
液体或泥浆状	洗涤剂、树脂溶液、盐溶液、牛奶等	大批量	喷雾干燥器
		小批量	滚筒干燥器
泥糊状	染料、颜料、硅胶、淀粉、黏土、碳酸钙等的滤饼或沉淀物	大批量	气流干燥器、带式干燥器
		小批量	真空转筒干燥器
粒状（0.02～20μm）	聚氯乙烯等合成树脂、合成肥料、磷肥、活性炭	大批量	气流干燥器、转筒干燥器、沸腾干燥器
		小批量	转筒干燥器、厢式干燥器
块状（20～100mm）	煤、焦炭、矿石等	大批量	转筒干燥器
		小批量	厢式干燥器
片状	烟叶、薯片	大批量	带式干燥器、转筒干燥器
		小批量	穿流厢式干燥器
短纤维	乙酸纤维、硝酸纤维	大批量	带式干燥器
		小批量	穿流厢式干燥器
较大的物料和制品	陶瓷器、胶合板、皮革等	大批量	隧道干燥器
		小批量	高频干燥器

知识链接

知识点　湿空气的性质

一、湿空气的性质

在干燥操作中，采用不饱和湿空气作为干燥介质，故首先讨论湿空气的性质。

1. 湿空气的绝对湿度 H

湿空气的绝对湿度是指湿空气中单位质量绝干空气所带有的水蒸气的质量，简称湿度或湿含量，以 H 表示，其单位为 kg 水/kg 干空气，即

$$H = \frac{湿空气中水蒸气的质量}{湿空气中绝干空气的质量} = \frac{M_v n_v}{M_g n_g} = \frac{18 n_v}{29 n_g} = 0.622 \frac{n_v}{n_g} \tag{6-1}$$

式中　M_v、M_g——湿空气中水蒸气和绝干空气的摩尔质量（$M_v = 18$kg/kmol，$M_g = 29$kg/kmol）；

n_v、n_g——湿空气中水蒸气和绝干空气的物质的量，kmol。

常压下湿空气可视为理想气体，由道尔顿分压定律，式(6-1)可表示为：

$$H = 0.622 \frac{p_v}{p - p_v} \tag{6-2}$$

式中 p——湿空气的总压，Pa；

p_v——湿空气中水蒸气的分压，Pa。

由式(6-2)可知，湿度是总压和水汽分压的函数。当总压一定时，则湿度仅由水汽分压决定。

当湿空气中水蒸气分压与同温度下的饱和蒸气压相等时，则表明湿空气呈饱和状态，此时的湿度称为饱和湿度，用 H_s 表示。

$$H_s = 0.622 \frac{p_s}{p - p_s} \tag{6-3}$$

式中 p_s——在湿空气的温度下，纯水的饱和蒸气压，Pa。

2. 湿空气的相对湿度

空气的相对湿度是指在一定温度和总压下，湿空气中的水汽分压与同温度下饱和蒸气压的百分数，用符号 φ 表示，即

$$\varphi = \frac{p_v}{p_s} \times 100\% \tag{6-4}$$

由上式可知：当 $p_v = 0$ 时，$\varphi = 0$，表明该空气为绝干空气，吸水能力最大；当 $p_v = p_s$ 时，$\varphi = 100\%$，表示湿空气为饱和湿空气，没有吸水能力。可见，相对湿度表明了空气的吸湿能力，φ 值越大，该湿空气越接近饱和，其吸湿能力越差；反之，φ 值越小，该湿空气的吸湿能力越强。

由式(6-2)和式(6-4)可得：

$$H = 0.622 \frac{\varphi p_s}{p - \varphi p_s} \tag{6-5}$$

式(6-5)表明，当总压一定时，湿空气的湿度 H 由空气的相对湿度 φ 和空气的温度 t 共同决定。

3. 湿空气的比体积

1kg 干空气及其所带 H kg 水汽的总体积称为湿空气的比体积或湿容积，用符号 v_H 表示，单位为 m^3/kg（干空气）。常压下

$$v_H = \left(\frac{1}{29} + \frac{H}{18}\right) \times 22.4 \times \frac{t + 273}{273} = (0.773 + 1.244H) \times \frac{t + 273}{273} \tag{6-6}$$

式中 t 为湿空气的温度，℃。

由式(6-6)可知，湿空气的比体积与湿空气温度及湿度有关，温度越高，湿度越大，比体积越大。

4. 湿空气的比热容

常压下，将 1kg 干空气和所含有的 H kg 水汽的温度升高 1K 所需要的热量，称为湿空气的比热容，简称湿热，用符号 c_H 表示，单位为 kJ/(kg 干气·K)，即

$$c_H = c_g + Hc_v = 1.01 + 1.88H \tag{6-7}$$

式中 c_g——干空气的比热容,工程计算中,常取 $c_g=1.01 \text{kJ/(kg·K)}$;

c_v——水汽的比热容,工程计算中,常取 $c_v=1.88 \text{kJ/(kg·K)}$。

由式(6-7)可知,湿空气的比热容仅与湿度有关。

5. 湿空气的比焓

1kg 干空气及其所含有的 H kg 水汽共同具有的焓,称为湿空气的比焓,简称为湿焓,用符号 I_H 表示,单位为 kJ/kg 干气。

若以 I_g、I_v 分别表示干气和水汽的比焓,根据湿空气的焓的定义,其计算式为:

$$I_H = I_g + I_v H \tag{6-8}$$

在工程计算中,常以干气及水(液态)在 0℃ 时的焓等于零为基准,且水在 0℃ 时的汽化潜热 $r_0=2490 \text{kJ/(kg·K)}$,则:

$$I_g = c_g t = 1.01 t$$
$$I_v = c_v t + r_0 = 1.88 t + 2490$$

代入式(6-8),整理得:

$$I_H = (1.01+1.88H)t + 2490H = c_H t + 2490H \tag{6-9}$$

由式(6-9)可知,湿空气的焓与其温度和湿度有关,温度越高,湿度越大,焓值越大。

6. 空气的干球温度和湿球温度

干球温度是空气的真实温度,即用普通温度计所测出的湿空气的温度,简称温度,用 t 表示,单位为℃或 K。

湿球温度是将温度计的感温球用纱布包裹,纱布用水保持湿润(图6-8),这样的温度计称为湿球温度计,它在空气中所达到的平衡或稳定温度称为空气的湿球温度,用符号 t_w 表示,单位为℃或 K。

湿球温度 t_w 实质上是湿空气与湿纱布之间传质和传热达到稳定时湿纱布中水的温度,由湿球温度的测量原理可知,空气的湿球温度 t_w 总是低于 t。t_w 与 t 差距愈小,表明空气中的水分含量愈接近饱和。

湿球温度的工程意义在于:在干燥过程中恒速干燥阶段时湿球温度即是湿物料表面的温度。

7. 露点

不饱和湿空气在总压和湿度不变的情况下冷却降温至饱和状态时的温度称为该湿空气的露点,用符号 t_d 表示,单位为℃或 K。处于露点温度的湿空气,其相对湿度 φ 为 100%,即湿空气中的水汽分压 p_v 等于饱和蒸气压 p_s,由式(6-3)可得:

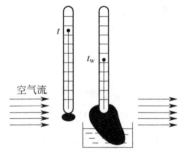

图 6-8 干球温度和湿球温度

$$p_s = \frac{Hp}{0.622+H} \tag{6-10}$$

由式(6-10)可知,总压一定时,湿空气的露点只与其湿度有关。在确定露点温度时,只需将湿空气的总压 p 和湿度 H 代入式(6-10),求得 p_s,然后通过饱和水蒸气表查出对应的温度,即为露点温度 t_d。

湿空气在露点温度时的湿度为饱和湿度,其数值等于未冷却前原空气的湿度,若将已达到露点的湿空气继续冷却,则会有水珠凝结析出,湿空气中的湿含量开始减少。冷却停止后,每千克干气析出的水分量等于湿空气原来的湿度与终温下的饱和湿度之差。

8. 绝热饱和温度

图 6-9 所示为一绝热饱和器,设有温度为 t、湿度为 H 的不饱和空气在绝热饱和器内与大量的水密切接触,水用泵循环,若设备保温良好,则热量只是在气、液两相之间传递,而对周围环境是绝热的。水分不断向空气中汽化,所需的潜热取自空气中的显热,这样即空气温度下降失去显热,而湿度增加得到水汽的潜热,空气的焓值可视为不变(忽略水汽的显热),为等焓过程。当空气被水汽饱和时,空气的温度不再下降,且等于循环水的温度,此时该空气的温度称为绝热饱和温度,用符号 t_{as} 表示。

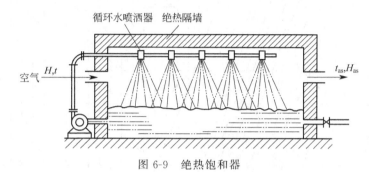

图 6-9 绝热饱和器

绝热饱和温度 t_{as}、湿球温度 t_w 是两个完全不同的概念,但是两者都是湿空气 t 和 H 的函数。特别是对于空气-水蒸气系统,两者在数值上近似地相等,而湿球温度比较容易测定。

从以上的讨论可知,表示空气性质的三个温度,即干球温度 t、湿球温度 t_w(或绝热饱和温度 t_{as})和露点 t_d 之间,存在如下关系:对于不饱和的湿空气,有 $t > t_w = t_{as} > t_d$,而对于已达到饱和的湿空气,则有 $t = t_w = t_{as} = t_d$。

二、湿空气的湿度图

图 6-10 为常压下湿空气的 H-I 图,为使各关系曲线分散开,采用两坐标夹角为 135°的坐标图,以提高读数的准确性。图 6-10 是按总压为常压制得的,若系统总压偏离常压较远,则不能应用此图。

1. 湿空气的 H-I 图的线群

(1) 等湿线(即等 H 线) 一组与纵轴平行的直线,在同一根等 H 线上不同的点都具有相同的湿度值,其值在水平轴上读出。

(2) 等焓线(即等 I 线) 一组与斜轴平行的直线。在同一条等 I 线上不同的点所代表的湿空气的状态不同,但都具有相同的焓值,其值可以在纵轴上读出。

(3) 等温线(即等 t 线) 由式 $I = 1.01t + (1.88t + 2490)H$,当空气的干球温度 t 不变时,I 与 H 成直线关系,因此在 I-H 图中对应不同的 t,可作出许多条等 t 线。

(4) 等相对湿度线(即等 φ 线) 一组从原点出发的曲线。根据式(6-5)可知:当总压 p 一定时,对于任意规定的 φ 值,p_s 与 H ——对应,而 p_s 同时也对应一个温度 t,将上述各点 (H, t) 连接起来,就构成等相对湿度 φ 线。根据上述方法,可绘出一系列的等 φ 线群。

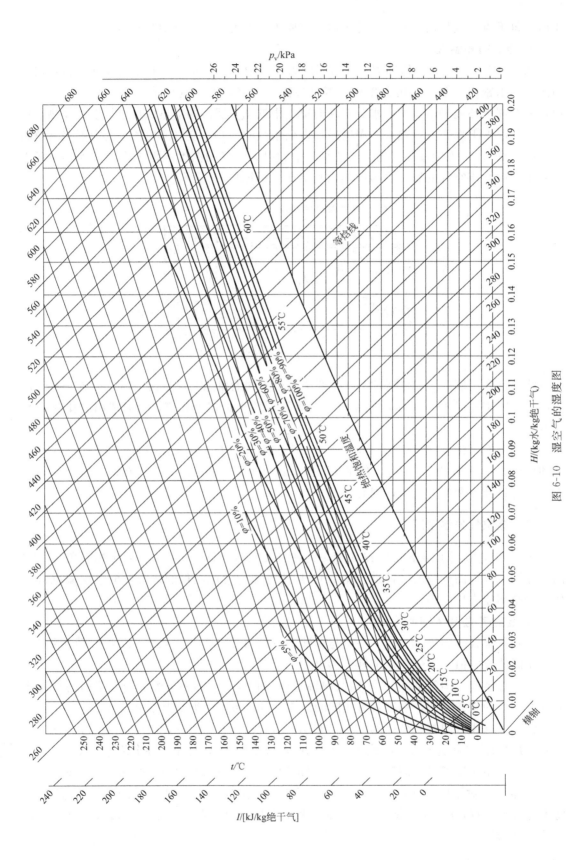

图 6-10 湿空气的湿度图

(5) 水汽分压线　该线表示水汽分压 p_v 与湿度 H 间的关系，按式(6-2)算出若干组 p_v 与 H 的对应关系，并标绘于 H-I 图上，得到分压线。

2. H-I 图的应用

根据湿空气任意两个独立参数，如 t-t_w、t-t_d、t-φ 等，就可以在 I-H 图上定出一个交点，此点即为湿空气的状态点，由此点可查得其他各项参数。若用两个彼此不是独立的参数，则不能确定状态点，因它们都在同一条等 I 线或等 H 线上。

干球温度 t、露点 t_d 和湿球温度 t_w（或绝热饱和温度 t_{as}）都是由等 t 线确定的。露点是在湿空气湿度 H 不变的条件下冷却至饱和时的温度，因此通过等 H 线与 $\varphi=100\%$ 的饱和湿度线交点所对应的等 t 线温度即为露点。对水蒸气-空气系统，湿球温度 t_w 与绝热饱和温度 t_{as} 近似相等，因此由通过空气状态点等 I 线与 $\varphi=100\%$ 的饱和湿度线交点的等 t 线温度即为 t_w 或 t_{as}。

【例 6-1】 已知湿空气的总压 101.3kPa，干球温度为 50℃，湿球温度为 35℃，试求此时湿空气的湿度 H、相对湿度 φ、焓 I_H、露点 t_d 及分压 p_v。

解： 从图 6-10 上分析，过 $t_w=35℃$ 的等 t 线与 $\varphi=100\%$ 的等 φ 线的交点，作等 I_H 线与 $t=50℃$ 的等 t 线相交，交点即为空气的状态点。

由状态点可直接读得：$H=0.03$ kg 水汽/kg 干空气，$\varphi=38\%$，$I_H=130$kJ/kg 干空气。

由状态点沿等 H 线交于 $\varphi=100\%$ 的等 φ 线上一点，该点处的温度为湿空气的露点，$t_d=32℃$。

由状态点沿等湿线交水蒸气分压线于一点，即可读得该点的分压值 $p_v=4.7$kPa。

1. 通常物料除湿的方法有哪些？各适用于什么场合？
2. 常用的干燥方法有哪几种？对流干燥过程的实质是什么？干燥过程得以进行的必要条件是什么？
3. 对干燥设备的基本要求是什么？常用对流干燥器有哪些？各有什么特点？
4. 沸腾床、气流床干燥器有何区别？
5. 湿空气的性质有哪些？湿空气、饱和湿空气、干气的概念及相互关系如何？
6. 通常露点温度、湿球温度、干球温度、饱和绝热空气的关系如何？何时四者相等？

任务二　干燥速率的测定

干燥过程的特性可以用干燥曲线、干燥速率曲线和温度曲线进行分析和描述。下面利用洞道干燥器的干燥操作来测定干燥速率。干燥速率为单位时间内在单位干燥面积上汽化的水分量，用 U 表示，单位为 kg 水/($m^2 \cdot s$)。

任务实施

一、工艺流程

如图 6-11 所示,空气通过阀门 V12 由风机提供动力,一定流量的空气通过电加热后进入洞道干燥室,干燥室内的湿物料,物料质量的变化通过重量传感器 GW 传递到仪表显示。携带水分的空气由阀门 V10 排出。旁路阀 V11 用来调节进口空气的湿度和流量。

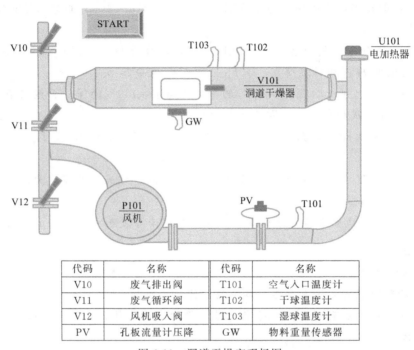

代码	名称	代码	名称
V10	废气排出阀	T101	空气入口温度计
V11	废气循环阀	T102	干球温度计
V12	风机吸入阀	T103	湿球温度计
PV	孔板流量计压降	GW	物料重量传感器

图 6-11 洞道干燥室现场图

二、操作规程

① 请在参数设置界面上从四种物料中选择一种物料。

② 输入相应工艺参数,包括支架质量、浸水后物料质量、浸水前物料质量、空气温度、环境相对湿度、大气压力、孔板流量计孔径和物料面积。

③ 调节风机吸入口的蝶阀 V12 到全开的位置后,用废气排出阀 V10 和废气循环阀 V11 调节到指定的流量,打开总电源开关、启动风机。

④ 开启加热电源,在智能仪表中设定干球温度,仪表自动调节到指定的温度。

⑤ 在空气温度、流量稳定的条件下,用质量传感器测定支架的质量并记录下来。

⑥ 在稳定的条件下,按下 START 按钮开始干燥操作,在数据记录界面记录干燥时间每隔 2min 干燥物料减轻的质量,直至干燥物料的质量不再明显减轻时按下 STOP。

⑦ 改变空气流量或温度,重复上述实验。

⑧ 改变物料，重新进行上述实验。
⑨ 关闭加热电源，待干球温度降至常温后关闭风机电源和总电源。

① 根据操作结果绘制干燥曲线、干燥速率曲线，并得出恒定干燥速率、临界含水量、平衡含水量；
② 计算出恒速干燥阶段物料与空气之间的对流传热系数；
③ 试分析空气流量或温度对恒定干燥速率、临界含水量的影响。

知识点一　干燥过程的工艺计算

一、物料含水量的表示方法

1. 湿基含水量

即以湿物料为计算基准时物料中水分的质量分数，用符号 ω 表示。

$$湿基含水量 \omega = \frac{湿物料中水分的质量}{湿物料的质量} \times 100\% \qquad (6-11)$$

2. 干基含水量

不含水分的物料通常称为绝干物料或干料。以绝干物料为基准时湿物料中的含水量称为干基含水量，亦即湿物料中水分质量与绝干物料的质量之比，用符号 X 表示，即

$$干基含水量 X = \frac{湿物料中水分的质量}{湿物料中绝干物料的质量} \qquad (6-12)$$

在工业生产中，通常用湿基含水量来表示物料含水量。但因湿物料的总量在干燥过程中会失去水分而逐渐减少，而绝干料的质量不变，故用干基含水量计算较为方便。两种含水量之间的换算关系如下：

$$X = \frac{\omega}{1-\omega} \quad 或 \quad \omega = \frac{X}{1+X} \qquad (6-13)$$

二、物料中所含水分的性质

按物料与水分结合力的状况，可分为结合水分与非结合水分。

(1) 结合水分　包括物料细胞壁内的水分、物料内毛细管中的水分以及结晶水的形态存在于固体物料之中的水分等。这种水分与物料结合力强，其蒸气压低于同温度下纯水的饱和蒸气压，致使干燥过程的传质推动力降低，故除去结合水分较困难。

(2) 非结合水分　包括机械地附着于固体表面的水分，如物料表面的吸附水分、较大孔隙中的水分等。物料中非结合水分与物料的结合力弱，其蒸气压与同温度下纯水的饱和蒸气压相同，因此干燥过程中除去非结合水分较容易。

按物料在一定干燥条件下其所含水分能否用干燥方法除去，可分为平衡水分和自由水分。

(1) 平衡水分　当湿物料与一定状态的湿空气接触时，若湿物料表面所产生的水汽分压大于空气中的水汽分压，水分由湿物料向空气转移，干燥可以顺利进行；反之则水分由空气向物料转移，称作"返潮"；若二者相等时，则湿空气和湿物料两者处于动态平衡状态，湿物料中水分含量为一定值，该含水量就称为该物料在此空气状态下的平衡含水量，又称平衡水分，用 X^* 表示，单位为 kg 水/kg 干料。

(2) 自由水分　湿物料中所含的水分大于平衡水分的那一部分，称为自由水分（或游离水分）。

湿物料的平衡水分可由实验测得。图 6-12 为实验测得的几种物料在 25℃时的平衡水分 X^* 与湿空气相对湿度 φ 之间的关系——干燥平衡曲线。由图可知，在相同的空气相对湿度下，不同的湿物料其平衡水分不同；同一种湿物料平衡水分随着空气的相对湿度减小而降低，当空气的相对湿度减小为零时，各种物料的平衡水分均为零。即要想获得一个干物料，就必须有一个绝对干燥的空气（$\varphi=0$）与湿物料进行长时间的充分接触，实际生产中是很难做到的。

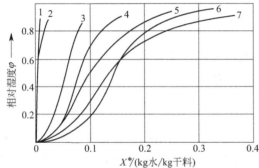

图 6-12　某些物料的平衡曲线（25℃）
1—石棉纤维板；2—聚氯乙烯粉（50℃）；3—木炭；
4—牛皮纸；5—黄麻；6—小麦；7—土豆

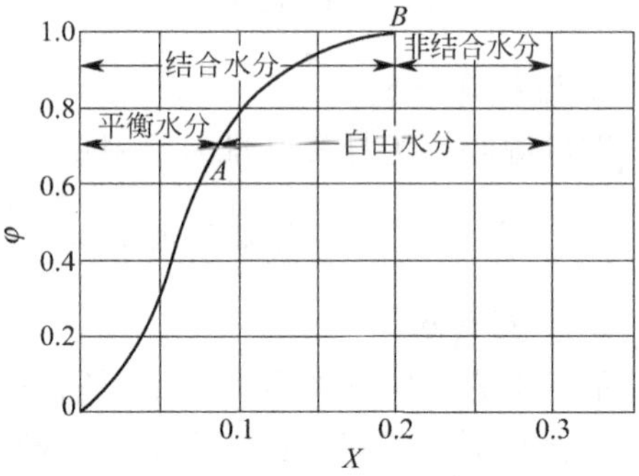

图 6-13　固体物料中的水分性质

四种水分之间的定量关系如图 6-13 所示。结合水分、非结合水分的含量与空气的状态无关，是由物料自身的性质决定的；而平衡水分与自由水分的含量，与空气状态有关，是由物料性质及空气状态共同决定的。图中 B 点为平衡曲线与 $\varphi=100\%$ 垂线的交点，B 点以下的水分是结合水分，而大于 B 点的水分是非结合水分。平衡曲线上的 A 点表示，在空气的相对湿度 $\varphi=70\%$ 时的物料的平衡水分，而大于 A 点的水分是自由水分。

三、干燥过程的物料衡算

物料衡算要解决的问题是：①从物料中除去的水分的量，即水分蒸发量；②空气消耗量；③干燥产品的产量。对于干燥器的物料衡算而言，通常已知条件为单位时间（或每批量）物料的质量、物料在干燥前后的含水量、湿空气进入干燥器的状态（主要指温度、湿度等）。

1. 水分蒸发量

在干燥过程中，湿物料的含水量不断减少，但绝对干料量却不会改变。以 1s 为基准，围绕图 6-14 所示的连续干燥器做水分的物料衡算。

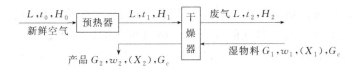

图 6-14　逆流干燥器的物料衡算图

若不计干燥过程中的物料损失量，即

$$G_c=G_1(1-w_1)=G_2(1-w_2)$$

进、出干燥器的物料衡算：

$$G_1=G_2+W$$

$$W=G_1-G_2=G_1\frac{w_1-w_2}{1-w_2}=G_2\frac{w_1-w_2}{1-w_1} \tag{6-14}$$

进、出干燥器水分的物料衡算：

$$LH_1+G_cX_1=LH_2+G_cX_2$$

故水分蒸发量还可用下式计算：

$$W=L(H_2-H_1)=G_c(X_1-X_2) \tag{6-15}$$

式中　G_1、G_2——湿物料进、出干燥器时的流量，kg 湿物料/s；

　　　w_1、w_2——干燥前后湿物料的最初和最终湿基含水量（质量分数）；

　　　W——单位时间水分蒸发量，kg/s；

　　　L——单位时间内消耗的绝干空气量，kg/s；

　　　G_c——单位时间内绝干物料的质量，kg/s；

　　　H_1、H_2——空气进、出口干燥器的湿度，kg 水/kg 绝干空气；

　　　X_1、X_2——湿物料进、出口干燥器的干基含水量，kg 水/kg 绝干物料。

2. 干空气消耗量

整理式(6-15)得：

$$L=\frac{W}{H_2-H_1}=\frac{G_c(X_1-X_2)}{H_2-H_1} \tag{6-16}$$

蒸发 1kg 水所需消耗的干空气量，称为单位空气消耗量 l，单位为 kg 干空气/kg 水分，即

$$l=\frac{L}{W}=\frac{1}{H_2-H_1} \tag{6-17}$$

因空气经预热前、后的湿度不变，故 $H_0=H_1$，则式(6-16) 和式(6-17) 可改写为

$$L=\frac{W}{H_2-H_0} \tag{6-18}$$

$$l=\frac{L}{W}=\frac{1}{H_2-H_0} \tag{6-19}$$

式中　H_0、H_1、H_2——湿空气在预热器进口、预热后出口和干燥器出口时的湿度，kg 水汽/kg 绝干气。

由式(6-19) 可知，单位空气消耗量仅与 H_2、H_0 有关，与路径无关。H_0 愈大，l 亦愈大。而 H_0 是由空气的初温 t_0 及相对湿度 φ_0 所决定的，所以在其他条件相同的情况下，空气消耗量 l 将随 t_0 及相对湿度 φ_0 的增加而增大。对同一干燥过程，夏季的空气消

耗量比冬季的大，故选择输送空气的风机等装置，须按全年最热月份的空气消耗量而定。

风机输送的是干空气和水蒸气的混合物，鼓风机所需风量根据湿空气的体积流量 V 而定，湿空气的体积流量可由干气的质量流量 L 与比体积的乘积来确定，即

$$V=Lv_H=L(0.773+1.244H)\times \frac{t+273}{273} \times \frac{1.013\times 10^5}{p} \qquad (6-20)$$

式中，空气的湿度 H、温度 t 和压力 p 与风机所安装的位置有关。

【例 6-2】用空气干燥某含水量为 40%（湿基）的物料，每小时处理湿物料量为 1000kg，干燥后产品含水量为 5%（湿基）。空气的初温为 20℃，相对湿度为 60%，经加热至 120℃ 后进入干燥器，离开干燥器时的温度为 40℃，相对湿度为 80%。试计算：①水分蒸发量；②绝干空气消耗量和单位空气消耗量；③如鼓风机安装在进口处，风机的风量；④干燥产品的产量。

解：① 水分蒸发量

$$G_1=1000 \text{kg/h} \qquad \omega_1=0.4 \qquad \omega_2=0.05$$

水分蒸发量为：

$$W=G_1\frac{w_1-w_2}{1-w_2}=1000\times \frac{0.4-0.05}{1-0.05}=368.42 (\text{kg/h})$$

② 又知 $\varphi_0=0.6$，$\varphi_2=0.8$。查饱和水蒸气表得：20℃ 时，$p_{s0}=2.334$kPa；40℃ 时，$p_{s2}=7.375$kPa。

则 $H_0=0.622\frac{\varphi_0 p_{s0}}{p-\varphi_0 p_{s0}}=0.622\times \frac{0.60\times 2.334}{100-0.60\times 2.334}=0.009 (\text{kg 水/kg 绝干气})$

$H_2=0.622\frac{\varphi_2 p_{s2}}{p-\varphi_2 p_{s2}}=0.622\times \frac{0.80\times 7.375}{100-0.80\times 7.375}=0.039 (\text{kg 水/kg 绝干气})$

$L=\frac{W}{H_2-H_0}=\frac{368.42}{0.039-0.009}=12280.67 (\text{kg 绝干气/h})$

$l=\frac{1}{H_2-H_0}=\frac{1}{0.039-0.009}=33.33 (\text{kg 绝干气/kg 水})$

③ 鼓风机的风量

因风机装在预热器进口处，输送的是新鲜空气，其温度 $t_0=20$℃，$H_0=0.009$kg 水/kg 绝干气，则湿空气的体积流量为

$$V=Lv_H=L(0.773+1.244H)\times \frac{t+273}{273}=12280.67\times (0.773+1.244\times 0.009)\times \frac{20+273}{273}$$

$$=10335.98 (\text{m}^3/\text{h})$$

④ 干燥产品的产量

$$G_2=G_1-W=1000-368.42=631.58 (\text{kg/h})$$

四、干燥过程的热量衡算

通过干燥系统的热量衡算，可以求得：

① 预热器消耗的热量；

② 向干燥器补充的热量；

③ 干燥过程消耗的总热量。

这些内容可作为计算预热器传热面积、加热介质用量、干燥器尺寸以及干燥系统热效应等的依据。

图 6-15 为连续逆流干燥过程的热量衡算示意图。各符号意义如下：

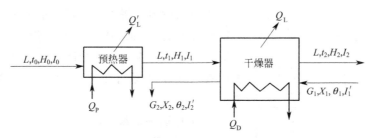

图 6-15　逆流干燥器的热量衡算图

I_0、I_1、I_2——新鲜湿空气进入预热器、离开预热器和离开干燥器时的焓，kJ/kg 绝干气；

　　Q_P——单位时间内预热器消耗的热量，kW；

　　θ_1、θ_2——湿物料进入和离开干燥器时的温度，℃；

　　I_1'、I_2'——湿物料进入和离开干燥器时的焓，kJ/kg（绝干料）；

　　Q_D——单位时间内向干燥器补充的热量，kW；

　　Q_L、Q_L'——干燥器和预热器的热损失速率，kW。

对预热器和干燥器进行总热量衡算

$$LI_0+Q_P+Q_D+G_cI_1'=LI_2+Q_L+Q_L'+G_cI_2' \tag{6-21}$$

干燥系统消耗的总热量 Q 为 Q_P 与 Q_D 之和，即

$$Q=Q_P+Q_D=L(I_2-I_0)+G_c(I_2'-I_1')+Q_L+Q_L' \tag{6-21a}$$

为了便于分析和应用，假设：新鲜空气中水汽的焓等于离开干燥器废气中水汽的焓；湿物料进出干燥器时的比热容取平均值 c_m，式(6-21a) 变为：

$$Q=Q_P+Q_D=1.01L(t_2-t_0)+W(2490+1.88t_2)+G_cc_m(\theta_2-\theta_1)+Q_L+Q_L' \tag{6-22}$$

c_m 可由绝干物料比热容 c_s 及纯水的比热容 c_w 求得：

$$c_m=c_s+Xc_w$$

式中　c_s——绝干物料的比热容，kJ/(kg·℃)（绝干料）；

　　　c_w——水的比热容，可取为 4.187kJ/(kg·℃)。

式(6-22) 与式(6-21a) 是等价的，但上式的物理意义明确，它表明干燥系统的总热量消耗于：①加热空气由 t_0 升至 t_2；②蒸发水分；③加热湿物料由 θ_1 升至 θ_2；④损失于周围环境中。通过热量衡算，可确定干燥过程所需热量及各项热量分配情况。干燥器的热量衡算是计算干燥器尺寸及干燥效率的基础。

知识点二　干燥速率

一、干燥速率曲线

1. 干燥速率曲线的获得

某物料在恒定干燥条件下干燥，可用实验方法测定干燥速率及干燥速率曲线。干燥实

验采用大量空气干燥少量湿物料,因此,空气进出干燥器的状态、流速以及湿物料的接触方式均可视为恒定,即认为实验是在恒定干燥条件下进行的。

根据实验时的干燥时间和物料含水量之间的关系绘制得到的曲线称为干燥曲线,如图 6-16 中下图所示。将干燥曲线数据转化为干燥速率 U,与物料含水量 X 标绘成干燥速率曲线,如图 6-16 中上图所示。该曲线能非常清楚地表示出物料的干燥特性,表明在一定干燥条件下干燥速率 U 与物料含水量的关系。

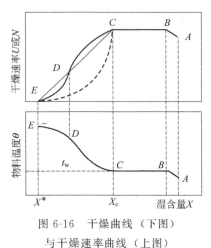

图 6-16 干燥曲线(下图)与干燥速率曲线(上图)

2. 干燥速率曲线分析

(1) AB 段 AB 段为湿物料不稳定的加热过程,物料含水量由初始含水量降至与 B 点相应的含水量,而温度则由初始温度升高至与空气的湿球温度相等的温度。一般该过程的时间很短,在分析干燥过程中常可忽略。

(2) BC 段 在 BC 段内干燥速率保持恒定,称为恒速干燥阶段。在此阶段中,物料表面充分润湿,其表面状况与湿球温度计纱布表面状况相似,因此当物料在恒定干燥条件下进行干燥时,物料表面的温度 t 等于该空气的湿球温度 t_w,物料表面的湿含量 H_w 也为定值。湿物料内部的水分向其表面传递的速率大于等于水分自物料表面汽化的速率,故恒速阶段干燥速率大小取决于表面水分的汽化速率,因此又称为表面汽化控制阶段。其大小只与空气的性质有关,而与湿物料的种类、性质无关。

(3) C 点 由恒速阶段转为降速阶段的点称为临界点,对应湿物料的含水量称为临界含水量,用 X_c 表示。

(4) CDE 段 随着物料含水量的减少,干燥速率下降,CDE 段称为降速干燥阶段。随着干燥过程的进行,物料含水量降至临界含水量 X_c 以下,物料内部水分传递到表面的速率已经小于表面水分的汽化速率,物料表面不再保持充分润湿,而出现"干区",润湿表面不断减少,因而干燥速率不断下降。当物料全部表面都成为"干区"后,传热是由空气穿过干料到汽化表面,汽化的水分又从湿表面穿过干料到空气中,固体内部的热、质传递途径加长,阻力加大,干燥速率进一步下降,直至平衡水分 X^*。因此,降速干燥阶段的干燥速率由水分从物料内部移动到表面的速度所控制,故又称内部迁移控制阶段,主要决定于物料本身的结构、形状和大小等性质,而与空气的性质无关。在此过程中,空气传给湿物料的热量大于水分汽化所需要的热量,故物料表面的温度升高。

(5) E 点 E 点的干燥速率为零, X^* 即为操作条件下的平衡含水量。

3. 临界含水量 X_c

实际上,在工业生产中,物料不会被干燥到平衡含水量,而是在临界含水量和平衡含水量之间,这需视产品要求和经济核算而定。若临界含水量 X_c 愈大,便会愈早转入降速阶段,使得相同干燥条件下所需干燥时间愈长。由于恒速阶段和降速阶段其干燥机理与影响因素各不相同,过程的控制因素也不相同,强化措施也不一样。因此确定 X_c 对计算及强化干燥过程均有重要意义。临界含水量由湿物料的性质、厚度及干燥条件决定,无孔吸

水性物料的 X_c 比多孔物料大；物料分散越细，堆积厚度越薄，X_c 值也就越低。

二、影响干燥速率的因素

对于一个选定的干燥设备，影响干燥速率的因素主要有湿物料性质和干燥介质性质，下面分别介绍。

1. 湿物料性质

湿物料的结构与组成、形状和大小、物料层的厚薄、温度及含水量等都影响干燥速率。物料的温度越高，则干燥速率越大。物料的最初、最终以及临界含水量决定干燥恒速和降速阶段所需时间的长短。块状物料尺寸越大，结构越致密，干燥越难。纤维类物料疏松多孔，吸水性小，易于干燥。

2. 干燥介质性质

干燥介质（空气）的温度越高，湿度越低，则恒速干燥阶段的干燥速率越大。湿度主要由外界空气状态决定，湿度降低有限，主要靠提高温度来增大干燥速率。但温度过高会引起物料表层甚至内部的质变，干燥速率也因内部水分来不及扩散而增大甚微。有些干燥设备采用分段中间加热方式可以避免过高的介质温度。增大空气流量可增加干燥过程推动力，从而提高干燥速率，但同时会造成热效率降低，且还会使动力消耗增加，生产中要综合考虑干燥介质的温度和湿度，合理选择。

自测练习

一、问题思考

1. 在干燥工艺中，为什么湿空气通常要经预热后再送入干燥器？

2. 对一定的水分蒸发量及空气离开干燥时的湿度，应按夏天还是按冬天的大气条件来选择干燥系统的风机？为什么？

3. 湿物料中水分是如何划分的？平衡水分和自由水分、结合水分和非结合水分体现了物料的什么性质？

4. 干燥过程分为哪几个阶段？各受什么控制？

二、工艺计算

1. 已知湿空气的总压为 100kPa，温度为 45℃，相对湿度为 50%，试求：①湿空气中水汽的分压；②湿度；③湿空气的比容积。

2. 空气的总压为 101.33kPa，干球温度为 30℃，相对湿度为 70%。试求：①空气的湿度 H；②空气的饱和湿度；③空气的露点和湿球温度；④空气的焓 I；⑤空气中水汽分压 p_w。

3. 已知湿空气的总压为 100kPa，温度为 40℃，相对湿度为 50%，试求：①水汽分压、湿度、焓和露点；②将 500kg/h 的湿空气加热至 80℃ 时所需的热量；③加热后的体积流量。

4. 用一干燥器干燥某物料，已知湿物料处理量为 1000kg/h，含水量由 40% 干燥至 5%（均为湿基）。试计算干燥水分量和干燥收率为 94% 时的产品量。

5. 湿物料从湿含量 50% 干燥至 25% 时，从 1kg 原湿物料中除去的湿分量，为湿物料从湿含量 2% 干燥至 1%（以上均为湿基）时的多少倍？

6. 某干燥器处理的湿物料量为 1200kg/h，湿、干物料中湿基含水量各为 50％、10％，求汽化水分量、产品量？

7. 在常压干燥器中，将某物料从含水量5％干燥到0.5％（湿基）。干燥器的生产能力为7200kg 干料/h。已知物料进口温度为25℃，出口温度为65℃。干燥介质为空气，其初温为20℃，经预热加热至120℃，湿度为0.007kg 水/kg 干空气进入干燥器，出干燥器温度为80℃。干物料的比热容为1.8kJ/(kg·℃)，若不计热损失，试求干空气的消耗量及空气离开干燥器时的湿度。

8. 一个常压（100kPa）干燥器干燥湿物料，已知湿物料的处理量为2200kg/h，含水量由40％降至5％（湿基）。湿空气的初温为30℃，相对湿度为40％，经预热后温度升至90℃后送入干燥器，出口废气的相对湿度为70％，温度为55℃，试求：①干气消耗量；②风机安装在预热器入口时的风量（m^3/h）。

9. 在一连续干燥器中，每小时处理湿物料1000kg，经干燥后物料的含水量由10％降至2％（均为湿基），以 $t_0=20℃$ 空气为干燥介质，初始湿度 H_0 为0.008kg 水/kg 干空气，离开干燥器时的湿度 H_2 为0.05kg 水/kg 干空气。假设干燥过程无物料损失，试求：①水分蒸发量；②空气消耗量和单位空气消耗量；③干燥产品量；④若鼓风机装在新鲜空气进口处，风机的风量（m^3/h）。

任务三　干燥装置操作训练

在之前掌握了干燥流程、设备结构和特点、物料平衡及操作原理，现用热空气将湿物料通过流化床干燥器或气流干燥器进行干燥操作，通过操作来进一步理解干燥的操作原理和操作方法。

一、工艺流程

干燥装置流程图如图6-17所示。

物料流向：来自进料槽 V101 的湿物料，经过闸板阀 VA103，通过星形进料器 P101 控制一定流量进入流化床干燥器 R102，被从下到上流过的热空气干燥，通过空气流化流动到出料口处，经过阀门 VA109 滑落进布袋 V102。

空气流向：给空气提供动力的是引风机 P103。冷空气被引入空气电加热器 E101 中加热。然后热空气进入流化床底部，通过阀门 VA106、VA107、VA108 调节局部空气流量进入流化床干燥器 R102 底部的均压布风板均匀分布，穿过床内的物料，使物料颗粒悬浮于气流中，物料得到高度分散，形成流化状态，形成一定厚度的流化层，然后到达扩大分离段。在扩大分离段内，风速减小，物料颗粒沉降回干燥器内。空气由扩大段出来后进入旋风分离器 R103 除尘，然后进入布袋除尘器 R104 进行深度除尘，最后空气通过压差计测量空气流量，经引风机 P103 入口后由风机出口排出。

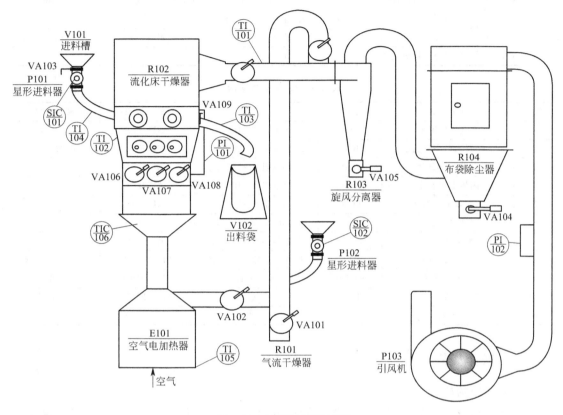

图 6-17 干燥装置流程图

本操作的主要设备技术参数、主要阀名称及其作用，以及仪表控制参数见表 6-3～表 6-5。

表 6-3 主要设备技术参数

序号	代码	设备名称	主要技术参数	备注
1	V101	进料槽		锥形
2	V102	出料袋	布袋	
3	E101	空气电加热器		
4	R101	气流干燥器		
5	R102	流化床干燥器	500mm×120mm×225mm	
6	R103	旋风分离器	ϕ200mm，高 1000mm	
7	R104	布袋除尘器	520mm×300mm×1500mm	
8	P101	星形进料器	90ZYT52，125W，1500r/min	
9	P102	星形进料器	90ZYT52，125W，1500r/min	
10	P103	引风机	9-19-4A(3kW)	

表 6-4 主要阀门名称及作用

序号	代码	阀门名称及作用	技术参数	序号	代码	阀门名称及作用	技术参数
1	VA101	出料阀	蝶阀	6	VA106	流化床层空气分布阀	蝶阀
2	VA102	空气流量调节阀		7	VA107		
3	VA103	进料闸板阀	60mm×50mm	8	VA108		
4	VA104	布袋除尘器放料阀	蝶阀	9	VA109	出料闸板阀	120mm×70mm
5	VA105	旋风分离器放料阀					

表 6-5 仪表控制参数

序号	测量参数	仪表位号	参数	显示仪表	执行机构
1	空气进口温度	TI105	热电阻 0~100℃	AI501FS	
2	干燥器入口空气温度	TIC106	热电阻 0~100℃	AI501FL1S4	电加热器
3	干燥器内温度	TI102	热电阻 0~100℃	AI501FS	
4	固体出料温度	TI103	热电阻 0~100℃	AI501FS	
5	干燥器出口温度	TI101	热电阻 0~100℃	AI501FS	
6	固体进料温度	TI104	热电阻 0~100℃	AI501FS	
7	流量计压差	PI102	压差传感器 0~20kPa	AI501FS	
8	流化床层压差	PI101	压差传感器 0~20kPa	AI501FV24S	
9	星形进料器频率	SIC101	0~100Hz	AI501FV24S	进料电机
10	星形进料器频率	SIC101	0~100Hz	AI501FV24S	进料电机
11	电表				

二、操作规程

1. 开车前的检查

① 检查流化床干燥、星形加料器、旋风分离器、布带过滤器、离心式风机、仪表等是否完好。

② 检查阀门、测量点、取样点是否灵活好用。

③ 检查设备上电情况,设备采用五线三相电接法,设备功率较大,检查电线及相关电器是否安全适用。

④ 检查进料器管道、干燥器内及出料管道中是否有上次实验的残留物料,检查旋风分离器及布袋除尘器中是否有上次实验的残留粉尘,如果有要清扫干净。

⑤ 检查干燥物料是否合格够用。

2. 流化床干燥连续操作

① 对装置进行开工前检查。检查完毕,开启面板上总电源,给设备上电。

② 开启引风机,调节空气流量到最大,记录时间。

③ 检查空气流向上阀门全部开启后,在面板 B2 表上设定温度。开启加热开关,记录时间、设备操作状态。

④ 将称量好的物料装入进料槽,取原料样,放入密闭培养皿,标注样品序号。

⑤ 待温度达到设定值后,打开加料闸板阀到合适位置,打开进料电机开关,设定进料频率,开始进料,记录时间、设备操作状态。

⑥ 待干燥器内有一定量物料时,透过观察窗口查看物料流化状态(打开流化床干燥

器下挡板，调节三个阀门 VA106、VA107、VA108，可调节流化床内空气流量，控制物料流化状态）。打开出料闸板阀 VA109，注意不要开得太大，开始出料，取样，记录时间和设备操作状态，标注样品序号。

⑦ 每隔 10min 取样一次，记录时间，设备操作状态，标注样品序号。

⑧ 进料完毕时，记录时间和设备操作状态。将进料频率调至 0，关闭进料电机开关。关闭进料闸板阀。

⑨ 出料速度很小时，可停止出料，记录时间。关闭加热开关，停止加热，记录时间、设备操作状态。

⑩ 待到干燥器内温度低于 40℃时，关闭引风机。

⑪ 将干燥器内残存物料扫入出料袋，称重。将旋风分离器、布袋除尘器中得到的粉尘放出收集，称重。

⑫ 把取出的样品按照序号顺序，分别称量一定量，放入烘箱烘干，再次称量，得到失水量。

3. 注意事项

① 流化床干燥过程中利用热空气做热源，设备带有一定温度，谨防烫伤。
② 开车时要先开风机后开加热，停车时要先关加热后关风机。
③ 准确如实记录数据及设备工作状态。

4. 异常现象及处理

本操作的异常现象及处理见表 6-6。

表 6-6 异常现象及处理

序号	故障现象	产生原因分析	处理思路	解决办法
1	干燥器内物料不能流化	空气输送管路阀门关闭；阀门开度减小，引风机关闭	增大空气流量	打开空气输送管路阀门，打开引风机开关
2	没有物料进入干燥器	进料槽内无物料，进料闸板阀开度太小；进料电机关闭，进料频率变小	查看进料槽内是否还有物料、闸板阀开度，进料频率是否改变，进料电机是否正常操作	调整进料闸板阀开度，打开进料电机开关，调整进料频率
3	出料袋内没有物料进入	出料闸板阀开度太小；干燥器内空气流量太小，物料未被流化	查看出料闸板阀开度 查看干燥器内物料流化状态	开大出料闸板阀开度，增大空气流量
4	干燥器内温度降低	加热器未工作；温度设定变低	查看加热开关是否打开，查看温度设定值	打开加热开关，重新设定温度
5	设备全部停电	实验室停电，实验室总电源关闭	找电工或老师解决	

知识链接

知识点　干燥操作的节能与安全

一、节能措施

由于干燥过程是将液态水汽化而除去湿分，需供给大量的汽化潜热，所以干燥是能量

消耗最大的单元操作之一。因此，必须设法提高干燥设备的能量利用率，以节约能源。目前，工业上常采取回收废气中部分热量、改变干燥操作条件等措施来节约能源。

（1）降低出口废气温度　一般来说，对流式干燥器的能耗主要由水分蒸发和废气带走两部分组成，因此，降低干燥器出口废气温度，既可提高干燥器热效率又可增加生产能力。但出口废气温度受两个因素限制：一是要保证产品湿含量（若出口废气温度过低，则干燥传热推动力变小，干燥效果变差，产品湿度增加，可能达不到要求的产品含水量）；二是废气进入旋风分离器或布袋过滤器时，要保证其温度高于露点 20～60℃，以防止已干燥产品发生"返潮"。

（2）利用废气余热　主要有两种方法，一是将部分废气循环回干燥器，从而提高干燥器的热效率。但废气循环量增大会使入口空气湿含量增加，干燥速率随之降低，使湿物料干燥时间增加而带来干燥装置设备费用的增加。因此，存在一个最佳废气循环量，一般的废气循环量为 20%～30%；二是采用间壁换热设备，利用废气中的余热来预热湿空气。这样空气湿度并没有增加，干燥时间也不会增长，但节省了加热蒸汽的消耗量。

（3）采用两级干燥法　采用两级干燥主要是为了提高产品质量和节能，适用于热敏性物料和易团聚的物质。牛奶干燥系统就是一个典型的实例，它是由喷雾干燥和振动流化床两级干燥组成的。

两级干燥的组合常见的有输送带式干燥和旋转快速干燥、桨叶式干燥和旋转快速干燥、桨叶式干燥和微粉干燥、双螺旋输送干燥和盘式干燥等。

（4）利用内换热器　在干燥器内设置内换热器，利用内换热器提供干燥所需的一部分热量，从而减少了干燥空气的流量。这种内换热器一般用于回转圆筒干燥器的蒸汽加热管、流化床干燥器内的蒸汽管式换热器等。

（5）采用过热蒸汽干燥　与空气相比，蒸汽具有较高的热容和较高的热导率，可使干燥器更为紧凑。如何有效利用干燥器排出的废蒸汽，是这项技术成功的关键。一般将废蒸汽用作工厂其他过程的工作蒸汽，或经再压缩或加热后重复利用。采用过热蒸汽干燥，可有效利用干燥器排出的废蒸汽，节约能源；减少产品氧化变质的隐患，可改善产品质量；干燥速率快，设备紧凑。但目前还存在一些不足：产品温度较高，工业使用经验有限等。

二、安全措施

工业干燥过程大都需要利用外加热源，而大部分被干燥的物料又具有可燃性，故干燥过程一般存在着爆炸和火灾等安全隐患。干燥过程的安全技术措施主要有：

① 维持系统可燃性物料浓度在可燃浓度范围以下；
② 保证系统氧浓度在安全浓度极限范围内；
③ 消除所有可能的着火源；
④ 用泄漏法将爆炸物泄漏等。

工业干燥过程中，应从设计、施工、生产、劳动组织等各个环节对干燥系统采取必要的安全技术措施和加强安全管理，以确保安全生产。

项目七

非均相混合物的分离

在化工生产中,常常需要将混合物分离。例如:原料常要经过提纯或净化之后才符合加工要求;生产中的废气、废液在排放以前,应将有害物质尽量除去,防止污染环境。为了实现分离目的,必须根据混合物性质的差异而采用不同的方法。总的来说,可以把混合物分为两大类,即均相混合物和非均相混合物。均相混合物的分离方法之前已经介绍,本项目讨论非均相混合物的分离方法。

教学目标

【知识目标】
① 掌握非均相物系用机械方法分离的原理、适用条件及主要设备;
② 理解重力沉降设备的生产能力与沉降面积、沉降高度的关系及沉降速度的计算方法;
③ 掌握过滤操作方法。

【技能目标】
① 能根据非均相物系的特性以及分离任务要求合理选择分离方法及设备;
② 能分析影响沉降过程和过滤效果的因素;
③ 能进行板框过滤机的基本操作,分析处理生产中的常见故障。

【素质目标】
① 培养敬业爱岗、严格遵守操作规程的职业素质;
② 培养团结协作、积极进取的团队合作精神;
③ 培养安全生产、环保节能的职业意识;
④ 培养独立思考、用于创新的科学态度及理论联系实际的思维方式。

任务一　非均相混合物分离设备的认识

非均相混合物包括气-固混合物（如含尘气体）、液-固混合物（如悬浮液）、液-液混合物（如互不相溶液体形成的乳浊液）、气-液混合物以及固体混合物等。这类混合物的特点是体系内部同时存在两种以上相态，相界面两侧的物质性质不相同，一般可以用机械方法实现分离。在进行分离操作之前要认识设备，了解其结构和工作原理。

知识点　非均相混合物的分离方法及设备

一、常见非均相物系分离的方法

以液-固混合物（即液体中含有分散的固体颗粒所形成的混合物）为例，将其中处于连续状态的液体称为连续相（或分散介质），处于分散状态的固体颗粒称为分散相（或分散物质）。工业生产中分离非均相物系的方法是设法造成分散相和连续相之间的相对运动，其分离规律遵循流体力学基本规律。因分离的依据和作用力的不同，非均相混合物的分离方法主要有以下几种：

（1）沉降分离法　利用连续相与分散相的密度差异，借助某种机械力的作用，使颗粒和流体发生相对运动而得以分离。根据机械力的不同，可分为重力沉降、离心沉降和惯性沉降。

（2）过滤分离法　利用两相对多孔介质穿透性的差异，在某种推动力的作用下，使非均相物系得以分离。根据推动力的不同，可分为重力过滤、加压（或真空）过滤和离心过滤。

（3）静电分离法　依据两相带电性的差异，在电场力的作用下进行分离的操作技术，如静电除尘。

（4）湿法分离法　依据两相在增湿剂或洗涤剂中接触阻留情况不同，使两相得以分离的操作技术，如文氏洗涤器、泡沫除尘器。

二、非均相物系分离在化工生产中的应用

非均相物系分离在生产中主要用在如下几个方面：

（1）满足后序生产工艺的要求　如合成氨生产中的煤气在进入气柜前，要通过洗气塔除去其中的粉尘；压缩机入口处安装油水分离器，以除去空气中的液滴或固体颗粒，避免杂质对气缸的冲击和磨损等。

（2）回收有价值的物质　如从炼油厂排放废水中回收油滴；从催化反应器排出的气体中回收利用价值较高的催化剂。

（3）分离非均相混合物，得到所要求的产品　如从聚氯乙烯母液中分离得到聚氯

乙烯。

（4）使某些单元操作正常、高效地进行　如板式精馏塔操作中，通过两板间的分离空间，使上升蒸汽中所夹带的液滴分离下来，减少液相返混，提高塔板效率。

（5）减少环境污染，保证生产安全　如某些工业废气、废液中有毒物质或固体颗粒在排放前必须加以处理，满足排放要求；某些含碳物质及金属细粉与空气易形成爆炸物必须加以除去，以消除爆炸隐患。

三、沉降设备

1. 重力沉降设备

（1）沉降槽

① 结构。从悬浮液中分离出清液而留下稠厚沉渣的重力沉降设备称为沉降槽，分连续和间歇两种，通常用于分离颗粒不是很小的悬浮液。间歇沉降槽通常用建筑材料砌成，用金属材料加工底部呈锥形的形状。生产中，将待处理的悬浮液放入间歇沉降槽中，静置一定时间后，沉降达到规定指标，抽出上层清液和下层稠厚的沉渣层，重复进行下一次操作。连续沉降槽是一种初步分离悬浮液的设备。图 7-1 是典型的连续沉降槽示意图，又称增稠器。它主要由一个大直径的浅槽、进料槽道与料井、转动机构与转耙组成。

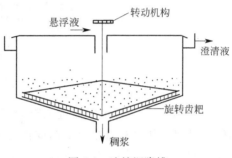

图 7-1　连续沉降槽

② 工作原理。操作时料浆通过进料槽道由位于中央的圆筒形料井送至液面以下 0.3～1m 处，分散到槽的横截面上。要求料浆尽可能分布均匀，引起的扰动小。料浆中的颗粒向下沉降，清夜向上流动，经槽顶四周的溢流堰流出。沉到槽底的颗粒沉渣由缓缓转动的齿耙拨向中心的卸料锥而后排出。槽中各部位的操作状态，即颗粒的浓度、沉降速度等不随时间而变。

强化沉降槽操作的方法是提高颗粒沉降速度。为加速分离常加入聚凝剂或絮凝剂使小颗粒相互结合成大颗粒。聚凝是通过加入电解质，改变颗粒表面的电性，使颗粒相互吸引而结合；絮凝则是加入高分子聚合物或高聚电解质，使颗粒互相团聚成絮状。常见的聚凝剂和絮凝剂有 $AlCl_3$、$FeCl_3$ 等无机电解质，聚丙烯酰胺、聚乙胺和淀粉等高分子聚合物。

③ 特点。沉降槽构造简单，生产能力大，劳动条件好，但设备庞大，占地面积大，稠浆的处理量大，一般用于大流量、低浓度、较粗颗粒悬浮液的处理。工业上大多数污水处理都采用连续沉降槽。

（2）多层降尘室

① 结构。多层隔板式降尘室是处理气固相混合物的设备，其结构见图 7-2。在砖砌的降尘室中放置很多水平隔板，隔板间距通常为 40～100mm，目的是减小灰尘的沉降高度，以缩短沉降时间，同时增大单位体积沉降器的沉降面积，即增大了沉降器的生产能力。

② 工作原理。操作时含尘气体经气体分配道进入隔板缝隙，进出口气量可通过流量调节阀调节；洁净气体自隔板出口经气体聚集道汇集后再由出口气道排出，流动中颗粒沉降至隔板的表面，经过一定操作时间后，从除尘口将灰尘除去。为了保证连续生产，可将

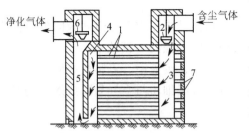

图 7-2 多层隔板式降尘室
1—隔板；2,6—调节阀；3—气体分配道；
4—气体集聚道；5—气道；7—出灰口

两个降尘室并联安装，操作时交替使用。

③ 特点。降尘室具有结构简单、操作成本低廉、对气流的阻力小、动力消耗少等优点，缺点是体积及占地面积较为庞大，分离效率低，适于分离重相颗粒直径在 $75\mu m$ 以上的气-固非均相混合物。

（3）降尘气道

① 结构。降尘气道也是用以分离气-固非均相物系的重力沉降设备，常用于含尘气体的预分离。结构如图 7-3 所示，其外形呈扁平状，下部设集灰斗，内设折流挡板。

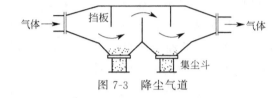

图 7-3 降尘气道

② 工作原理。含尘气体进入降尘气道后，因流道截面扩大而流速减小，增加了气体的停留时间，使尘粒有足够的时间沉降到集尘斗内，即可达到分离要求。气道中折流挡板的作用有两个：第一增加了气体在气道中的行程，从而延长气体在设备中的停留时间；第二对气流形成干扰，使部分尘粒与挡板发生碰撞后失去动能，直接落入器底或集尘斗内。

③ 特点。降尘气道构造简单，可直接安装在气体管道上，所以无需专门的操作，但分离效率不高。

2. 离心沉降设备

（1）旋风分离器　旋风分离器是工业生产中使用很广的除尘设备。它利用离心沉降原理从气流中分离颗粒，一般用来除去气体中粒径 $5\mu m$ 以上的颗粒。其主要性能指标是临界粒径与气体通过旋风分离器的压降。

① 结构。旋风分离器的基本结构如图 7-4 所示。主体上部为圆筒，下部为圆锥筒；顶部侧面为切线方向的矩形进口，上面中心为气体出口，排气管下口低于进气管下沿；底部集尘斗处要密封。

② 工作原理。含尘气体以 20~30m/s 的流速从进气管沿切向进入旋风分离器，受圆筒壁的约束旋转，做向下的螺旋运动（外旋流），到底部后，由于底部没有出口且直径较小，使气流以较小的旋转直径向上做螺旋运动（内旋流），最终从顶部排出。含尘气体做螺旋运动的过程中，在离心力的作用下，尘粒被甩向壁面，碰壁以后，沿壁滑落，直接进入集尘斗。

实际上气体在旋风分离器中的流动是十分复杂的，内外旋流并没有分明的界线，在外旋流旋转向下的过程中不断有部分

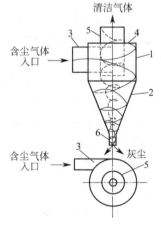

图 7-4 旋风分离器
1—外壳；2—锥形底；
3—气体入口道；4—上盖；
5—气体出口管；6—除尘管

气体转入内旋流。此外，进气的气流中有小部分沿筒体内壁旋转向上，达到上顶盖后转而沿中心气体出口管旋转向下，到达出口管下端后随上升的内旋流流出。中心上升的内旋流称为"气芯"，向上的轴向速度很大。中心部分为低压区，是旋流设备的一个特点，若中心低压区变为负压，则有可能从出灰口漏入空气而将分离下来的粉尘重新扬起。

③ 特点。旋风分离器的结构简单，操作不受温度和压力的限制，分离效率可以高达70%～90%，可以分离出小到 $5\mu m$ 的颗粒，对 $5\mu m$ 以下的细微颗粒分离效率较低，可用后接袋滤器或湿法除尘器的方法来捕集。其缺点是气体在器内的流动阻力较大，对器壁的磨损较严重，分离效率对气体流量的变化较为敏感等。

(2) 旋液分离器

① 结构。旋液分离器又称水力旋流器，是利用离心沉降原理从悬浮液中分离固体颗粒的设备，它与旋风分离器结构相似，原理相同，设备主体也是由圆筒和圆锥两部分组成的，如图 7-5 所示。但由于分离对象不同，旋液分离器分离的混合物中两相密度差较旋风分离器中两相密度差小，因此，沉降的推动力小，所以为提高停留时间和分离效率，其锥形部分相对较长，直径相对较小。

② 工作原理。悬浮液经入口管沿切向进入圆筒，向下做螺旋形运动，固体颗粒受惯性离心力作用被甩向器壁，随下旋流降至锥底的出口，由底部排出的增浓液称为底流；清液或含有微细颗粒的液体则成为上升的内旋流，从顶部的中心管排出，称为溢流。内旋流中心有一个处于负压的气柱。气柱中的气体是由悬浮液中释放出来的，或者是由溢流管口暴露于大气中时而将空气吸入器内的。

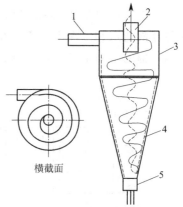

图 7-5 旋液分离器
1—进料管；2—溢流管；3—圆管；
4—锥管；5—底流管

③ 特点。旋液分离器不仅可用于悬浮液的增浓，也可用于分级方面，还可用于不互溶液体的分离、气液分离以及传热、传质和雾化等操作，因而广泛应用于多种工业领域中。

四、过滤设备

工业上应用最广的过滤设备是以压差为推动力的过滤机，典型的有压滤机、叶滤机和转筒真空过滤机等。

1. 板框压滤机

(1) 结构　压滤机以板框式最为普遍，是一种间歇操作的过滤机。其结构是由许多块正方形的滤板与滤框交替排列组合而成的，板和框之间装有滤布，滤板与滤框靠支耳架在一对横梁上，并用一端的压紧装置将它们压紧，组装后的外形图如图 7-6 所示。滤板和滤框可用铸铁、碳钢、不锈钢、铝、塑料、木材等制造。我国制定的板框压滤机系列规格：框的厚度为 25～50mm，框每边长 320～1000mm，框数可从几个到 60 个，随生产能力而定。板框压滤机的操作压力一般为 0.3～0.5MPa，最高可达 1.5MPa。

滤板和滤框的结构见图 7-7。滤板侧面设有凸凹纹路，凸出部分支撑滤布，凹处形成的沟为滤液流道；上方两侧角上分别设有两个孔，组装后形成悬浮液通道和洗涤水通道；

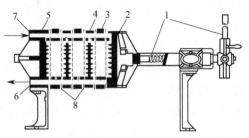

图 7-6 板框压滤机

1—压紧装置；2—可动头；3—滤框；4—滤板；
5—固定头；6—滤液出口；7—滤浆出口；8—滤布

下方设有滤液出口。滤板有过滤板和洗涤板之分，洗涤板的洗涤水通道上设有暗孔，洗涤水进入通道后由暗孔流到两侧框内洗涤滤饼。滤框上方角上开有与板同样的孔，组装后形成悬浮液通道和洗涤水通道；在悬浮液通道上设有暗孔，使悬浮液进入通道后由暗孔流到框内；框的中间是空的，两侧装上滤布后形成累积滤饼的空间。

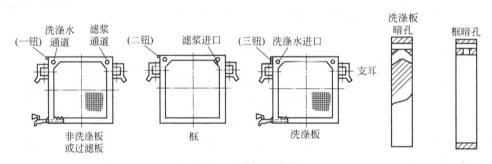

图 7-7 滤板和滤框

在滤板和滤框外侧铸有小钮或其他标志，便于组装时按顺序排列。滤板中的非洗涤板为一钮板，洗涤板为三钮板，而滤框则是二钮板，滤板与滤框装合时，按钮数以 1-2-3-2-1-2…的顺序排列。

（2）工作原理　板框压滤机为间歇操作，每个操作循环由装合、过滤、洗涤、卸饼、清理 5 个阶段组成。板框装合完毕，开始过滤，悬浮液在指定压力下经滤浆通路由滤框角上的暗孔并行进入各个滤框，见图 7-8(a)，滤液分别穿过滤框两侧的滤布，沿滤板板面的沟道至滤液出口排出。颗粒被滤布截留而沉积在框内，待滤饼充满全框后，停止过滤。当工艺要求对滤饼进行洗涤时，先将洗涤板上的滤液出口关闭，洗涤水经洗水通路从洗涤板角上的暗孔并行进入各个洗涤板的两侧，见图 7-8(b)。洗涤水在压差的推动下先穿过一层滤布及整个框厚的滤饼，然后再穿过一层滤布，最后沿滤板（一钮板）板面沟道至滤液出口排出。这种洗涤方法称为横穿洗涤法，它的特点是洗涤水穿过的途径正好是过滤终了时滤液穿过途径的两倍。洗涤结束后，旋开压紧装置，将板框拉开卸出滤饼，然后清洗滤布，整理板框，重新装合，进行下一个循环。

（3）特点　板框压滤机的优点是结构简单，过滤面积大且占地面积小，操作压力高，滤饼含水少，对各种物料的适应能力强，缺点在于操作不是连续的、自动的，所费的劳动力多且劳动强度大，适用于中小规模的生产及有特殊要求的场合。

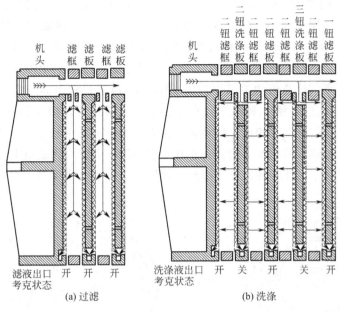

图 7-8 板框压滤机内液体流动路径图

近年来大型板框压滤机的自动化和机械化的发展很快，滤板和滤框可由液压装置自动压紧或拉开，全部滤布连成传送带式，运转时可将滤饼从框中带出使之受重力作用而自行落下。

2. 叶滤机

（1）结构　加压叶滤机是在板框压滤机的基础上改进的一种产品。图 7-9 所示的加压叶滤机是由许多不同宽度的长方形滤叶装合而成的。滤叶由金属多孔板或金属网制造，内部具有空间，外罩滤布。过滤时滤叶安装在能承受内压的密闭机壳内。滤浆用泵压送到机壳内，滤液穿过滤布进入滤叶的空腔内，汇集至总管后排出机外，颗粒则沉积于滤布外侧形成滤饼。滤饼的厚度通常为 5～35mm，视滤浆性质及操作情况而定。

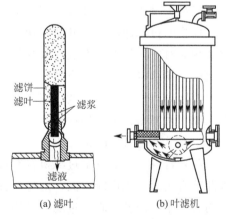

图 7-9 加压叶滤机示意图

（2）工作原理　叶滤机也是间歇操作设备。悬浮液从叶滤机顶部进入，在压力作用下液体透过叶上的滤布，通过分配花板从底部排出，固体颗粒被截留在滤叶外部，当滤叶上滤饼的厚度达到一定时，停止过滤，若需要洗涤，则进洗涤水直接洗涤，最后拆开卸料。

（3）特点　叶滤机设备紧凑，密闭操作，劳动条件较好，每次循环滤布不需装卸，劳动力较省；缺点是更换滤布较困难，有的叶滤机结构比较复杂。

3. 转筒真空过滤机

为了克服过滤机间歇操作带来的问题，开发了各种形式的连续过滤设备，其中以转鼓真空过滤机应用最广。

(1) 结构　如图 7-10 所示，其主体部分是一个卧式转筒，直径为 0.3～5m，长为 0.3～7m，表面有一层金属网，网上覆盖滤布，筒的下部浸入料浆中。转筒沿径向分成若干个互不相通的扇形格，每个扇形格端面上的小孔与分配头相通。凭借分配头的作用，转筒在旋转一周的过程中，每个扇形格可按顺序完成过滤、洗涤、卸渣等操作。

分配头是转筒真空过滤机的关键部件，如图 7-11 所示，它由固定盘和转动盘构成，固定盘开有 5 个槽（或孔），槽 1 和槽 2 分别与真空滤液罐相通，槽 3 和真空洗涤液罐相通，孔 4 和孔 5 分别与压缩空气管相连。转动盘固定在转筒上与其一起旋转，其孔数、孔径均与转筒端面的小孔相对应，转动盘上的任一小孔旋转一周，都将与固定盘上的五个槽（孔）连通一次，从而完成过滤、洗涤和卸渣等操作。固定盘与转动盘借弹簧压力紧密贴合。

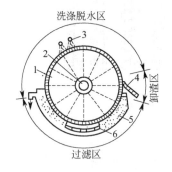
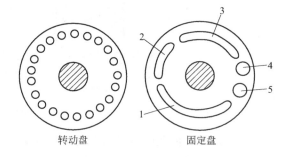

图 7-10　转筒真空过滤机操作示意图　　　　图 7-11　分配头示意图
1—转筒；2—分配头；3—洗涤液喷嘴；　　　1，2—与真空滤液罐相通的槽；3—与真空洗涤液罐
4—刮刀；5—滤浆槽；6—摆式搅拌器　　　　　　相通的槽；4，5—与压缩空气相通的圆孔

(2) 工作原理　当转筒中的某一扇形格转入滤浆中时，与之相通的转动盘上的小孔也与固定盘上槽 1 相通，在真空状态下抽吸滤液，滤布外侧则形成滤饼；当转至与槽 2 相通时，该格的过滤面已经离开滤浆槽，槽 2 的作用是将滤饼中的滤液进一步吸出；当转至与槽 3 相通时，该格上方有洗涤液喷淋在滤饼上，并由槽 3 抽吸至洗涤液罐。当转至与孔 4 相通时，压缩空气将由内向外吹松滤饼，迫使滤饼与滤布分离，随后由刮刀将滤饼刮下，刮刀与转筒表面的距离可调；当转至与孔 5 相通时，压缩空气吹落滤布上的颗粒，疏通滤布孔隙，使滤布再生，然后进入下一周期的操作。操作中，形成滤饼层的厚度通常为 3～6mm，最大可达 100mm。

(3) 特点　转筒真空过滤机具有操作连续化、自动化、允许料液浓度变化大等特点，因此节省人力，生产能力大，适应性强，在化工、医药、制碱、造纸、制糖、采矿等工业中均有应用。但转筒真空过滤机结构复杂，过滤面积不大，洗涤不充分，滤饼含液量较高（10%～30%），能耗高，不适宜处理高温悬浮液。

五、离心机

离心机是利用离心力分离液态非均相物系的设备。离心分离可以分离出用一般沉降或过滤方法不能分离的液体混合物或气体混合物，而且其离心分离速率也较大，例如悬浮液用过滤方式处理若需 1h，用离心分离只需几分钟，而且可以得到比较干的固体渣。

离心机的主要部件是一个载着物料、高速旋转的转鼓。利用高速旋转的转鼓所产生的离心力,可将悬浮液中的固体微粒沉降或过滤而除去,或使乳浊液中两种密度不同的液体分离。

按分离方式的不同,离心机可以分为以下几种:

(1) 沉降式离心机　加料管将含固体微粒的悬浮液(通常含颗粒很小且浓度不大)连续引到转鼓底部,使其在鼓内自下而上流动。当悬浮液中某一颗粒沉降到达鼓内壁所需的时间,小于它从底部上升到转鼓顶部所需的时间(即它在鼓内的停留时间),则此颗粒便能从液体中分离出来,否则将随液体溢流而出。当颗粒层在鼓壁上达到一定厚度之后将其取出,清液则从鼓的上方开口溢流而出。

(2) 过滤式离心机　鼓壁上开孔,覆以滤布,悬浮液注入其中随之旋转。液体受离心力后穿过滤布及壁上的小孔排出,而固体颗粒则截留在滤布上。

(3) 分离式离心机　用于乳浊液的分离。非均相液体混合物被转鼓带动旋转时,密度大的液体趋向器壁运动,密度小的液体集于中央,分别从靠近外周及近中央的溢流口流出。

离心机按结构分,主要有三足式、管式、刮刀卸料式、碟片式、活塞推料式。

下面介绍三足式离心机的结构、原理及特点。

(1) 结构　三足式离心机分成上部卸料和下部卸料两大类,图 7-12 所示的为上部卸料的三足式离心机的结构。三足式离心机的轴短而粗,鼓底向上凸出,使转鼓重心靠近上轴承,这不仅使整机高度降低以便操作,而且使转轴回转系统的临界转速远高于离心机的工作转速,减小振动,并由于支撑摆杆的挠性较大,使整个悬吊系统的固有频率远低于转鼓的转动频率,增大了减振效果。

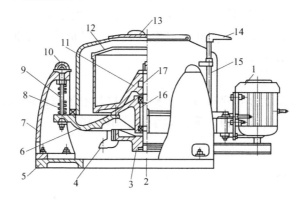

图 7-12　上部卸料的三足离心机

1—电动机;2—三角皮带轮;3—制动轮;4—滤液出口;5—机座;
6—底盘;7—支柱;8—缓冲弹簧;9—摆杆;10—转鼓;11—转鼓底;
12—拦液板;13—机盖;14—制动器;15—外壳;16—轴承座;17—主轴

(2) 工作原理　操作时,在转鼓中加入待过滤的悬浮液,在离心力的作用下,滤液透过滤布和转鼓上的小孔进入外壳,然后再引至出口,固体则被截留在滤布上称为滤饼。待过滤了一定量的悬浮液,滤饼已积到一定厚度后,就停止加料。如需要洗涤滤饼或干燥滤饼,则应使转鼓再继续转动,待洗涤或干燥完毕再停车。

(3) 特点　三足式离心机是过滤离心机中应用最广泛、适应性最好的一种设备,可用于分离固体从 10μm 的小颗粒至数毫米的大颗粒,甚至纤维状或成件的物料。

三足式离心机具有结构简单、操作平稳、占地面积小等优点,适用于过滤周期较长、处理量不大、滤渣要求含液量较低的生产过程,可根据滤渣湿含量的要求灵活控制过滤时间,所以广泛用于小批量、多品种物料的分离。但由于这种离心机需从上部人工卸除滤饼,劳动强度大;且离心机的转动机构和轴承等都在机身下部,操作检修均不方便;易因液体漏入轴承而使其受到腐蚀。

六、气体的其他净制方法及设备

气体的净制是化工生产过程中最为常见的分离操作之一。由于要求不一,工业上可采用多种方法,比如前面的沉降操作,还有惯性除尘、湿法除尘及袋滤除尘、静电除尘等分离方法。

1. 惯性除尘器

(1) 工作原理 惯性分离器又称动量分离器,是利用夹带于气流中的颗粒或液滴的惯性而实现分离的。在气体流动的路径上设置障碍物,气流绕过障碍物时发生突然的转折,颗粒或液滴便撞击在障碍物上被捕集下来。图 7-13 是一惯性分离器组,在其中每一容器内,气流中的颗粒撞击挡板后落入底部。容器中的气速必须控制适当,使之既能有效地分离,又不致重新卷起已沉落的颗粒。

(2) 特点 惯性分离器与旋风分离器的原理相近,颗粒的惯性愈大,气流转折的曲率半径愈小,则其效率愈高。所以颗粒的密度及直径愈大,则愈易分离;适当增大气流速度及减少转折处的曲率半径也有助于提高效率。一般说来,惯性分离器的效率比降尘室的略高,能有效地捕集 10μm 以上的颗粒,压力降在 100~1000Pa,可作为预除尘器使用。

为增强分离效果,惯性分离器内也可充填疏松的纤维状物质以代替刚性挡板。在此情况下,沉降作用、惯性作用及过滤作用都产生一定的分离效果。若以黏性液体润湿填充物,则分离效果还可提高。工业生产中惯性分离器的常见形式有多种,如蒸发器及塔器顶部的折流式除沫器、冲击式除沫器等。

2. 湿法分离法

湿法分离法是使气固混合物穿过液体,固体颗粒黏附于液体而被分离出来。工业上常用的此类分离设备有文氏管洗涤器、泡沫除尘器、湍球塔等。

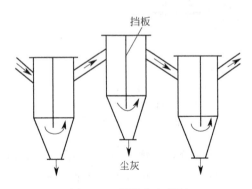

图 7-13 惯性分离器组

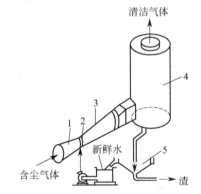

图 7-14 文丘里除尘器
1—收缩管;2—有孔的喉管;3—扩散管;
4—旋风分离器;5—沉降槽

文丘里除尘器是一种湿法除尘设备。其主体由收缩管、有孔的喉管及扩散管三段连接而成。液体由喉管外围的环形夹套经若干径向小孔引入。含尘气体以 50~100m/s 的高速通过喉管时把液体喷成很细的雾滴,促使尘粒润湿而聚结长大,随后气流引入旋风分离器或其他分离设备，达到较高的净化程度，如图 7-14 所示。收缩管的中心角一般不大于 25°，扩散管中心角常在 7°左右。液相用量一般为气体体积流量的千分之一左右。

文丘里除尘器具有结构简单紧凑、造价较低、操作简便等特点，分离也比较彻底。但其阻力较大，其压力降一般为 2000~5000Pa，必须与其他分离设备联合使用，产生的废液也必须妥善处理。

3. 袋滤器

（1）结构　袋滤器是利用含尘气体穿过做成袋状而由骨架支撑起来的滤布，以滤除气体中尘粒的设备。袋滤器的形式有多种，含尘气体可以从滤袋由内向外过滤，也可以由外向内过滤。图 7-15 为脉冲式袋滤器的结构示意图。含尘气体由下部进入袋滤器，气体由外向内穿过支撑于骨架上的滤袋，洁净气体汇集于上部由出口管排出，尘粒被截留于滤袋外表面。清灰操作时，开启压缩空气以反吹系统，使尘粒落入灰斗。

（2）特点　袋滤器具有除尘效率高、适应性强、操作弹性大等优点，可除去 1μm 以下的尘粒，常用作最后一级的除尘设备。但占用空间较大，受滤布耐温、耐腐蚀的限制，不适宜于高温（＞300℃）气体，也不适宜带电荷的尘粒和黏结性、吸湿性强的尘粒的捕集。

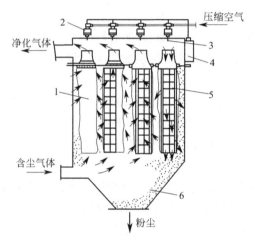

图 7-15　脉冲式袋滤器
1—滤袋；2—电磁阀；3—喷嘴；
4—自控器；5—骨架；6—灰斗

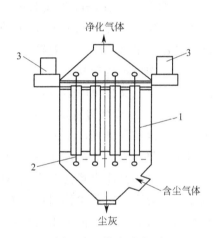

图 7-16　静电除尘器
1—收尘电极；2—放电电极；3—绝缘箱

4. 静电分离法

静电分离法是利用两相带电性的差异，借助于电场的作用，使两相得以分离的方法。属于此类操作的有电除尘、电除雾等。以电除尘器为例介绍静电分离法的工作原理。

（1）工作原理　含有悬浮尘粒或雾滴的气体通过金属电极间的高压直流静电场，使气体发生电离；在电离过程中，产生的离子碰撞并附着于悬浮尘粒或雾滴上使之带电；带电的粒子或液滴在电场力的作用下向着与其电性相反的收尘电极运动并吸附于电极上而恢复中性。吸附在电极上的尘粒或液滴在振动或冲洗电极时落入灰斗，从而实现对含尘或含雾气的分离。如图 7-16 所示的为具有管状收尘电极的静电除尘器。

（2）特点　静电除尘器能有效地捕集 0.1μm 甚至更小的烟尘或雾滴，分离效率可高达 99.99%，阻力较小，气体处理量可以很大，低温操作时性能良好，也可用于 500℃ 左右的高温气体除尘。缺点是设备和运转费都较高，安装、维护、管理要求严格。

七、分离方法和设备的选用

非均相物系的分离是化工生产中常见的单元操作，既要能够满足生产工艺提出的分离要求，又要考虑经济合理性。因此，选择适宜的分离方法和分离设备是达到较高分离效率的关键。

1. 气-固分离

气-固分离需要处理的固体颗粒直径通常有一个分布，一般可采用如下分离过程。

① 利用重力沉降除去粒径在 $50\mu m$ 以上的粗大颗粒。因为重力沉降设备的投资及操作费用均低，颗粒直径、浓度越大，除尘效率越高，常用于含尘气体的预分离，以降低颗粒浓度，有利于后续分离过程的进行。

② 利用旋风分离器除去 $5\mu m$ 以上的颗粒。旋风分离器具有结构简单、价格低廉、操作简便、生产能力与分离能力均较高的优点，缺点是阻力损失较大、动力消耗大。设计适当时，除尘效率可达 90% 以上，但对 $5\mu m$ 以下颗粒的分离效率仍较低，适用于中等捕集要求及非黏性、非纤维状固体的除尘操作。

③ 利用袋滤器、湿法除尘或电除尘器除去 $5\mu m$ 以下的颗粒。

袋滤器可除去粒径在 $0.1\mu m$ 以上的颗粒，常用于气体的高度净化和回收干粉，造价低于电除尘器，维修方便。主要缺点是不适于黏附性强及吸湿性强的粉尘，设备尺寸及占地面积大，操作成本也较高。

湿法除尘器以文丘里除尘器最为典型，可除去粒径在 $1\mu m$ 以上的颗粒，除尘效率可高达 95%～99%，其结构简单、操作及维修方便，适于处理各种非黏性、非水硬性的粉尘。主要缺点是需要处理产生的污水，回收固体比较困难，并需采用捕沫器清除净化气中夹带的雾沫，气体阻力大，操作费用较高。

电除尘器利用高压电场使含尘气体电离，带电后的尘粒在电场力作用下沉降于电极表面，从而实现分离。电除尘器可除去粒径在 $0.01\mu m$ 以上的颗粒，效率高，处理能力大，可用于高温场合。气体的流动阻力小，操作费用低，但投资大，要求粉尘电阻率在 10^4～$10^{11}\Omega \cdot cm$ 之间，主要用于对气体纯度要求特别高的场合。

2. 液-固分离

液-固分离的目的主要是：①获得固体颗粒产品；②澄清液体。对液-固混合物系，要同时考虑分离目的、颗粒粒径分布、固体浓度（含量）等因素。

(1) 以获得固体颗粒产品为分离目的

固体颗粒的粒径大于 $50\mu m$，可采用过滤离心机，分离效果好，滤饼含液量低；粒径小于 $50\mu m$ 的宜采用压差过滤设备。

固体浓度小于 1%（体积分数，下同）时，可采用连续沉降槽、旋液分离器、沉降离心机浓缩；固体浓度为 1%～10%，可采用板框压滤机；固体浓度为 10%～50%，可采用离心机；固体浓度在 50% 以上，可采用真空过滤机。

(2) 以澄清液体为分离目的

利用连续沉降槽、过滤机、过滤离心机或沉降离心机分离不同粒径的颗粒，还可加入絮凝剂或助滤剂。如螺旋沉降离心机可除去 $10\mu m$ 以上的颗粒；预涂层的板框式压滤机可除去 $5\mu m$ 以上的颗粒；管式分离机可除去 $1\mu m$ 左右的颗粒。当澄清要求非常高时，可在以上分离操作的最后采用深层过滤。

以上提到的各类数据仅是一种参考值，由于生产过程中分离的影响因素极其复杂，通常要根据工程经验或通过中间试验，判断一个新系统的适用设备与适宜的分离操作方法。

任务二　恒压条件下过滤速率的测定

过滤过程是将悬浮液送至过滤介质的一侧，在其上维持比另一侧较高的压力，液体通过介质成为滤液，固体粒子则被截流逐渐形成滤饼。过滤速率由过滤压强差及过滤阻力决定。过滤阻力由滤布和滤饼两部分组成。因为滤饼厚度随着时间而增加，所以恒压过滤速率随着时间而降低。下面在恒压条件下测定过滤速率，理解过滤原理及操作方法，并对操作曲线做出分析。

一、工艺流程

本任务的工艺流程如图 7-17 所示。

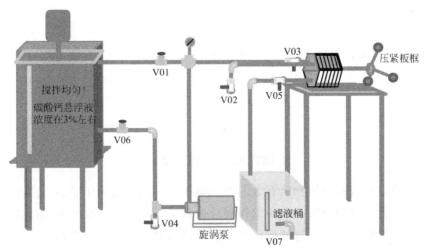

代码	名称	代码	名称
V01	回流阀	V05	过滤出口阀
V02	洗涤水排出阀	V06	旋涡泵前阀
V03	过滤入口阀	V07	滤液桶排水阀
V04	洗涤水上水阀		

图 7-17　恒压过滤流程图

二、操作规程

① 在"参数设置及数据记录"中，选择当前实验温度过滤的板框数，点"记录参数"按钮记录。

② 打开总电源开关、搅拌器开关，启动搅拌器，调节搅拌器频率大于500r/min，搅拌碳酸钙。

③ 打开旋涡泵前阀V06和旋涡泵电源开关。

④ 全开V01，建立回流。点击泵后观察压力表示数，等待指针稳定。

⑤ 压力表稳定后，打开过滤入口阀V03，点"压紧板框"按钮，打开过滤出口阀V05。

⑥ 待滤液流出时，在"参数设置及数据记录"中，用秒表开始记录时间，流出一定体积滤液记录一次数据，即记录时间和计量桶内液面高度，一般液面每上升10cm记录一次。

⑦ 当滤液迅速减小，每秒滤液量接近0时停止计时，并立即关闭过滤入口阀V03。一般以记录8~10组数据为宜。

⑧ 全开阀门V01的开度，使压力表的压力下降。

⑨ 点过滤机的卸渣清洗按钮，卸下过滤框内的滤饼并放回滤浆槽内，将滤布清洗干净。放出计量桶内的滤液并倒回槽内，保证滤浆浓度恒定。

⑩ 调节阀门V01的开度，改变过滤压力。重复步骤5~10，做几组平行实验。

⑪ 实验结束后，阀门V04接上自来水，阀门V02接下水，打开阀门V04和V02，关闭阀门V01。对泵及滤浆进出口管进行冲洗。

① 能严格按照操作步骤来完成干燥操作；

② 能准确地记录数据，并对结论进行合理分析。

知识点一　过　滤

过滤是分离悬浮液最常用和最有效的单元操作之一。它是利用重力、离心力或压力差使悬浮液通过多孔性过滤介质，其中固体颗粒被截留，滤液穿过介质流出以达到固液混合物的分离。与沉降分离相比，过滤操作可使悬浮液的分离更迅速、更彻底。

一、基本概念

1. 过滤过程与过滤介质

如图7-18所示，在过滤操作中，待分离的悬浮液称为滤浆或料浆，被截留下来的固体集合称为滤渣或滤饼，透过固体隔层的液体称为滤液，所用多孔性物质称为过滤介质。常用的过滤介质主要有以下几类：

(1) 织物介质　又称滤布，包括由天然或合成的纤维或玻璃丝、金属丝制成的织物。织物介质薄，阻力小，清洗与更新方便，价格比较便宜，是工业上应用最广的过滤介质。

(2) 多孔固体介质　如素烧陶瓷、烧结金属（或玻璃）、塑料细粉粘成的多孔塑料。这类介质较厚，孔道细，阻力较大，能截留 $1\sim3\mu m$ 的微小颗粒。

(3) 堆积介质　由各种固体颗粒（砂、木炭、石棉粉等）或非编织的纤维（玻璃棉等）堆积而成，层较厚。

(4) 多孔膜　由高分子材料制成，膜很薄（几十微米到 $200\mu m$），孔很小，可以分离小到 $0.005\mu m$ 的颗粒。

良好的过滤介质除能达到所需的分离要求外，还应具有足够的机械强度、较小的流动阻力、耐腐蚀性及耐热性等。

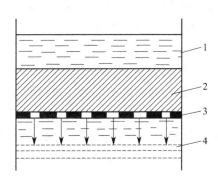

图 7-18　过滤操作示意图
1—料浆；2—滤渣；3—过滤介质；4—滤液

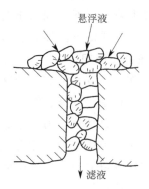

图 7-19　"架桥"现象

2. 过滤方式

过滤方式有两种，滤饼过滤（又称表面过滤）和深层过滤。

(1) 滤饼过滤　利用滤饼本身作为过滤隔层的一种过滤方式。由于滤浆中固体颗粒的大小往往很不一致，在过滤开始阶段，会有一部分细小颗粒从介质孔道中通过而使得滤液混浊，但会有部分颗粒在介质孔道中发生"架桥"现象（如图 7-19 所示），随着颗粒的逐步堆积，形成了滤饼，同时滤液也慢慢变得澄清。因此，在过滤中，起主要过滤作用的是滤饼而不是过滤介质。

(2) 深层过滤　深层过滤时，固体颗粒不形成滤饼而是被截留在较厚的过滤介质空隙内，常用于处理量大而悬浮液中颗粒小、固体含量低（体积分数小于 0.001）且颗粒直径较小（小于 $5\mu m$）的情况。

3. 助滤剂

随着过滤操作的进行，饼层厚度和流动阻力都逐渐增加。不同特性的颗粒，流动阻力也不同。若悬浮液中的颗粒具有一定的刚性，当滤饼两侧压力差增大时，所形成的滤饼空隙率不会发生明显改变，这种滤饼称为不可压缩滤饼；而非刚性颗粒形成的滤饼在压力差作用下会压缩变形，称为可压缩滤饼。

为了减少可压缩滤饼的阻力，可使用助滤剂改变滤饼结构，增加滤饼的刚性，提高过滤速率。对助滤剂的基本要求为：①具有较好的刚性，能与滤渣形成多孔床层，使滤饼具有良好的渗透性和较低的流动阻力；②具有良好的化学稳定性，不与悬浮液反应，也不溶解于液相中。助滤剂一般不宜用于滤饼需要回收的过滤过程。常见的助滤剂有硅藻土、珍珠岩、炭粉、纤维素等。

4. 过滤的推动力

过滤过程的推动力可以是重力、离心力或压力差。在实际过滤操作过程中，以压力差和离心力为推动力的过滤操作比较常见。

依靠重力为推动力的过滤称为重力过滤。重力过滤的过滤速度慢，仅适用于小规模、大颗粒、含量少的悬浮液过滤。依靠离心力为推动力的过滤称为离心过滤。离心过滤速度快，但受到过滤介质强度及其孔径的制约，设备投资和动力消耗也比较大，多用于固相颗粒粒度大、浓度高、液体含量较少的悬浮液。

在滤饼上游和滤液出口之间造成压力差而形成过滤推动力的过滤称为压差过滤，可分为加压过滤和真空吸滤。如果压差是通过在介质上游加压形成的，则称为加压过滤；如果压差是在过滤介质的下游抽真空形成的，则称为减压过滤（或真空抽滤）。

5. 过滤操作周期

过滤操作分连续和间歇两种操作方式，但都存在操作周期问题。过滤过程的一个操作周期主要包括过滤、洗涤、卸渣、清理等步骤。对于板框过滤机等需装拆的过滤设备，还包括组装过程。显然核心为"过滤"这一步，其余均属辅助步骤，但又必不可少。比如，过滤后，滤饼空隙中残留一定量滤液，为了回收这部分滤液，或者避免滤饼被滤液所沾污，必须将这部分滤液从滤饼中分离出来，因此就需要用水或其他溶剂对滤饼进行洗涤。过滤操作中，应尽量缩短过滤辅助时间，以提高生产效率。

二、恒压过滤

单位时间内过滤的滤液体积称为过滤速率，单位为 m³/s。单位过滤面积的过滤速率称为过滤速度，单位为 m/s。

恒压过滤时，滤液体积与过滤时间的关系为：

$$V^2 + 2VV_e = KA^2\tau \tag{7-1}$$

令 $q = V/A$、$q_e = V_e/A$

则恒压过滤方程改写为：

$$q^2 + 2qq_e = K\tau \tag{7-2}$$

式中　q——单位过滤面积获得的滤液体积，m³/m²；

q_e——过滤常数，m³/m²；

V——生成厚度为 L 的滤饼所获得的滤液体积，m³；

V_e——过滤介质的当量滤液体积，m³；

τ——过滤时间，s；

K——过滤常数（可由实验测得）m²/s；

A——过滤面积，m²。

三、影响过滤速率的因素

1. 悬浮液黏度的影响

黏度越小，过滤速率越快。因此对热料浆不应再冷却后再过滤，必要时还可将料浆先适当预热;由于料浆浓度越大,其黏度也越大,为了降低滤浆的黏度,某些情况下也可以将料浆加以稀释再进行过滤。

2. 过滤推动力的影响

重力过滤设备简单,但推动力小,过滤速率慢,一般仅用来处理固体含量少且容易过滤的悬浮液;加压过滤可获得较大的推动力,过滤速率快,并可根据需要控制压差大小。但压差越大,对设备的密封性和强度要求越高,即使设备强度允许,也还受到滤布强度、滤饼的压缩性等因素的限制,因此加压操作的压力不能太大,以不超过 0.5MPa 为宜。真空过滤也能获得较大的过滤速率,但操作的真空度受到液体沸点等因素的限制,不能过高,一般在 85kPa 以下。离心过滤的过滤速率快,但设备复杂,投资费用和动力消耗都较大,多用于颗粒粒度相对较大、液体含量较少的悬浮液的分离。一般说来,对不可压缩滤饼,增大推动力可提高过滤速率,但对可压缩滤饼,加压却不能有效地提高过滤的速率。

3. 滤饼的影响

滤饼是过滤阻力的重要贡献者,构成滤饼的颗粒的形状、大小、滤饼紧密度和厚度等都对过滤阻力有较大影响。显然,颗粒越细,滤饼越紧密、越厚,其阻力越大。当滤饼厚度增大到一定程度,过滤速率会变得很慢,操作再进行下去是不经济的,这时只有将滤饼卸去,进行下一个周期的操作。操作中,设法维持较薄的滤饼厚度对提高过滤速率是十分重要的。

4. 过滤介质的影响

过滤介质的孔隙越小,厚度越厚,则产生的阻力越大,过滤速率越小。由于过滤介质的主要作用是促进滤饼的形成,因此要根据悬浮液中颗粒的大小来选择合适的过滤介质。

知识点二 其他分离方法——沉降

沉降是指在某种外力作用下,使密度不同的两相发生相对运动从而实现分离的操作过程。根据所受外力的不同,沉降可分为重力沉降和离心沉降。

1. 重力沉降

(1) 球形颗粒的自由沉降 单个颗粒在无限大流体(容器直径大于颗粒直径 d 的 100 倍以上)中的降落过程,称为自由沉降。

球形颗粒置于静止的流体中,在颗粒密度 ρ_s 大于流体密度 ρ 时,颗粒将在流体中沉降,此时颗粒受到的三个力的作用,即重力 F_g(质量力在重力场中常称为重力)、浮力 F_d 和阻力 F_b(即曳力)。根据牛顿第二运动定律,上面三个力的合力等于颗粒的质量 m 与其加速度 a 的乘积,即

$$F_g - F_d - F_b = ma$$

如上所述,达到匀速运动后合力为零,即:$F_g - F_d - F_b = 0$。

因此,静止流体中颗粒的沉降过程可分为两个阶段,即加速段和等速段。由于工业中处理的非均相混合物中的颗粒大多很小,因此经历加速段的时间很短,在整个沉降过程中往往可忽略不计。

等速段中颗粒相对于流体的运动速度 $u = u_t$,u_t 称为沉降速度。

$$u_t = \sqrt{\frac{4d(\rho_s - \rho)g}{3\zeta\rho}} \tag{7-3}$$

利用式(7-3)计算沉降速度时,首先需要确定阻力系数 ζ。通过量纲分析可知,ζ 是颗粒对流体做相对运动时的雷诺数 Re_t 的函数,即 $\zeta = f(Re_t)$

$$Re_t = \frac{du_t\rho}{\mu}$$

式中 μ——流体的黏度,Pa·s。

ζ 与 Re_t 的关系通常由实验测定,如图 7-20 所示。

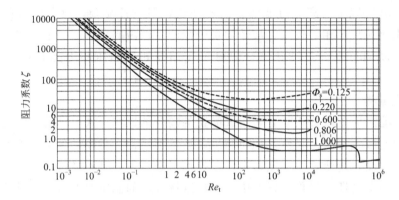

图 7-20 不同球形度下的 ζ 与 Re_t 的关系曲线

为了便于计算 ζ,可将球形颗粒的 ζ 曲线分为三个区域,即

层流区($10^{-4} < Re_t \leq 2$)　　　　$\zeta = \dfrac{24}{Re_t}$ \hfill (7-4)

过渡区($2 < Re_t < 10^3$)　　　　$\zeta = \dfrac{18.5}{Re_t^{0.6}}$ \hfill (7-5)

湍流区($10^3 \leq Re_t < 2 \times 10^5$)　　　$\zeta = 0.44$ \hfill (7-6)

由式(7-4)~式(7-6)可知,在层流区内,流体黏性引起的摩擦阻力占主要地位,而随着 Re_t 的增加,流体经过颗粒的绕流问题则逐渐突出,因此在过渡区,由黏度引起的摩擦阻力和绕流引起的形体阻力二者都不可忽略;而在湍流区,流体黏度对沉降速度基本已无影响,形体阻力占主要地位。

将式(7-4)~式(7-6)分别代入式(7-3),可得到球形颗粒在各区中沉降速度的计算式,即

层流区　　　　$u_t = \dfrac{d^2(\rho_s - \rho)g}{18\mu}$ \hfill (7-7)

过渡区　　　　$u_t = 0.27\sqrt{\dfrac{d(\rho_s - \rho)g}{\rho}Re_t^{0.6}}$ \hfill (7-8)

湍流区　　　　$u_t = 1.74\sqrt{\dfrac{d(\rho_s - \rho)g}{\rho}}$ \hfill (7-9)

式(7-7)~式(7-9)分别称为斯托克斯公式、艾伦公式和牛顿公式。

计算颗粒的沉降速度时,常采用试差法,即先假设颗粒沉降属于某个区域,选择相对

应的计算公式进行计算,然后再将计算结果用雷诺数 Re_t 进行校核,若与原假设区域一致,则计算的 u_t 有效,否则按计算出来的 Re_t 值另选区域,直至校核与假设相符为止。

(2) 实际沉降 上述计算沉降速度的方法,是在下列条件下建立的:颗粒沉降时彼此相距较远,互不干扰;忽略容器壁对颗粒沉降的阻滞作用。

若颗粒之间的距离很小,即使没有相互接触,一个颗粒沉降时亦会受到其他颗粒的影响,这种沉降称为干扰沉降。实际沉降多为干扰沉降,实际沉降速度小于自由沉降速度。各因素的影响如下:

① 颗粒含量的影响。周围颗粒的存在和运动将相互影响,使颗粒的沉降速度较自由沉降时小。例如,由于大量颗粒下降,将置换下方流体并使之上升,从而使沉降速度减小。颗粒含量越大,这种影响越大,达到一定沉降要求所需的沉降时间越长。

② 颗粒形状的影响。对于同种颗粒,球形颗粒的沉降速度要大于非球形颗粒的沉降速度。这是因为非球形颗粒的表面积相对较大,沉降时受到的阻力也较大。

③ 颗粒大小的影响。在其他条件相同时,粒径越大,沉降速度越大,越容易分离。如果颗粒大小不一,大颗粒将对小颗粒产生撞击,其结果是大颗粒的沉降速度减小,而对沉降起控制作用的小颗粒的沉降速度加快,甚至因撞击导致颗粒聚集而进一步加快沉降。

④ 流体性质的影响。流体密度与颗粒密度相差越大,沉降速度越大;流体黏度越大,沉降速度越小,因此,对于高温含尘气体的沉降,通常需先散热降温,以便获得更好的沉降效果。

⑤ 流体流动的影响。流体的流动会对颗粒的沉降产生干扰,为了减少干扰,进行沉降时要尽可能控制流体流动处于稳定的低速。因此,工业上的重力沉降设备,通常尺寸很大,其目的之一就是降低流速,消除流动干扰。

⑥ 器壁的影响。器壁的影响是双重的,一是摩擦干扰,使颗粒的沉降速度下降;二是吸附干扰,使颗粒的沉降距离缩短。

为简化计算,实际沉降可近似按自由沉降处理,由此引起的误差在工程上是可以接受的。只有当颗粒含量很大时,才需要考虑颗粒之间的相互干扰。

(3) 降尘室生产能力的计算 凭借重力以除去气体中尘粒的沉降设备称为降尘室,如图 7-21 所示。含尘气体从入口进入后,容积突然扩大,流速降低,粒子在重力作用下发生重力沉降。只要颗粒能够在气体通过降尘室的时间内降至室底,便可从气流中分离出来。生产中,为了提高气-固分离的能力,在气道中可加设若干块折流挡板,延长气流在气道中的行程,增加气流在降尘室的停留时间,还可以促使颗粒在运动时与器壁和挡板的碰撞,而后落入器底或集尘斗内,从而提高分离效率。

如图 7-22 所示,从颗粒在降尘室内的运动情况看,气体在降尘室内的停留时间为:

$$\tau = \frac{l}{u} \tag{7-10}$$

式中 τ——气流在气道内的停留时间,s;

l——降尘室的长度,m;

u——气流在降尘室的水平速度,m/s。

颗粒在降尘室中所需的沉降时间(以降尘室顶部计算)

$$\tau' = \frac{h}{u_0} \tag{7-11}$$

式中　h——降尘室的高度，m；
　　　u_0——气流在降尘室的垂直速度，m/s。

沉降分离满足的基本条件为 $\tau \geq \tau'$，即停留时间应不小于沉降时间。

因气流在沉降室的水平速度为

$$\mu = \frac{V_s}{hb} \tag{7-12}$$

式中　V_s——沉降室的生产能力，m^3/s；
　　　b——沉降室的宽度，m。

将式(7-12)代入 $\tau \geq \tau'$ 关系，可整理得

$$V_s \leq blu_0 \tag{7-13}$$

可见，降尘室的生产能力只与沉降面积 bl 和颗粒的沉降速度 u_0 有关，而与降尘室的高度 h 无关。因此，降尘室通常做成扁平形状。

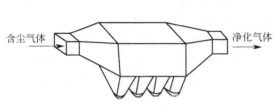

图 7-21　降尘室

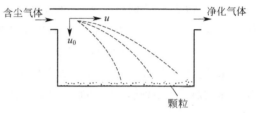

图 7-22　颗粒在降尘室内的运动情况

2. 离心沉降

当分散相与连续相密度差较小或颗粒细小时，在重力作用下沉降速度很低。利用离心力的作用使固体颗粒沉降速度加快以达到分离的目的，这样的操作称为离心沉降。

离心沉降不仅大大提高了沉降速度，设备尺寸也可缩小很多。

与颗粒在重力场中相似，颗粒在离心力场中也受到三个力的作用，即惯性离心力、向心力（与重力场中的浮力相当，其方向为沿半径指向旋转中心）和阻力（与颗粒径向运动方向相反，沿半径指向中心）。

若为球形颗粒（密度为 ρ_s），其直径为 d，则上述三个力的合力为零时，离心沉降速度 u_r 计算式为

层流区　　　　　　　　　$u_r = \dfrac{d^2(\rho_s - \rho)a}{18\mu}$　　　　　　　(7-14)

过渡区　　　　　　　　$u_r = 0.153 \left[\dfrac{d^{1.6}(\rho_s - \rho)a}{\rho^{0.4}\mu^{0.6}} \right]^{1/1.4}$　　(7-15)

湍流区　　　　　　　　$u_r = 1.74 \sqrt{\dfrac{d(\rho_s - \rho)a}{\rho}}$　　　　(7-16)

其中　　　　　　　　　$Re_r = \dfrac{du_r \rho}{\mu}$　　　　　　　　(7-17)

进一步比较可知，对于在相同流体介质中的颗粒，离心沉降速度与重力沉降速度之比仅取决于离心加速度 a 与重力加速度 g 之比，其比值称为离心分离因数 K_C。

$$K_C = \frac{a}{g} \tag{7-18}$$

离心分离因数是反映离心沉降设备工作性能的主要参数。对某些高速离心机，分离因数 K_C 值可高达数十万，旋风或旋液分离器的分离因数一般在 5~2500 之间，可见离心沉降设备的分离效果远较重力沉降设备高。

一、问题思考

1. 在化工生产中常见的非均相物系有哪几类？请举例说明。
2. 举例说明非均相物系分离在化工生产中有哪些应用？
3. 非均相物系的分离方法有哪些类型？各是如何实现两相分离的？
4. 试分析离心沉降与重力沉降的异同点。
5. 如何提高离心设备的分离能力？
6. 如何计算理想状态下自由沉降速度？同时说明实际生产过程中沉降速度的影响因素。
7. 怎样理解降尘室的生产能力与降尘室的高度无关？
8. 影响过滤速率的因素有哪些？
9. 简述板框压滤的操作要点。
10. 如何根据生产任务合理选择非均相物系的分离方法？

二、工艺计算

1. 试计算直径为 $50\mu m$ 的球形颗粒（其密度为 $2650kg/m^3$），在 20℃水中和 20℃常压空气中的自由沉降速度。
2. 求密度为 $2150kg/m^3$ 的烟灰球粒在 20℃空气作层流沉降的最大直径。
3. 过滤面积为 $0.093m^2$ 的小型板框过滤机，恒压过滤含有碳酸钙颗粒的水悬浮液。过滤时间为 50s 时，共获得 $2.37\times10^{-3}m^3$ 滤液；过滤时间为 100s 时，共获得 $3.75\times10^{-3}m^3$ 滤液。试求过滤时间为 200s 时，共获得多少滤液？

附 录

一、管子规格

1. 普通无缝钢管（热轧）规格（摘自 GB 8163—2018）

附表 1　普通无缝钢管（热轧）规格

外径 /mm	壁厚/mm 从	壁厚/mm 到	外径 /mm	壁厚/mm 从	壁厚/mm 到	外径 /mm	壁厚/mm 从	壁厚/mm 到
32	2.5	8	76	3.0	19	219	6.0	50
38	2.5	8	89	3.5	(24)	273	6.5	50
42	2.5	10	108	4.0	28	325	7.5	75
45	2.5	10	114	4.0	28	377	9.0	75
50	2.5	10	127	4.0	30	426	9.0	75
57	3.0	13	133	4.0	32	450	9.0	75
60	3.0	14	140	4.5	36	530	9.0	75
63.5	3.0	14	159	4.5	36	630	9.0	(24)
68	3.0	16	168	5.0	(45)			

注：壁厚系列有 2.5mm、3mm、3.5mm、4mm、4.5mm、5mm、5.5mm、6mm、6.5mm、7mm、7.5mm、8mm、8.5mm、9mm、9.5mm、10mm、11mm、12mm、13mm、14mm、15mm、16mm、17mm、18mm、19mm、20mm 等；括号内尺寸不建议用。

2. 低压流体输送用焊接钢管规格（摘自 GB 3091—2015、GB/T 3091—2001）

附表 2　低压流体输送用焊接钢管规格

公称直径		外径/mm	壁厚/mm		公称直径		外径/mm	壁厚/mm	
in(英寸)	mm		普通级	加强级	in(英寸)	mm		普通级	加强级
⅛	6	10.0	2.00	2.50	1½	40	48.0	3.50	4.25
¼	8	13.5	2.25	2.75	2	50	60.0	3.50	4.50
⅜	10	17.0	2.25	2.75	2½	65	75.5	3.75	4.50
½	15	21.3	2.75	3.25	3	80	88.5	4.00	4.75
¾	20	26.8	2.75	3.60	4	100	114.0	4.00	5.00
1	25	33.5	3.25	4.00	5	125	140.0	4.50	5.50
1¼	32	42.3	3.25	4.00	6	150	165.0	4.50	5.50

注：1. 本标准适用于输送水、煤气、空气、油和取暖蒸汽等一般较低压力的液体。
2. 表中的公称直径系近似内径的名义尺寸，不表示外径减去两个壁厚所得的内径。
3. 1in＝2.54cm。

二、某些气体的重要物理性质表

附表 3　某些气体的重要物理性质表

名称	化学式	密度(0℃，101.3kPa)/(kg/m³)	比热容/[kJ/(kg·℃)]	黏度 μ /10^{-5}Pa·s	沸点(101.3kPa)/℃	汽化热/(kJ/kg)	临界点		热导率/[W/(m·℃)]
							温度/℃	压力/kPa	
空气	—	1.293	1.0091	1.73	−195	197	−140.7	3768.4	0.0244
氧	O_2	1.429	0.6532	2.03	−132.98	213	−118.82	5036.6	0.0240
氢	H_2	0.0899	10.13	0.842	−252.75	454.2	−239.9	1396.6	0.163
氨	NH_3	0.771	0.67	0.918	−33.4	1373	+132.4	11295	0.0215
一氧化碳	CO	1.250	0.754	1.66	−191.48	211	−140.2	3497.9	0.0226
二氧化碳	CO_2	1.976	0.653	1.37	−78.2	574	+31.1	7384.8	0.0137
硫化氢	H_2S	1.539	0.804	1.166	−60.2	548	+100.4	19136	0.0131
甲烷	CH_4	0.717	1.70	1.03	−161.58	511	−82.15	4619.3	0.0300
乙烷	C_2H_6	1.357	1.44	0.850	−88.5	486	+32.1	4948.5	0.0180
丙烷	C_3H_8	2.020	1.65	0.795(18℃)	−42.1	427	+95.6	4355.0	0.0148
乙烯	C_2H_4	1.261	1.222	0.935	+103.7	481	+9.7	5135.9	0.0164
丙烯	C_3H_6	1.914	2.436	0.835(20℃)	−47.7	440	+91.4	4599.0	—
乙炔	C_2H_2	1.171	1.352	0.935	−83.66(升华)	829	+35.7	6240.0	0.0184
一氯甲烷	CH_3Cl	2.303	0.582	0.989	−24.1	406	+148	6685.8	0.0085
苯	C_6H_6	—	1.139	0.72	+80.2	394	+288.5	4832.0	0.0088
二氧化硫	SO_2	2.927	0.502	1.17	−10.8	394	+157.5	7879.1	0.0077

三、干空气的物理性质表（101.3kPa）

附表4　干空气的物理性质表（101.3kPa）

温度 t/℃	密度 ρ/(kg/m³)	比热容 c_p/[kJ/(kg·℃)]	热导率 λ/[10^{-2}W/(m·℃)]	黏度 μ/10^{-5}Pa·s	普朗特数 Pr
-10	1.342	1.009	2.360	1.67	0.712
0	1.293	1.005	2.442	1.72	0.707
10	1.247	1.005	2.512	1.77	0.705
20	1.205	1.005	2.593	1.81	0.703
30	1.165	1.005	2.675	1.86	0.701
40	1.128	1.005	2.756	1.91	0.699
50	1.093	1.005	2.826	1.96	0.698
60	1.060	1.005	2.896	2.01	0.696
70	1.029	1.009	2.966	2.06	0.694
80	1.000	1.009	3.047	2.11	0.692
90	0.972	1.009	3.128	2.15	0.690
100	0.946	1.009	3.210	2.19	0.688
120	0.898	1.009	3.338	2.29	0.686
140	0.854	1.013	3.489	2.37	0.684

四、饱和水蒸气表（按温度排列）

附表5　饱和水蒸气表

温度/℃	压力/kPa	蒸汽的密度/(kg/m³)	液体的焓/(kJ/kg)	蒸汽的焓/(kJ/kg)	汽化焓/(kJ/kg)
0	0.6282	0.00484	0.00	2491.1	2491.1
5	0.8730	0.00680	20.94	2500.8	2479.9
10	1.2262	0.00940	41.87	2510.4	2468.5
15	1.7068	0.01283	62.80	2520.5	2457.7
20	2.3346	0.01719	83.74	2530.1	2446.4
25	3.1684	0.02304	104.67	2539.7	2435.0
30	4.2474	0.03036	125.60	2549.3	2423.7
35	5.6207	0.03960	146.54	2559.0	2412.5
40	7.3766	0.05114	167.47	2568.6	2401.1
45	9.5837	0.06543	188.41	2577.8	2389.4
50	12.3400	0.08300	209.34	2587.4	2378.1
55	15.7430	0.10430	230.27	2596.7	2366.4
60	19.9230	0.13010	251.21	2606.3	2355.1
65	25.0140	0.16110	272.14	2615.5	2343.4
70	31.1640	0.19790	293.08	2624.3	2331.2
75	38.5510	0.24160	314.01	2633.5	2319.5
80	47.3790	0.29290	334.94	2642.3	2307.4
85	57.8750	0.35310	355.88	2651.1	2295.2
90	70.1360	0.42290	376.81	2659.9	2283.1
95	84.5560	0.50390	397.75	2668.7	2271.0
100	101.3300	0.59700	418.68	2677.0	2258.3
105	120.8500	0.70360	440.03	2685.0	2245.0
110	143.3100	0.82540	460.97	2693.4	2232.4
115	169.1100	0.96350	482.32	2701.3	2219.0
120	198.6400	1.11990	503.67	2708.9	2205.2
125	232.1900	1.29600	525.02	2716.4	2191.4
130	270.2500	1.49400	546.38	2723.9	2177.5
135	313.1100	1.71500	567.73	2731.0	2163.3
140	361.4700	1.96200	589.08	2737.7	2148.6
145	415.7200	2.23800	610.85	2744.4	2133.6
150	476.2400	2.54300	632.21	2750.7	2118.5

五、某些液体的重要物理性质

附表6 某些液体的重要物理性质

名称	化学式	密度(20℃)/(kg/m³)	沸点(101.3kPa)/℃	汽化热/(kJ/kg)	比热容(20℃)/[kJ/(kg·℃)]	黏度 μ (20℃)/mPa·s	热导率(20℃)/[W/(m·℃)]	体积膨胀系数(20℃) $\beta \times 10^4$/℃⁻¹	表面张力(20℃) $\sigma \times 10^3$/(N/m)
水	H_2O	998	100	2258	4.183	1.005	0.599	1.82	72.8
氯化钠盐水(25%)	—	1186(25℃)	107	—	3.39	2.3	0.57(30℃)	(4.4)	—
氯化钙盐水(25%)	—	1228	107	—	2.89	2.5	0.57	(3.4)	—
硫酸	H_2SO_4	1831	340(分解)	—	1.47(98%)	—	0.38	5.7	—
硝酸	HNO_3	1513	86	481.1	—	1.17(10℃)	—	—	—
盐酸(30%)	HCl	1149	—	—	2.55	2(31.5%)	0.42	—	—
二硫化碳	CS_2	1262	46.3	352	1.005	0.38	0.16	12.1	32
戊烷	C_5H_{12}	626	36.07	357.4	2.24(15.6℃)	0.229	0.113	15.9	16.2
三氯甲烷	$CHCl_3$	1489	61.2	253.7	0.992	0.58	0.138(30℃)	12.6	28.5(10℃)
四氯化碳	CCl_4	1594	76.8	195	0.850	1.0	0.12	—	26.8
苯	C_6H_6	879	80.10	393.9	1.704	0.737	0.148	12.4	28.6
甲苯	C_7H_8	867	110.63	363	1.70	0.675	0.138	10.9	27.9
苯乙烯	C_8H_8	911(15.6℃)	145.2	(352)	1.733	0.72	—	—	—
氯苯	C_6H_5Cl	1106	131.8	325	1.298	0.85	0.14(30℃)	—	32
硝基苯	$C_6H_5NO_2$	1203	210.9	396	1.47	2.1	0.15	—	41
苯胺	$C_6H_5NH_2$	1022	184.4	448	2.07	4.3	0.17	8.5	42.9
甲醇	CH_3OH	791	64.7	1101	2.48	0.6	0.212	12.2	22.6
乙醇	C_2H_5OH	789	78.3	846	2.39	1.15	0.172	11.6	22.8
甘油	$C_3H_5(OH)_3$	1261	290(分解)	—	—	1499	0.59	5.3	63
丙酮	CH_3COCH_3	792	56.2	523	2.35	0.32	0.17	—	23.7
甲酸	HCOOH	1220	100.7	494	2.17	1.9	0.26	—	27.8
乙酸	CH_3COOH	1049	118.1	406	1.99	1.3	0.17	10.7	23.9
乙酸乙酯	$CH_3COOC_2H_5$	901	77.1	368	1.92	0.48	0.14(10℃)	—	—
汽油	—	680~800	—	—	—	0.7~0.8	0.19(30℃)	12.5	—

六、水的物理性质

附表7 水的物理性质

温度/℃	饱和蒸气压/kPa	密度/(kg/m³)	焓/(kJ/kg)	比热容/[kJ/(kg·℃)]	热导率/[10^{-2}W/(m·℃)]	黏度/10^{-5}Pa·s	体积膨胀系数/10^{-4}℃⁻¹	表面张力/10^{-5}(N/m)	普朗特数 Pr
0	0.6082	999.9	0	4.212	55.13	179.21	−0.63	75.6	13.66
10	1.2262	999.7	42.04	4.191	57.45	130.77	0.70	74.1	9.52
20	2.3346	998.2	83.90	4.183	59.89	100.50	1.82	72.6	7.01
30	4.2474	995.7	125.69	4.174	61.76	80.07	3.21	71.2	5.42

续表

温度 /℃	饱和蒸气压 /kPa	密度 /(kg/m³)	焓 /(kJ/kg)	比热容 /[kJ/(kg·℃)]	热导率 /[10^{-2}W/(m·℃)]	黏度 /10^{-5}Pa·s	体积膨胀系数 /10^{-4}℃$^{-1}$	表面张力 /10^{-5}(N/m)	普朗特数 Pr
40	7.3744	992.2	167.51	4.174	63.38	65.60	3.87	69.6	4.32
50	12.34	988.1	209.30	4.174	64.78	54.94	4.49	67.7	3.54
60	19.923	983.2	251.12	4.178	65.94	46.88	5.11	66.2	2.98
70	31.164	977.8	292.99	4.187	66.76	40.61	5.70	64.3	2.54
80	47.379	971.8	334.94	4.195	67.45	35.65	6.32	62.6	2.22
90	70.136	965.3	376.98	4.208	68.04	31.65	6.95	60.7	1.96
100	101.33	958.4	419.10	4.220	68.27	28.38	7.52	58.8	1.76
110	143.31	951.0	461.34	4.238	68.50	25.89	8.08	56.9	1.61
120	198.64	943.1	503.67	4.260	68.62	23.73	8.64	54.8	1.47
130	270.25	934.8	546.38	4.266	68.62	21.77	9.17	52.8	1.36
140	361.47	926.1	589.08	4.287	68.50	20.10	9.72	50.7	1.26
150	476.24	917.0	632.20	4.312	68.38	18.63	10.3	48.6	1.18
160	618.28	907.4	675.33	4.346	68.27	17.36	10.7	46.6	1.11
170	792.59	897.3	719.29	4.379	67.92	16.28	11.3	45.3	1.05
180	1003.5	886.9	763.25	4.417	67.45	15.30	11.9	42.3	1.00
190	1255.6	876.0	807.63	4.460	66.99	14.42	12.6	40.0	0.96
206	1554.77	863.0	852.43	4.505	66.29	13.63	13.3	37.7	0.93
210	1917.72	852.8	897.65	4.555	65.48	13.04	14.1	35.4	0.91
220	2320.88	840.3	943.70	4.614	64.55	12.46	14.8	33.1	0.89
230	2798.59	827.3	990.18	4.681	63.73	11.97	15.9	31	0.88
240	3347.91	813.6	1037.49	4.756	62.80	11.47	16.8	28.5	0.87

七、某些固体的热导率

1. 常用金属的热导率

附表8 常用金属的热导率

热导率/[W/(m·℃)]	温度/℃				
	0	100	200	300	400
铝	277.95	227.95	227.95	227.95	227.95
铜	383.79	379.14	372.16	367.51	362.86
铁	73.27	67.45	61.64	54.66	48.85
碳钢	52.34	48.85	44.19	41.87	34.89
不锈钢	16.28	17.45	17.45	18.49	—

2. 常用非金属的热导率

附表 9　常用非金属的热导率

材料	温度/℃	热导率 λ/[W/(m·℃)]	材料	温度/℃	热导率 λ/[W/(m·℃)]
软木	30	0.04303	木材		
玻璃棉	—	0.03489～0.06978	横向	—	0.1396～0.1745
锯屑	20	0.04652～0.05815	纵向	—	0.3838
棉花	100	0.06978	耐火砖	230	0.8723
厚纸	20	0.01369～0.3489		1200	1.6398
玻璃	30	1.0932	混凝土	—	1.2793
	−20	0.7560	聚氯乙烯	—	0.1163～0.1745
泥土	20	0.6987～0.9304	聚苯乙烯泡沫	25	0.04187
冰	0	2.326		−150	0.001745
软橡胶	—	0.1291～0.1593	聚乙烯	—	0.3291
硬橡胶	0	0.1500	泡沫塑料	—	0.04652
石墨	—	139.56	聚氯乙烯	—	0.1163～0.1745

八、某些液体的热导率

附表 10　某些液体的热导率

液体		温度 t/℃	热导率 λ/[W/(m·℃)]	液体		温度 t/℃	热导率 λ/[W/(m·℃)]
乙酸	100%	20	0.171	氯化钙盐	30%	30	0.55
	50%	20	0.35		15%	30	0.59
甲醇	100%	20	0.215	氯化钾	15%	32	0.58
	80%	20	0.267		30%	32	0.56
	60%	20	0.329	氢氧化钾	21%	32	0.58
	40%	20	0.405		42%	32	0.55
	20%	20	0.492	氨		25～30	0.50
	100%	50	0.197	氨·水溶液		20	0.45
乙醇	100%	20	0.182			60	0.50
	80%	20	0.237	盐酸	12.5%	32	0.52
	60%	20	0.305		25%	32	0.48
	40%	20	0.388		38%	32	0.44
	20%	20	0.486	四氯化碳		0	0.185
	100%	50	0.151			68	0.163
丙烯醇		25～30	0.180	苯		30	0.159
正丙醇		30	0.171			60	0.151
正丁醇		30	0.168	苯胺		0～20	0.173
丙酮		30	0.177	乙苯		30	0.149
		75	0.164			60	0.142
石油		20	0.180	正戊烷		30	0.135
汽油		30	0.135			75	0.128

九、某些气体的热导率

附表 11　某些气体的热导率

气体或蒸汽	温度 t/K	热导率 λ/[W/(m·℃)]	气体或蒸汽	温度 t/K	热导率 λ/[W/(m·℃)]
空气	273	0.0242	甲烷	223	0.0251
	373	0.0317		273	0.0302
氨	213	0.0164		373	0.0372
	273	0.0222	乙烷	239	0.0149
	323	0.0272		273	0.0183
	373	0.0320		323	0.0303
二氧化碳	223	0.0118	丙烷	273	0.0151
	273	0.0147		373	0.0261
	373	0.0230	正丁烷	273	0.0135
二硫化碳	273	0.0069		373	0.0234
一氧化碳	84	0.0071	正戊烷	273	0.0128
	94	0.0080		293	0.0144
	273	0.0234	乙烯	202	0.0111
四氯化碳	319	0.0071		273	0.0175
	373	0.0090		323	0.0267
氯	273	0.0074	乙炔	198	0.0118
水蒸气	319	0.0208		273	0.0187
	373	0.0237		323	0.0242
二氧化硫	273	0.0087		373	0.0298
	373	0.0114	甲醇	273	0.0144
氢	223	0.144		373	0.0222
	273	0.173	乙醇	293	0.0154
	323	0.199		373	0.0215
	373	0.223	丙酮	273	0.0098
氧	223	0.0206		319	0.0128
	273	0.0246		373	0.0171
	323	0.0284	乙醚	273	0.0133
	373	0.0821		319	0.0171
硫化氢	273	0.0132		373	0.0227
苯	273	0.0090	氯甲烷	273	0.0067
	319	0.0126		319	0.0085
	373	0.0178		373	0.0109

十、液体黏度共线图

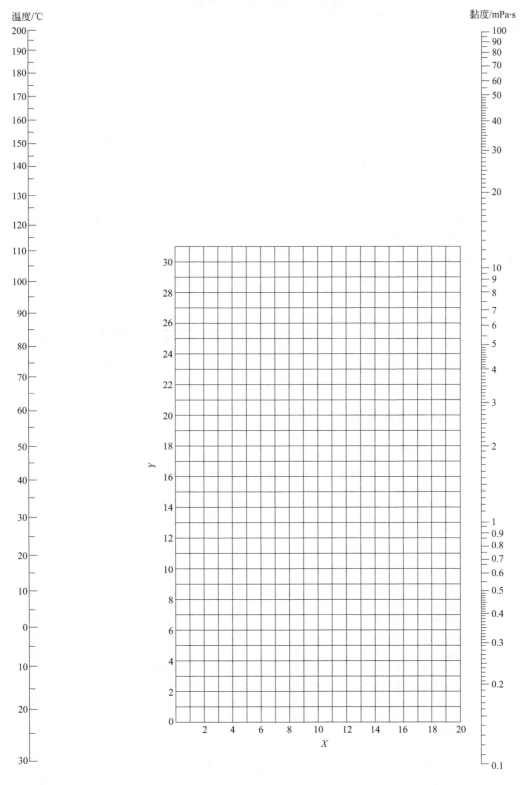

附图 1　液体黏度共线图

液体黏度共线图的坐标表

附表 12　液体黏度共线图的坐标表

序号	名称	X	Y	序号	名称	X	Y
1	水	10.2	13.0	16	乙苯	13.2	11.5
2	盐水（25%NaCl）	10.2	16.6	17	氯苯	12.3	12.4
3	盐水（25%$CaCl_2$）	6.6	15.9	18	硝基苯	10.6	16.2
4	氨	12.6	2.2	19	苯胺	8.1	18.7
5	氨水（26%）	10.1	13.9	20	苯	12.5	10.9
6	二氧化碳	11.6	0.3	21	甲苯	13.7	10.4
7	二硫化碳	16.1	7.5	22	甲醇（90%）	12.3	11.8
8	硫酸（98%）	7.0	24.8	23	甲醇（40%）	7.8	15.5
9	硫酸（60%）	10.2	21.3	24	乙醇（95%）	9.8	14.3
10	硝酸（95%）	12.8	13.8	25	乙二醇	6.0	23.6
11	硝酸（60%）	10.8	17.0	26	丙酮	14.5	7.2
12	盐酸（31.5%）	13.0	16.6	27	乙酸（100%）	12.1	14.2
13	戊烷	14.9	5.2	28	乙酸（70%）	9.5	17.0
14	己烷	14.7	7.0	29	乙酸乙酯	13.7	9.1
15	三氯甲烷	14.4	10.2	30	煤油	10.2	16.9

注：求苯在 50℃时的黏度，从本表序号 20 查得苯的 $X=12.5$，$Y=10.9$。把这两个数值标在前页共线图的 $X-Y$ 坐标上得一点，把这点与图中左方温度标尺上 50℃的点连成一直线，延长，与右方黏度标尺相交，由此交点定出 50℃苯的黏度为 0.42mPa·s。

十一、气体黏度共线图（附图 2）

气体黏度共线图的坐标值表

附表 13　气体黏度共线图的坐标值表

序号	名称	X	Y	序号	名称	X	Y
1	空气	11.0	20.0	18	甲烷	9.9	15.5
2	氧	11.0	21.3	19	乙烷	9.1	14.5
3	氮	10.6	20.0	20	乙烯	9.5	15.1
4	氢	11.2	12.4	21	乙炔	9.8	14.9
5	$3H_2+1N_2$	11.2	17.2	22	丙烷	9.7	12.9
6	水蒸气	8.0	16.0	23	丙烯	9.0	13.8
7	二氧化碳	9.5	18.7	24	丁烯	9.2	13.7
8	一氧化碳	11.0	20.0	25	丁炔	8.9	13.0
9	硫化氢	8.6	18.0	26	戊烷	7.0	12.8
10	二氧化硫	9.6	17.0	27	环己烷	9.2	12.0
11	二硫化碳	8.0	16.0	28	三氯甲烷	8.9	15.7
12	氯	9.0	18.4	29	苯	8.5	13.2
13	碘	9.0	18.4	30	甲苯	8.6	12.4
14	氯化氢	8.8	18.7	31	甲醇	8.5	15.6
15	氰	9.2	15.2	32	乙醇	9.2	14.2
16	亚硝酸氯	8.0	17.6	33	乙酸	7.7	14.3
17	汞	5.3	22.9	34	丙酮	8.9	13.0

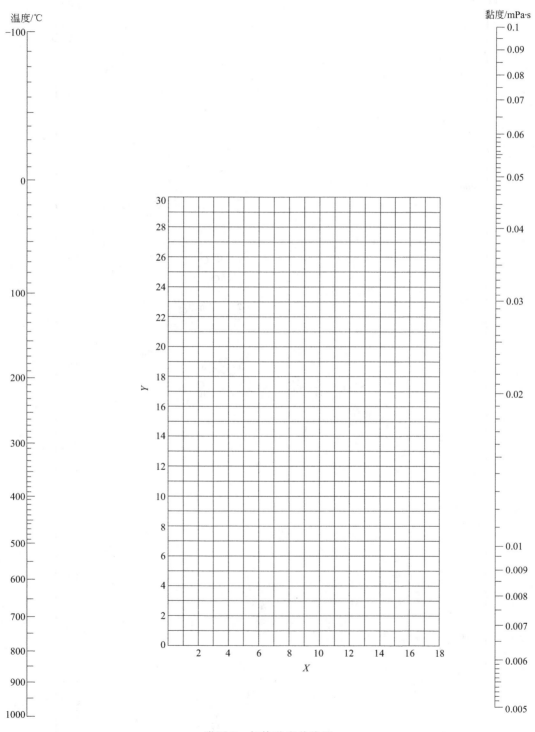

附图 2　气体黏度共线图

十二、液体的比热容共线图

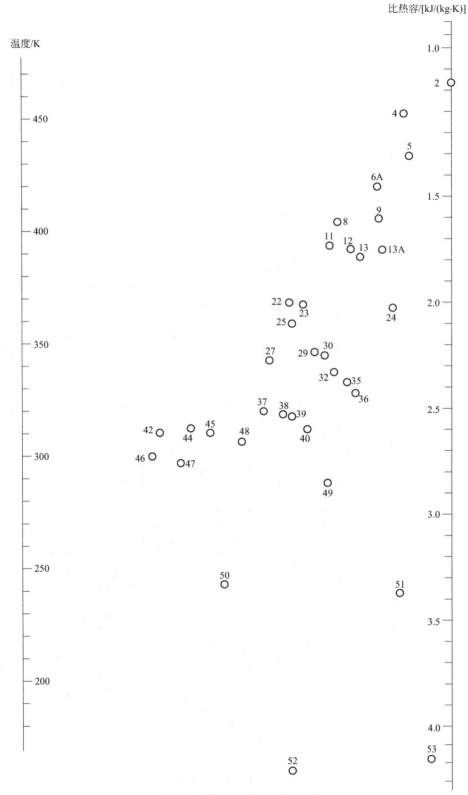

附图 3　液体的比热容共线图

液体比热容共线图中的编号表

附表 14　液体比热容共线图中的编号表

编号	名称	温度范围/℃	编号	名称	温度范围/℃
53	水	10～200	30	苯胺	0～130
42	乙醇(100%)	30～80	8	氯苯	0～100
46	乙醇(95%)	20～80	32	丙酮	20～50
50	乙醇(50%)	20～80	47	异丙醇	20～50
23	苯	10～80	36	乙醚	−100～25
23	甲苯	0～60	29	乙酸	0～80
25	乙苯	0～100	39	乙二醇	−40～200
12	硝基苯	0～100	27	苯甲醇	−20～30
13	氯乙烷	−30～40	44	丁醇	0～100
13A	氯甲烷	−80～20	45	丙醇	−20～100
40	甲醇	−40～20	37	戊醇	−50～25
2	二氧化碳	−100～25	24	乙酸乙酯	−50～25
11	二氧化硫	−20～100	22	二苯基甲烷	30～100
9	硫酸(98%)	10～45	35	己烷	−80～20
48	盐酸(30%)	20～100	28	庚烷	0～60
49	盐水(25%CaCl$_2$)	−40～20	3	四氯化碳	10～60
51	盐水(25%NaCl)	−40～20	4	三氯甲烷	0～50
52	氨	−70～50	5	二氯甲烷	−40～50
38	甘油	−40～20	6A	二氯乙烷	−30～60

注：求丙醇在47℃（320K）时的比热容，从本表找到丙醇的编号为45，通过图中标号45的圆圈与图中左边温度标尺上320K的点连成直线并延长与右边比热容标尺相交，由此交点定出320K丙醇的比热容为2.71kJ/(kg·K)。

十三、气体的比热容共线图（101.325kPa）

气体比热容共线图的编号表

附表 15　气体比热容共线图的编号表

编号	名称	温度范围/℃	编号	名称	温度范围/℃
10	乙炔	273～473	1	氢	273～873
15	乙炔	473～673	2	氢	873～1673
16	乙炔	673～1673	35	溴化氢	273～1673
27	空气	273～1673	30	氯化氢	273～1673
12	氨	273～873	20	氟化氢	273～1673
14	氨	873～1673	19	硫化氢	273～973
18	二氧化碳	273～673	21	硫化氢	973～1673
24	二氧化碳	673～1673	5	甲烷	273～573
26	一氧化碳	273～1673	6	甲烷	573～973
32	氯	273～473	7	甲烷	973～1673
34	氯	473～1673	25	一氧化氮	273～973
3	乙烷	273～473	28	一氧化氮	973～1673
9	乙烷	473～873	26	氮	273～1673
8	乙烷	873～1673	23	氧	273～773
4	乙烯	273～473	29	氧	773～1673
11	乙烯	473～873	33	硫	573～1673
13	乙烯	873～1673	22	二氧化硫	273～673
17	水	273～1673	31	二氧化硫	673～1673

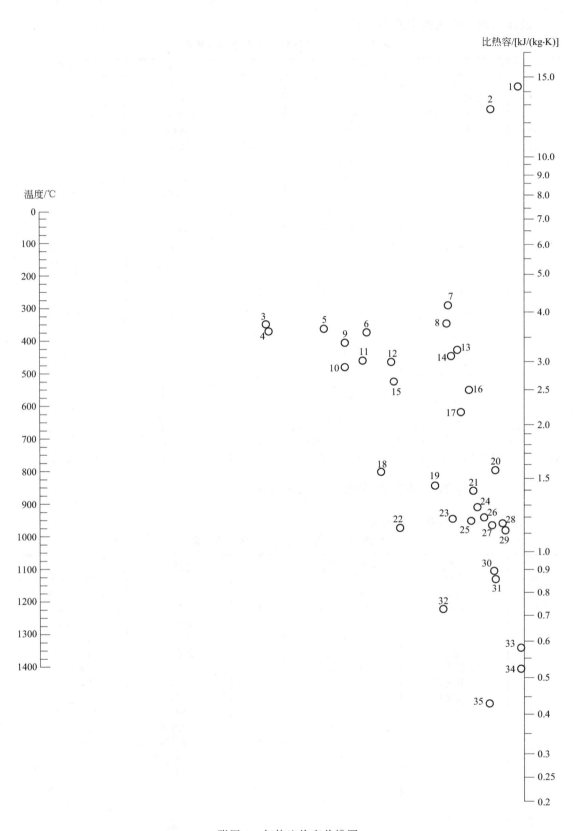

附图4　气体比热容共线图

十四、几种气体溶于水时的亨利系数

附表 16　几种气体溶于水时的亨利系数

气体	温度/℃														
	0	5	10	15	20	25	30	35	40	45	50	60	70	80	90	100
	$E \times 10^{-3}$/MPa														
H_2	5.87	6.16	6.44	6.70	6.92	7.16	7.38	7.52	7.61	7.70	7.75	7.75	7.71	7.65	7.61	7.55
N_2	5.36	6.05	6.77	7.48	8.14	8.76	9.36	9.98	10.5	11.0	11.4	12.2	12.7	12.8	12.8	12.8
空气	4.38	4.94	5.56	6.15	6.73	7.29	7.81	8.34	8.81	9.23	9.58	10.2	10.6	10.8	10.9	10.8
CO	3.57	4.01	4.48	4.95	5.43	5.87	6.28	6.68	7.05	7.38	7.71	8.32	8.56	8.56	8.57	8.57
O_2	2.58	2.95	3.31	3.69	4.06	4.44	4.81	5.14	5.42	5.70	5.96	6.37	6.72	6.96	7.08	7.10
CH_4	2.27	2.62	3.01	3.41	3.81	4.18	4.55	4.92	5.27	5.58	5.85	6.34	6.75	6.91	7.01	7.10
	$E \times 10^{-2}$/MPa														
C_2H_4	5.59	6.61	7.78	9.07	10.3	11.5	12.9	—	—	—	—	—	—	—	—	—
CO_2	0.737	0.887	1.05	1.24	1.44	1.66	1.88	2.12	2.36	2.60	2.87	3.45	—	—	—	—
C_2H_2	0.729	0.85	0.97	1.09	1.23	1.35	1.48	—	—	—	—	—	—	—	—	—
Cl_2	0.271	0.334	0.399	0.461	0.537	0.604	0.67	0.739	0.80	0.86	0.90	0.97	0.99	0.97	0.96	—
H_2S	0.271	0.319	0.372	0.418	0.489	0.522	0.617	0.685	0.755	0.825	0.895	1.04	1.21	1.37	1.46	1.062
	E/MPa														
Br_2	2.16	2.79	3.71	4.72	6.01	7.47	9.17	11.04	13.47	16.0	19.4	25.4	32.5	40.9	—	—
SO_2	1.67	2.02	2.45	2.94	3.55	4.13	4.85	5.67	6.60	7.63	8.71	11.1	13.9	17.0	20.1	—

十五、常用离心泵的规格（摘录）

1. IS 型单级单吸离心泵的规格

附表 17　IS 型单级单吸离心泵的规格

型号	流量 /(m³/h)	扬程 /m	转速 /(r/min)	汽蚀余量 /m	泵效率	功率/kW		泵口径/mm	
						轴功率	配带功率	吸入	排出
IS 50-32-125	7.5 12.5 15	20	2900	2.0	60%	1.13	2.2	50	32
IS 50-32-160	7.5 12.5 15	32	2900	2.0	54%	2.02	3	50	32
IS 65-50-125	15 25 30	20	2900	2.0	69%	1.97	3	65	50
IS 65-50-160	15 25 30	35 32 30	2900	2.0 2.0 2.5	54% 65% 66%	2.65 3.35 3.71	5.5	65	50
IS 80-65-160	30 50 60	36 32 29	2900	2.5 2.5 3.0	61% 73% 72%	4.82 5.97 6.59	7.5	80	65
IS 80-50-200	30 50 60	53 50 47	2900	2.5 2.5 3.0	55% 69% 71%	7.87 9.87 10.8	15	80	50
IS 100-80-160	60 100 120	36 32 28	2900	3.5 4.0 5.0	70% 78% 75%	8.42 11.2 12.2	15	100	80
IS 100-65-200	60 100 120	54 50 47	2900	3.0 3.6 4.8	65% 76% 77%	13.6 17.9 19.9	22	100	65

2. Sh 型单级双吸离心泵的规格

附图 18　Sh 型单级双吸离心泵的规格

型号	流量 /(m³/h)	扬程 /m	转速 /(r/min)	汽蚀余量 /m	泵效率	功率/kW 轴功率	功率/kW 配带功率	泵口径/mm 吸入	泵口径/mm 排出
100S90	60	95	2950	2.5	61%	23.9	37	100	70
	80	90			65%	28			
	95	82			63%	31.2			
150S100	126	102	2950	3.5	70%	48.8	75	150	100
	160	100			73%	55.9			
	202	90			72%	62.7			
150S78	126	84	2950	3.5	72%	40	55	150	100
	160	78			75.5%	46			
	198	70			72%	52.4			
150S50	130	52	2950	3.9	72.0%	25.4	37	150	100
	160	50			80%	27.6			
	220	40			77%	27.2			
200S95	216	103	2950	5.3	62%	86	132	200	125
	280	95			79.2%	94.4			
	324	85			72%	96.6			
200S63	216	69	2950	5.8	74%	55.1	75	200	150
	280	63			82.7%	59.4			
	351	50			72%	67.8			
200S42	216	48	2950	6	81%	34.8	45	200	150
	280	42			84.2%	37.8			
	342	35			81%	40.2			

3. D 型节段式多级离心泵的规格

附表 19　D 型节段式多级离心泵的规格

型号	流量 /(m³/h)	扬程 /m	转速 /(r/min)	汽蚀余量 /m	泵效率	功率/kW 轴功率	功率/kW 配带功率	泵口径/mm 吸入	泵口径/mm 排出
D6-25×3	3.75	76.5	2950	2	33%	2.37	5.5	40	40
	6.3	75		2	45%	2.86			
	7.5	73.5		2.5	47%	3.19			
D6-25×4	3.75	102	2950	2	33%	3.16	7.5	40	40
	6.3	100		2	45%	3.81			
	7.5	98		2.5	47%	4.26			
D12-25×2	12.5	50	2950	2.0	54%	3.15	5.5	50	40
D12-25×3	7.5	84.6	2950	2	44%	3.93	7.5	50	40
	12.5	75		2	54%	4.73			
	15.0	69		2.5	53%	5.32			
D12-25×4	7.5	112.8	2950	2	44%	5.24	11	50	40
	12.5	100		2	54%	6.30			
	15.0	92		2.5	53%	7.09			
D12-50×2	12.5	100	2950	2.8	40%	8.5	11	50	50
D12-50×3	12.5	150	2950	2.8	40%	12.75	18.5	50	50
D12-50×4	12.5	200	2950	2.8	40%	17	22	50	50
D16-60×3	10	186	2950	2.3	30%	16.9	22	65	50
	16	183		2.8	40%	19.9			
	20	177		3.4	44%	21.9			
D16-60×4	10	248	2950	2.3	30%	22.5	37	65	50
	16	244		2.8	40%	26.6			
	20	236		3.4	44%	29.2			

4. F型耐腐蚀离心泵的规格

附表20 F型耐腐蚀离心泵的规格

型号	流量 /(m³/h)	扬程 /m	转速 /(r/min)	汽蚀余量 /m	泵效率	功率/kW 轴功率	功率/kW 配带功率	泵口径/mm 吸入	泵口径/mm 排出
25F-16	3.60	16.00	2960	4.30	30%	0.523	0.75	25	25
25F-25	3.60	25.00	2960	4.30	27%	0.91	1.50	25	25
25F-41	3.60	41.00	2960	4.30	20%	2.01	3.00	25	25
40F-16	7.20	15.70	2960	4.30	48%	0.63	1.10	40	25
40F-26	7.20	25.50	2960	4.30	44%	1.14	1.50	40	25
40F-40	7.20	39.50	2960	4.30	35%	2.21	3.00	40	25
40F-65	7.20	65.00	2960	4.30	24%	5.92	7.50	40	25
50F-103	14.4	103.00	2900	4	25%	16.2	18.5	50	40
50F-63	14.4	63.00	2900	4	35%	7.06		50	40
50F-40	14.4	40.00	2900	4	44%	3.57	7.5	50	40
50F-25	14.4	25.00	2900	4	52%	1.89	5.5	50	40
50F-16	14.4	15.70	2900	4	62%	0.99		50	40
65F-100	28.8	100.00	2900	4	40%	19.6		65	50
65F-64	28.8	64.00	2900	4	57%	9.65	15	65	50

5. Y型离心油泵的规格

附表21 Y型离心油泵的规格

型号	流量 /(m³/h)	扬程 /m	转速 /(r/min)	汽蚀余量 /m	泵效率	功率/kW 轴功率	功率/kW 配带功率	泵口径/mm 吸入	泵口径/mm 排出
50Y60	7.5 13.0 15.0	71 67 64	2950	2.7 2.9 3.0	29% 38% 40%	5.00 6.24 6.55	7.5	50	40
65Y60	15 25 30	67 60 55	2950	2.4 3.05 3.5	41% 50% 57%	6.68 8.18 8.90	11	65	50
65Y100	15 25 30	115 110 104	2950	3.0 3.2 3.4	32% 40% 42%	14.7 18.8 20.2	22	65	50
80Y100	30 50 60	110 100 90	2950	2.8 3.1 3.2	42.5% 51% 52.5%	21.1 26.6 28.0	37	80	65
100Y60	60 100 120	67 63 59	2950	3.3 4.1 4.8	58% 70% 71%	18.85 24.5 27.7	30	100	80

参 考 文 献

[1] 何灏彦，俞练英，谭平. 化工单元操作. 第2版. 北京：化学工业出版社，2014.
[2] 王志魁，刘丽英，刘伟. 化工原理. 第4版. 北京：化学工业出版社，2010.
[3] 陆美娟. 化工原理：上册. 第2版. 北京：化学工业出版社，2007.
[4] 陆美娟. 化工原理：下册. 第2版. 北京：化学工业出版社，2007.
[5] 潘文群，何灏彦. 传质分离技术. 北京：化学工业出版社，2008.
[6] 时钧，汪家鼎，余国琮，等. 化学工程手册：上、下卷. 第2版. 北京：化学工业出版社，1996.
[7] 柴诚敬，张国亮. 化工流体流动与传热. 第2版. 北京：化学工业出版社，2007.
[8] 谭天恩，窦梅，等. 化工原理. 第4版. 北京：化学工业出版社，2013.
[9] 冷士良，陆清，宋志轩. 化工单元操作及设备. 北京：化学工业出版社，2007.
[10] 饶珍. 化工单元操作技术. 北京：中国轻工业出版社，2017.
[11] 陈树章. 非均相物系分离. 北京：化学工业出版社，1997.
[12] 聂莉莎，王新，金贞玉. 化工单元操作仿真实训教程. 北京：化学工业出版社，2013.